普通高等学校“互联网＋”立体化教材
普通高等院校物理精品教材

大学物理学习指导

（第 2 版）

主　编　杨种田
副主编　王忠龙　黄祥平
　　　　杨雄波　杨先卫

北京邮电大学出版社
·北京·

图书在版编目(CIP)数据

大学物理学习指导 / 杨种田主编. -- 2 版. -- 北京 ：北京邮电大学出版社，2019.12(2025.7 重印)
ISBN 978-7-5635-5921-3

Ⅰ. ①大… Ⅱ. ①杨… Ⅲ. ①物理学—高等学校—教学参考资料 Ⅳ. ①O4

中国版本图书馆 CIP 数据核字(2019)第 252641 号

书　　名	大学物理学习指导(第 2 版)
主　　编	杨种田
责任编辑	唐咸荣
出版发行	北京邮电大学出版社
社　　址	北京市海淀区西土城路 10 号(100876)
电话传真	010-82333010　62282185(发行部)　010-82333009　62283578(传真)
网　　址	www. buptpress3. com
电子信箱	buptpress3@163. com
经　　销	各地新华书店
印　　刷	北京建宏印刷有限公司
开　　本	787 mm×1 092 mm　1/16
印　　张	13. 5
字　　数	335 千字
版　　次	2019 年 12 月第 2 版　2025 年 7 月第 9 次印刷

ISBN 978-7-5635-5921-3　　定价：37. 00 元

第 2 版前言

为了帮助读者更好地理解和掌握大学物理课程的主要内容，特编写了这本与大学物理教材相配套的学习指导书，作为读者课外学习大学物理课程的重要参考资料。本书章节的编写顺序与《大学物理（上册）》（第 2 版）、《大学物理（下册）》（第 2 版）教材的编写顺序一致，每章内容包括基本要求、内容提要、重难点分析和示例解析四个部分。

基本要求　简要地介绍了本章应该了解、理解和掌握的主要知识点，帮助读者在学习本章时分清学习内容的主与次、重点与一般。

内容提要　简要地列出了本章的概念、定义、定理和基本公式，并对本章内容的知识体系进行了归纳和总结。要说明的是，内容提要不能代替教材，读者应把主要精力放在阅读、钻研教材内容上面，如果只背内容提要而不看教材是一定学不好物理的。

重难点分析　对本章的重点和难点作了较详尽的分析，对初学者难以掌握的内容作了简单的说明，还涉及求解一些典型问题的基本思路和方法，帮助学生全面掌握本章内容。

示例解析　精选了一定数量的典型例题作为教材例题的补充，帮助读者掌握物理问题的解题思路、步骤和技巧，培养读者分析问题和解决问题的能力。做题只是一种学习手段，希望读者做题后再进行思考和总结，加强对基本内容的理解和掌握，在学习能力上有所提高。

每篇后面都有自测题，每套自测题包括单项选择题、填空题和计算题三种题型，供读者自行检查对课程内容的掌握情况。

本书的力学篇由王忠龙、刘高潮、许瑞珍、王习东编写；波动光学篇由肖焱山、王飞编写；热学篇由杨雄波编写；电磁学篇由杨种田、曹敦厚、朱丽娅编写；近代物理学篇由黄祥平、周银娥编写；最后由杨先卫负责全书的修改和定稿工作。

三峡大学对本书的出版给予了诸多支持，北京邮电大学出版社的有关人员在本书的编辑出版过程中付出了大量的劳动，在此一并致谢。

在党的二十大报告提出的“加强教材建设和管理”精神的指引下，本次重印前，编者再次对全书进行了检查和梳理。

由于编者水平有限、经验不足，书中难免有不妥和疏漏之处，恳请读者批评指正。

编　者

目 录

力 学 篇

波动光学篇

热 学 篇

电磁学篇

近代物理学篇

力　学　篇

第1章　质点运动学

基本要求

1. 了解描述运动的三个必要条件：参照系（坐标系）、物理模型（质点）和初始条件.

2. 熟练掌握用矢量描述运动的方法，即位置矢量、位移、速度、加速度的矢量定义式及其在直角坐标系、自然坐标系中的表达式.

3. 掌握用微积分的方法解决质点运动学问题.

4. 掌握质点做圆周运动的线量和角量描述.

5. 理解相对运动的有关概念和基本计算方法.

内容提要

1. 描述质点运动的基本物理量

位置矢量　$\boldsymbol{r}$

位移　$\Delta\boldsymbol{r}=\boldsymbol{r}_2-\boldsymbol{r}_1$

速度　$\boldsymbol{v}=\dfrac{\mathrm{d}\boldsymbol{r}}{\mathrm{d}t}$

$$v=\frac{\mathrm{d}s}{\mathrm{d}t}$$

加速度　$\boldsymbol{a}=\dfrac{\mathrm{d}\boldsymbol{v}}{\mathrm{d}t}=\dfrac{\mathrm{d}^2\boldsymbol{r}}{\mathrm{d}t^2}$

2. 运动学的基本量在直角坐标系中的表达式

位置矢量　$\boldsymbol{r}=x\boldsymbol{i}+y\boldsymbol{j}+z\boldsymbol{k}$

位移　$\Delta\boldsymbol{r}=\Delta x\boldsymbol{i}+\Delta y\boldsymbol{j}+\Delta z\boldsymbol{k}$

速度　$\boldsymbol{v}=\dfrac{\mathrm{d}\boldsymbol{r}}{\mathrm{d}t}=\dfrac{\mathrm{d}x}{\mathrm{d}t}\boldsymbol{i}+\dfrac{\mathrm{d}y}{\mathrm{d}t}\boldsymbol{j}+\dfrac{\mathrm{d}z}{\mathrm{d}t}\boldsymbol{k}$

$$v_x=\frac{\mathrm{d}x}{\mathrm{d}t},\quad v_y=\frac{\mathrm{d}y}{\mathrm{d}t},\quad v_z=\frac{\mathrm{d}z}{\mathrm{d}t}$$

加速度
$$a=\frac{\mathrm{d}\boldsymbol{v}}{\mathrm{d}t}=\frac{\mathrm{d}v_x}{\mathrm{d}t}\boldsymbol{i}+\frac{\mathrm{d}v_y}{\mathrm{d}t}\boldsymbol{j}+\frac{\mathrm{d}v_z}{\mathrm{d}t}\boldsymbol{k}$$
$$a_x=\frac{\mathrm{d}v_x}{\mathrm{d}t}=\frac{\mathrm{d}^2x}{\mathrm{d}t^2}$$
$$a_y=\frac{\mathrm{d}v_y}{\mathrm{d}t}=\frac{\mathrm{d}^2y}{\mathrm{d}t^2}$$
$$a_z=\frac{\mathrm{d}v_z}{\mathrm{d}t}=\frac{\mathrm{d}^2z}{\mathrm{d}t^2}$$

3. 自然坐标系中的加速度

$$\boldsymbol{a}=\boldsymbol{a}_\tau+\boldsymbol{a}_\mathrm{n}$$
$$a_\tau=\frac{\mathrm{d}v}{\mathrm{d}t}=\frac{\mathrm{d}^2s}{\mathrm{d}t^2}$$
$$a_\mathrm{n}=\frac{v^2}{\rho}$$

4. 运动方程

矢量式 $\boldsymbol{r}(t)=x(t)\boldsymbol{i}+y(t)\boldsymbol{j}+z(t)\boldsymbol{k}$

分量式 $x=x(t),\quad y=y(t),\quad z=z(t)$

轨道方程 对运动方程分量式消去参量 t，得 $F(x,y,z)=0$

5. 运动学的基本解题方法

1）微分方法

已知运动学方程，求速度和加速度. 这类问题只需按公式 $\boldsymbol{v}=\frac{\mathrm{d}\boldsymbol{r}}{\mathrm{d}t}$ 和 $\boldsymbol{a}=\frac{\mathrm{d}\boldsymbol{v}}{\mathrm{d}t}=\frac{\mathrm{d}^2\boldsymbol{r}}{\mathrm{d}t^2}$，将已知的 $\boldsymbol{r}(t)$ 函数对时间 t 求导数即可求解.

2）积分方法

已知速度求运动学方程，或已知加速度求速度和运动学方程. 这类问题应根据初始条件（初始时刻质点的位置、速度），通过积分法求解，所以这类问题称为积分问题.

6. 线量和角量的关系式

$$\begin{cases}v=\frac{\mathrm{d}s}{\mathrm{d}t}=\frac{R\mathrm{d}\theta}{\mathrm{d}t}=R\omega\\ a_\tau=\frac{\mathrm{d}v}{\mathrm{d}t}=\frac{R\mathrm{d}\omega}{\mathrm{d}t}=R\beta\\ a_\mathrm{n}=\frac{v^2}{R}=R\omega^2\end{cases}$$

7. 相对运动基本公式

$$\begin{cases}\boldsymbol{r}_{绝}=\boldsymbol{r}_{相}+\boldsymbol{r}_{牵}\\ \boldsymbol{v}_{绝}=\boldsymbol{v}_{相}+\boldsymbol{v}_{牵}\\ \boldsymbol{a}_{绝}=\boldsymbol{a}_{相}+\boldsymbol{a}_{牵}\end{cases}$$

重难点分析

运动学的主要任务是解决运动的描述问题，描述运动的主要物理量是位置矢量 $\boldsymbol{r}$、速度 $\boldsymbol{v}$ 和加速度 $\boldsymbol{a}$. 对于这些概念，通常是从一般曲线运动出发引出的，我们应该着重理解它们的瞬时性、矢量性和相对性. 此外，对于自然坐标系，我们以前没有学习过，不太熟悉，因而可能也是难点之一.

1. 瞬时性

在中学，我们所遇到的物理量都是恒量，如匀加速度、恒力作用等. 但在大学物理中，我们接触到的基本上是变量，即加速度和力都是时间的函数，因此，必须应用微积分的知识来求解.

在运动学中，根据运动方程求速度、加速度主要是用求导的方法；根据速度、加速度和初始条件求运动方程主要是用积分的方法，当被积函数的变量与积分元的变量不一致时，要通过变量变换使得两者一致.

例如，一质点做一维运动，其加速度与位置的关系为 $a=-kx$，k 为正常数. 已知 $t=0$ 时，质点瞬时静止于 $x=x_0$ 处，试求质点的运动规律.

显然，本题是由加速度求运动方程，且加速度不是时间 t 而是位置 x 的函数. 此类问题一般不能直接积分，需作变量代换 $\dfrac{dv}{dt}=\dfrac{dv}{dx}\cdot\dfrac{dx}{dt}=v\dfrac{dv}{dx}$，然后进行求解. 具体求解过程参见例 1.4.

2. 矢量性

初学者往往弄不清楚 $|\Delta\boldsymbol{A}|$ 与 ΔA 区别，甚至误认为这两者是等同的，他们的理由是一个矢量 $\boldsymbol{A}$ 的模既可以用 $|\boldsymbol{A}|$ 表示，也可以用白体字母 A 表示，这就是说 $|\boldsymbol{A}|$ 与 A 是等同的. 既然如此，$|\Delta\boldsymbol{A}|$ 与 ΔA 也应该是等同的. 导致上述错误的关键是读者忽视了 $|\Delta\boldsymbol{A}|$ 和 ΔA 中都包含了运算符号 Δ，不是一个单纯矢量的模的两种等效表示.

在运动学中，要注意区分：

位矢的增量的模	$\lvert\Delta\boldsymbol{r}\rvert=\lvert\boldsymbol{r}_2-\boldsymbol{r}_1\rvert$	位矢的模的增量	$\Delta r=\lvert\boldsymbol{r}_2\rvert-\lvert\boldsymbol{r}_1\rvert$
速度增量的模	$\lvert\Delta\boldsymbol{v}\rvert=\lvert\boldsymbol{v}_2-\boldsymbol{v}_1\rvert$	速度模的增量	$\Delta v=\lvert\boldsymbol{v}_2\rvert-\lvert\boldsymbol{v}_1\rvert$

上述关系可用图 1-1 表示.

图 1-1 中，$|\Delta\boldsymbol{r}|$ 是位移的模，也就是 P_1 和 P_2 两点之间的直线距离；Δr 是质点位置的径向增量，它代表图中 QP_2 之间的距离，反映出从 P_1 到 P_2 质点的空间位置沿径向的变化量.

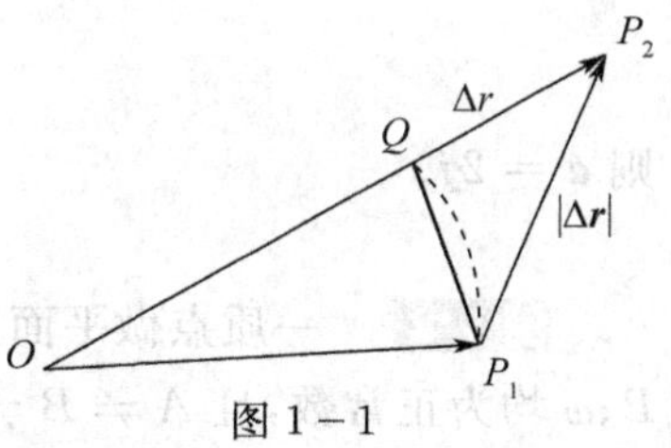

图 1-1

由此可知：

$\left|\dfrac{d\boldsymbol{r}}{dt}\right|=v$ 表示速度的大小

$\dfrac{dr}{dt}=v_r$ 表示速度径向分量的大小

$\left|\dfrac{d\boldsymbol{v}}{dt}\right|=a$ 表示加速度的大小

$\frac{dv}{dt} = a_\tau$ 表示速度大小对时间的变化率，即切向加速度大小.

3. 相对性

选取不同的参考系，对同一物体运动的描述就会不同. 相对运动基本公式描述了同一个运动在两个平动参考系中的运动学量之间的转换关系，正确运用该公式的关键是明确每个运动学量与观察者之间的关系，即区分"绝对""相对""牵连" 等物理量，并遵从它的适用条件和范围.

4. 自然坐标系

当质点(系) 轨道已知时，用自然坐标系的方法来描述运动很方便，但由于我们不太熟悉这种描述方法，因此也是难点之一. 这里关键是理解公式 $v = \frac{ds}{dt}, a_\tau = \frac{dv}{dt} = \frac{d^2s}{dt^2}, a_n = \frac{v^2}{\rho}$ 并能熟练运用.

示例解析

例 1.1 已知质点的运动方程为 $x = 3t, y = t^2 + 3t - 4$(SI).

(1) 写出质点的运动轨道方程；

(2) 求出 $t = 4$ s 时的速度矢量和加速度矢量.

解 (1) 联立方程 $x = 3t, y = t^2 + 3t - 4$，消去 t，得

$$y = x^2/9 + x - 4$$

(2) 将 $x = 3t, y = t^2 + 3t - 4$ 分别对 t 求导，得

$$v_x = 3\ \text{m/s}, \quad v_y = 2t + 3$$

将 $t = 4$ s 代入，得

$$v_x = 3\ \text{m/s}, \quad v_y = 11\ \text{m/s}$$

则 $\boldsymbol{v} = 3\boldsymbol{i} + 11\boldsymbol{j}$.

再分别对两速度分量求导，得

$$a_x = \frac{dv_x}{dt} = 0\ \text{m/s}^2$$

$$a_y = \frac{dv_y}{dt} = 2\ \text{m/s}^2$$

则 $\boldsymbol{a} = 2\boldsymbol{j}$.

例 1.2 一质点做平面运动，已知加速度为 $a_x = -A\omega^2 \cos \omega t, a_y = -B\omega^2 \sin \omega t$，其中 A、B、ω 均为正常数，且 $A \neq B \neq 0$. 初始条件为 $t = 0$ 时，$v_{0x} = 0, v_{0y} = B\omega, x_0 = A, y_0 = 0$. 试求该质点的运动轨迹.

解 根据加速度的定义，有

$$a_x = \frac{dv_x}{dt}, \quad a_y = \frac{dv_y}{dt}$$

分别进行积分，并代入初始条件，得

$$v_x = v_{0x} + \int_0^t a_x \mathrm{d}t = 0 + \int_0^t -A\omega^2 \cos \omega t \mathrm{d}t = -A\omega \sin \omega t \quad ①$$

$$v_y = v_{0y} + \int_0^t a_y \mathrm{d}t = B\omega + \int_0^t -B\omega^2 \sin \omega t \mathrm{d}t = B\omega \cos \omega t \quad ②$$

根据速度的定义,有

$$v_x = \frac{\mathrm{d}x}{\mathrm{d}t}, \quad v_y = \frac{\mathrm{d}y}{\mathrm{d}t}$$

对上两式积分,并代入初始条件和式 ①、式 ② 得

$$x = x_0 + \int_0^t v_x \mathrm{d}t = A - A\int_0^t \omega \sin \omega t \mathrm{d}t = A\cos \omega t \quad ③$$

$$y = y_0 + \int_0^t v_y \mathrm{d}t = 0 + B\int_0^t \omega \cos \omega t \mathrm{d}t = B\sin \omega t \quad ④$$

③ 式和 ④ 式为质点运动的运动学方程,消去参数 t,即得质点的运动轨迹方程

$$\frac{x^2}{A^2} + \frac{y^2}{B^2} = 1$$

这一结果表明,质点运动的轨迹为椭圆.

例 1.3　一质点沿半径为 R 的圆周运动,在 $t = 0$ 时经过 P 点,此后按速率 $v = A + Bt$(A、B 为正的已知常量)变化,则质点沿圆周运动一周再经过 P 点时的切向加速度 a_τ 和法向加速度 a_n 为多少?

解　根据自然坐标系下的加速度表达式,有

$$a_\tau = \frac{\mathrm{d}v}{\mathrm{d}t} = B$$

作变量代换有

$$\frac{\mathrm{d}v}{\mathrm{d}t} = \frac{\mathrm{d}v}{\mathrm{d}s} \cdot \frac{\mathrm{d}s}{\mathrm{d}t} = v \cdot \frac{\mathrm{d}v}{\mathrm{d}s} = B$$

$$v\mathrm{d}v = B\mathrm{d}s$$

两边积分得

$$\int_A^v v\mathrm{d}v = \int_0^{2\pi R} B\mathrm{d}s$$

$$v^2 = 4\pi RB + A^2$$

所以

$$a_n = \frac{v^2}{R} = 4\pi B + \frac{A^2}{R}$$

例 1.4　一质点做一维运动,其加速度与位置的关系为 $a = -kx$,k 为正常数.已知 $t = 0$ 时,质点瞬时静止于 $x = x_0$ 处.试求质点的运动规律.

解　由加速度的定义分离变量,有

$$a = \frac{\mathrm{d}v}{\mathrm{d}t} = \frac{\mathrm{d}v}{\mathrm{d}x} \cdot \frac{\mathrm{d}x}{\mathrm{d}t} = v\frac{\mathrm{d}v}{\mathrm{d}x} = -kx \quad ①$$

从而有

$$v\mathrm{d}v = -kx\mathrm{d}x$$

对式 ① 进行积分，并代入初始条件 $x=x_0$，得

$$v^2=k(x_0^2-x^2)$$

即
$$v=\pm\sqrt{k(x_0^2-x^2)} \quad ②$$

根据式 ② 及速度的定义，有

$$v=\frac{dx}{dt}=\pm\sqrt{k(x_0^2-x^2)}$$

即
$$\frac{dx}{(x_0^2-x^2)^{1/2}}=\pm\sqrt{k}dt \quad ③$$

对式 ③ 进行积分，并代入初始条件 $t=0, x=x_0$，得

$$x=x_0\cos\sqrt{k}t$$

例 1.5 一跳伞运动员在跳伞过程中的加速度为 $a=A-Bv$（式中 A、B 均为大于 0 的常量，v 为任意时刻的速度）. 设初时刻的速度为零，求任意时刻的速度表达式.

解 本题仍为一维运动中已知加速度 a 求 v 的情况，因此，用积分方法可以解决.

由题意知
$$a=\frac{dv}{dt}=A-Bv$$

分离变量求积分，考虑初始条件，得

$$\int_0^v\frac{dv}{A-Bv}=\int_0^t dt$$

即

$$-\frac{1}{B}\ln(A-Bv)\Big|_0^v=t$$

$$\ln\frac{A-Bv}{A}=-Bt$$

$$1-\frac{B}{A}v=e^{-Bt}$$

即任意时刻的速度为

$$v=\frac{A}{B}(1-e^{-Bt})$$

例 1.6 某人骑自行车以 5 m/s 的速度向北行驶，觉得有西北风（西偏北 45°）吹来，其大小为 10 m/s，求风速.

解 据题意，车速 5 m/s 向北为牵连速度，西北风以 10 m/s 相对车（人）而动，为相对速度. 将它们绘于同一坐标系中，如图 1-2 所示.

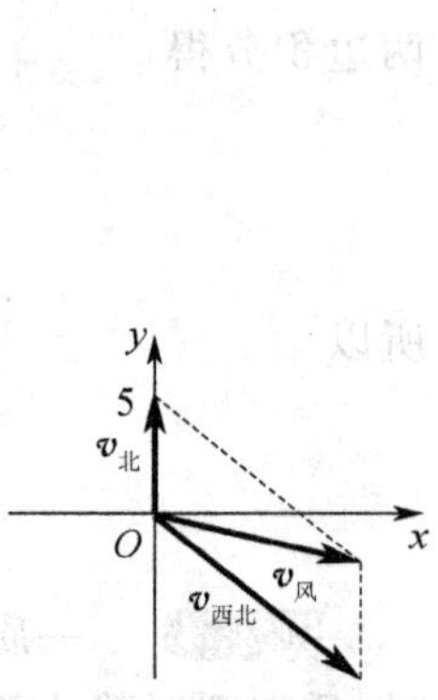

图 1-2 例 1.6 图

待求风速为绝对速度，据速度合成定理得

$$\boldsymbol{v}_风=\boldsymbol{v}_绝=\boldsymbol{v}_相+\boldsymbol{v}_牵=\boldsymbol{v}_北+\boldsymbol{v}_{西北}$$

所以
$$\boldsymbol{v}_风=5\boldsymbol{j}+\left(10\frac{\sqrt{2}}{2}\boldsymbol{i}-10\frac{\sqrt{2}}{2}\boldsymbol{j}\right)$$
$$=7.07\boldsymbol{i}-2.07\boldsymbol{j}$$

第 2 章　质点(系)动力学

基本要求

1. 理解牛顿运动定律的内容及实质，明确牛顿运动定律的适用范围及条件，会用微积分的方法处理变力作用下的简单力学问题.

2. 掌握动量定理和动量守恒定律. 能用它们分析、解决简单系统的力学问题.

3. 掌握功的概念，能熟练地计算变力的功.

4. 理解保守力做功的特点及势能的概念，会计算势能.

5. 掌握动能定理、功能原理和机械能守恒定律，能用它们解决简单系统的力学问题.

6. 理解角动量概念以及角动量守恒定律和其适用条件. 能用角动量守恒定律分析、计算有关问题.

内容提要

1. 牛顿运动定律

• 第一定律　任何物体都保持静止或匀速直线运动状态，直到其他物体对它作用的力迫使它改变这种状态为止.

• 第二定律　$\boldsymbol{F}=\frac{\mathrm{d}\boldsymbol{P}}{\mathrm{d}t}$，当物体质量不变时，即为 $\boldsymbol{F}=m\boldsymbol{a}$.

• 第三定律　当物体 A 以力 $\boldsymbol{F}$ 作用于物体 B 时，物体 B 也同时以 $\boldsymbol{F}'$ 作用于物体 A 上，力 $\boldsymbol{F}$ 和力 $\boldsymbol{F}'$ 总是大小相等，方向相反且在同一条直线上.

适用条件：① 质点或质点系；② 低速运动（与光速比较）的物体；③ 惯性参照系.

2. 动量定理和动量守恒定律

1) 冲量

$$\boldsymbol{I}=\int_{t_0}^{t}\boldsymbol{F}\mathrm{d}t$$

2) 动量

质点　$\boldsymbol{P}=m\boldsymbol{v}$

质点系　$\boldsymbol{P}=\sum_{i}m_i\boldsymbol{v}_i$

3) 动量定理

质点动量定理　$\boldsymbol{I}=\int_{t_0}^{t}\boldsymbol{F}\cdot\mathrm{d}t=m\boldsymbol{v}-m\boldsymbol{v}_0$

质点系动量定理 $$I=\int_{t_0}^{t}\sum_{i=1}^{n}\boldsymbol{F}_i\mathrm{d}t=\sum_{i=1}^{n}m_i\boldsymbol{v}_i-\sum_{i=1}^{n}m_i\boldsymbol{v}_{i0}$$

即质点系的动量的增量等于合外力的冲量,而与内力无关.

说明:

① 动量为状态量;

② 冲量为过程量,是力对时间的累积;

③ 一对作用力与反作用力的冲量的矢量和为零.

对质点系进行分析时,一定要注意内力和外力之分.例如,一个由 n 个质点组成的质点系,其中第 i 个质点所受合力为

$$\boldsymbol{F}_{i合}=\boldsymbol{F}_{i外}+\sum_{j=1,j\neq i}^{n}\boldsymbol{f}_{ji}$$

式中 $\sum\limits_{j=1,j\neq i}^{n}\boldsymbol{f}_{ji}$ 表示第 i 个质点受到的质点系内力之和.

由于内力总是成对出现的,所以在求整个质点系的内力之和时,即再次对 i 求和时,内力必然为零,即

$$\sum_{i=1}^{n}\sum_{j=1,j\neq i}^{n}\boldsymbol{f}_{ji}=0$$

所以说,内力对系统的总动量无贡献.

4) 动量守恒定律

若 $$\sum_{i=1}^{n}\boldsymbol{F}_i=0$$

则 $$\sum_{i=1}^{n}m_i\boldsymbol{v}_i=常矢量$$

说明:

① 运用动量守恒定律时,所有物体的动量要统一到同一惯性系中;

② 系统动量守恒,但每个质点的动量可能变化;

③ 对于某些特殊过程(如爆炸、碰撞等),虽然系统合外力不为零,但因为过程发生的时间非常短,外力与内力的冲量相比可以忽略不计时,可用动量守恒定律来研究系统内各部分之间的动量再分配问题;

④ 当合外力沿某一方向为零时,动量守恒可在某一方向上成立;

⑤ 动量守恒定律在微观高速范围内仍适用,是自然界中最基本的守恒定律之一.

3. 动能定理 机械能守恒定律

1) 功

定义:某力的元功等于在力的作用下质点的位移 $\mathrm{d}\boldsymbol{r}$ 与力 $\boldsymbol{F}$ 的标积.

$$\mathrm{d}A=\boldsymbol{F}\cdot\mathrm{d}\boldsymbol{r}$$

质点沿路径 L 从 a 到 b,力 $\boldsymbol{F}$ 对它做的功为

$$A=\int_a^b\mathrm{d}A=\int_a^b\boldsymbol{F}\cdot\mathrm{d}\boldsymbol{r}$$

2）动能

质点
$$E_k = \frac{1}{2}mv^2$$

质点系
$$E_k = \sum_i E_{ki} = \sum_i \frac{1}{2}mv_i^2$$

质点的动能 $E_k = \frac{1}{2}mv^2$ 是状态参量 v 的函数，因 v 与参考系的选择有关，所以 E_k 也是相对量.

3）势能

定义：系统在任一位置时的势能等于它从此位置运动到零势能点时保守力所做的功.

$$E_{pa} = \int_a^{\text{零势能点}} \boldsymbol{F} \cdot \mathrm{d}\boldsymbol{r}$$

力学中的三种势能：

① 重力场中，通常选地面为零势能点，则
$$E_p = mgh$$

② 万有引力场中，通常选 $E_{p\infty} = 0$，则
$$E_p = -GMm\frac{1}{r}$$

③ 弹性力场中，选弹簧的平衡位置为零势能点，则
$$E_p = \frac{1}{2}kx^2$$

4）机械能
$$E = E_k + E_p$$

5）功和能的关系

（1）动能定理

质点　$$A = E_k - E_{k0} = \Delta E_k$$

质点系　$$A_{外} + A_{内} = E_k - E_{k0}$$

说明：

① 内力能改变系统的总动能，但不能改变系统的总动量；

② 动能是物体运动状态的单值函数，而功是物体能量变化的一种量度；动能是状态量、态函数，功是过程量；

③ 功、动能与坐标系的选择有关，但只要是惯性系，动能定理均成立；

④ 在某些情况下，动能定理比牛顿第二定律解决问题方便，它不必考虑物体复杂的运动过程.

（2）功能原理
$$A_{外} + A_{非保内} = E - E_0$$

（3）机械能守恒定律

若 $A_{外} + A_{非保内} = 0$，则 $E = E_k + E_p =$ 常量.

4. 角动量定理 角动量守恒定律

(1) 力矩

力矩：$\boldsymbol{M}=\boldsymbol{r}\times\boldsymbol{F}$. 力矩与参考点的选取有关.

(2) 角动量

角动量：$\boldsymbol{L}=\boldsymbol{r}\times m\boldsymbol{v}$. 角动量是相对量，既与参考系的选择有关，又与坐标原点的选择有关.

(3) 角动量定理

$$\int_{t_0}^{t}\boldsymbol{M}\mathrm{d}t=\boldsymbol{L}-\boldsymbol{L}_0$$

作用在质点上的冲量矩等于质点角动量的增量.

(4) 角动量守恒定律

角动量守恒定律：如果质点所受外力对某固定点的力矩为零，则质点对该固定点的角动量守恒. 即，若 $\boldsymbol{M}=0$，则 $\boldsymbol{L}=\boldsymbol{r}\times m\boldsymbol{v}=$ 常矢量.

若质点受有心力作用，则质点对力心的角动量一定守恒.

重难点分析

动力学的主要任务是揭示运动状态变化与外界作用的联系，反映这个联系的规律就是牛顿运动定律. 本章重点介绍了力的瞬时效应，力的时间累积效应，力的空间累积效应及三大守恒定律.

1. 关于牛顿运动定律的应用

牛顿运动定律研究的对象是质点. 在应用牛顿定律研究力学问题时，必须用隔离体法把研究对象隔离开来进行受力分析. 注意牛顿运动定律只在惯性系中成立，其解题一般步骤如下.

① 确定对象，受力分析. 认真分析题意，确定研究对象. 采用“隔离体法”对研究对象进行正确的受力分析，并画出受力分析图.

② 明确关系，运动分析. 弄清物理过程，明确物理关系，进行运动分析. 主要分析加速度相对于什么参考系以及它的方向. 若有两个以上质点的运动，要找出它们的加速度间的关系.

③ 选定坐标，列出方程. 依据题目具体条件选定坐标系. 在此基础上，对研究对象列出牛顿第二定律的分量式和其他必要的辅助性方程，所列方程的总数与未知量的数目要相等.

④ 解出方程，讨论结果. 解方程时，一般先进行数学运算，然后将已知量统一单位制后代入，求得结果. 最后讨论结果的物理意义，判断其是否合理和正确.

本部分重难点在于用微积分的方法处理问题，关键做好两点：其一是根据力函数的形式选择运动定律的形式[若 $\boldsymbol{F}=$ 常量，则取 $\boldsymbol{F}=m\boldsymbol{a}$；若 $\boldsymbol{F}=\boldsymbol{F}(\boldsymbol{v})$，则取 $\boldsymbol{F}(\boldsymbol{v})=m\dfrac{\mathrm{d}\boldsymbol{v}}{\mathrm{d}t}$；若 $\boldsymbol{F}=\boldsymbol{F}(\boldsymbol{r})$，则取 $\boldsymbol{F}(\boldsymbol{r})=m\dfrac{\mathrm{d}^2\boldsymbol{r}}{\mathrm{d}t^2}$]；其二是正确地分离变量.

2. 关于动量定理、动量守恒定律的应用

(1) 在运用动量定理解题时通常要注意以下几点

① 明确研究对象并进行受力分析. 若是变力，则须明确力函数的形式. 在碰撞问题中，若碰撞时间很短，重力等有限大小的主动外力可略去不计，但随碰撞而变化的被动外力(例如支持力)一般是不能忽略的.

② 正确分析出对象始、末态的动量，并向选定的坐标轴进行投影；列出分量式方程. 由于动量是矢量，因此要特别注意始、末态动量在坐标轴上分量的正、负号；若遇到的是变质量系统，则要正确的分析出 t 时刻和 $(t+\mathrm{d}t)$ 时刻的动量.

(2) 在应用质点系的动量守恒定律时要注意以下几点

① 首先应明确系统的范围以便正确地分析出内力和外力.

② 若系统所受合外力不为零，但合外力在某一方向的分量为零，则系统总动量在该方向的分量守恒.

③ 动量守恒定律只在惯性系中才成立. 在运用系统的动量定理和动量守恒定律时，系统内各物体的动量都是相对于同一惯性参照系而言的.

3. 关于功的计算

(1) 变力的功

此处难点有两个：其一，已知力函数，但其变量与元位移 $\mathrm{d}\boldsymbol{r}$ 的变量不一致；其二是如何选取积分元.

例如，一物体按 $x = ct^3$ 在介质中做直线运动，设介质的阻力正比于速度的平方，即 $f = -kv^2$，求物体由 $x = 0$ 运动到 $x = l$ 时阻力所做的功.

题中力函数 $f = -kv^2$ 与积分元 $\mathrm{d}x$ 的变量就不一致，应进行如下变换.

因为

$$v = \frac{\mathrm{d}x}{\mathrm{d}t} = 3ct^2$$

所以

$$f = -kv^2 = -9kc^2t^4$$

由 $x = ct^3$，得

$$t = \left(\frac{x}{c}\right)^{1/3}$$

故 $f = -9kc^2\left(\frac{x}{c}\right)^{\frac{4}{3}} = -9kc^{\frac{2}{3}}x^{\frac{4}{3}}$，这时，被积函数与积分元 $\mathrm{d}x$ 的变量一致，故有

$$A = \int_0^l -9kc^{\frac{2}{3}}x^{\frac{4}{3}}\mathrm{d}x = -\frac{27}{7}kc^{\frac{2}{3}}l^{\frac{7}{3}}$$

又如，有一地下蓄水池，面积为 S，蓄水深为 h. 如水面低于地面的高度为 H，要将这些水全部抽到地面，至少需做功多少(假定将水匀速提升到地面)？

功的定义源于恒力的功 $A = \boldsymbol{F}\cdot\Delta\boldsymbol{r}$，那么，在选取积分元时，必须使积分元内的功可视为恒力的功. 如在本题中，以地面为坐标原点，向上为 y 轴的正向，向下在 y 处取厚度为 $\mathrm{d}y$ 的一层水为研究对象，则有

$$\mathrm{d}m = \rho s\,\mathrm{d}y$$

匀速地将 $\mathrm{d}m$ 的水提至地面需加的外力为

$$F_{外} = \mathrm{d}mg = \rho gs\,\mathrm{d}y$$

$F_{外}$ 把 $\mathrm{d}m$ 这部分水提至地面所做的功可视为恒力做功，即

$$\mathrm{d}A = yF_y = y\rho gS\mathrm{d}y$$

所以 $A = \int \mathrm{d}A = \int_{-H}^{-(H+h)} \rho Sgy\mathrm{d}y = \frac{1}{2}\rho Sg[(H+h)^2 - h^2]$.

(2) 作用力与反作用力的功

有一种错误的认识认为，作用力与反作用力大小相等、方向相反，因此，作用力的功与反作用力的功之和，就像作用力与反作用力的冲量之和一样，其和为零. 这种认识之所以错误，是因为在作用力 $\boldsymbol{f}_{ji}$ 作用下的 i 质点的位移 $\mathrm{d}\boldsymbol{r}_i$ 与在反作用力 $\boldsymbol{f}_{ij}$ 作用下的 j 质点的位移 $\mathrm{d}\boldsymbol{r}_j$ 在一般情况下各不相同. 因此，作用力的功和反作用力的功之和不一定为零. 例如，将一物体在地面上拖动，若以地面为参照系，地面给运动物体的摩擦力做了功，而运动物体给地面的摩擦力就没有做功. 因此，物体与地面之间的一对作用力与反作用力的功之和不为零. 那么，作用力与反作用力做功之和为多少呢？

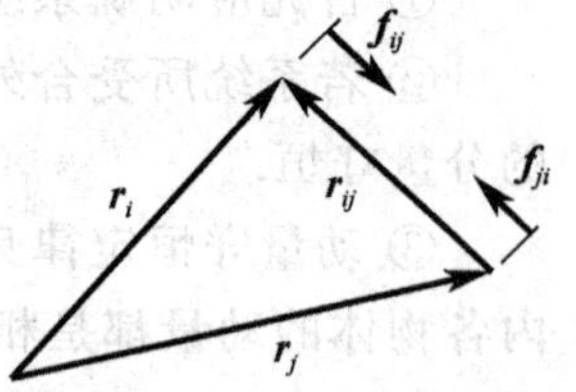

图 2-1

如图 2-1 所示，设 $\boldsymbol{f}_{ji}$ 与 $\boldsymbol{f}_{ij}$ 为一对内力，则它们的功之和为

$$\mathrm{d}A = \boldsymbol{f}_{ji} \cdot \mathrm{d}\boldsymbol{r}_i + \boldsymbol{f}_{ij} \cdot \mathrm{d}\boldsymbol{r}_j$$

因为 $\boldsymbol{f}_{ij} = -\boldsymbol{f}_{ji}$

所以

$$\mathrm{d}A = \boldsymbol{f}_{ji} \cdot (\mathrm{d}\boldsymbol{r}_i - \mathrm{d}\boldsymbol{r}_j) = \boldsymbol{f}_{ji} \cdot \mathrm{d}(\boldsymbol{r}_i - \boldsymbol{r}_j) = \boldsymbol{f}_{ji} \cdot \mathrm{d}\boldsymbol{r}_{ij}$$

式中 $\mathrm{d}\boldsymbol{r}_{ij}$ 就是 i，j 两质点的相对位移. 由此可知，一对作用力与反作用力做功之和等于力与相对位移的标积. 欲使一对内力功之和为零，须使一对内力处处与它们的相对位移垂直或者相互作用的两质点之间没有相对位移.

(3) 关于势能函数

势能函数的形式不仅取决于保守力的力函数，还与零势能点的选取有关. 求势能函数的通式为

$$E_{pa} = \int_a^{零势能点} \boldsymbol{F} \cdot \mathrm{d}\boldsymbol{r}$$

例如，已知地球的半径为 R，质量为 M，一质量为 m 的物体，在距地面高为 h 处. 若取地面为引力势能零点，则地球、物体系统的引力势能应取什么形式？

因为 M 与 m 之间的引力大小为 $F = G\frac{Mm}{r^2}$，式中 r 是 m 到地心的距离，所以

$$E_p = \int_{R+h}^{R} -GMm\frac{\mathrm{d}r}{r^2} = -G\frac{Mm}{R+h} + G\frac{Mm}{R}$$

4. 关于功能原理、机械能守恒定律的应用

对于质点系的动能定理和质点系的功能原理，二者在本质上是一致的. 动能定理中功是一切力做的功，它包括作用于系统的外力的功，系统内保守力的功和非保守力的功，即 $A = A_{外} + A_{内保} + A_{内非}$，而功能原理中的功只包含外力的功和系统内部非保守力的功，这时，系统内部保守力的功已由相关的势能表示了.

在应用机械能守恒定律时，要明确以下几点.

① 守恒条件：作用于系统的外力和非保守内力对系统不做功，或做功的代数和为零，或只有保守内力做功(注意合外力为零，合外力的功不一定为零).

② 系统的总机械能不变，但动能和势能可以相互转化.

③ 应用该定律时，首先应指明所选择的系统.

5. 关于角动量守恒定律

角动量守恒的条件是，质点所受外力对某参考点的力矩为零，则质点对该参考点的角动量守恒. 由此可知，在应用角动量守恒定律时，除要选择惯性系之外，还必须指明是对哪一点的角动量守恒.

示例解析

例 2.1　质量为 m 的质点在 xOy 平面上按 $x = 3t + t^2$，$y = 5 + 2t^3$ 规律运动，求作用于质点的力.

解　本题已知运动方程，求 $\boldsymbol{F}$，用"微分法"求解.

$$\boldsymbol{F} = ma_x\boldsymbol{i} + ma_y\boldsymbol{j}$$

而

$$a_x = \frac{d^2x}{dt^2} = 2$$

$$a_y = \frac{d^2y}{dt^2} = 12t$$

所以

$$\boldsymbol{F} = 2m\boldsymbol{i} + 12mt\boldsymbol{j}$$

例 2.2　某电动列车行驶时每千克质量所受的阻力为 $F = (2.5 + 0.5v^2) \times 10^{-2}$ N，式中 v 为列车速度，以 m/s 计. 当车速达到 25 m/s 时，关掉电门，问运行多少路程后列车速度减至 10 m/s?

解　本题已知力(时间的函数)及初始条件($t = 0$ 时，$v = 25$ m/s)求路程(坐标)，宜用"积分法"求解.

选列车为研究对象，做减速运动，每千克质量受力 $F = -(2.5 + 0.5v^2) \times 10^{-2}$ N，其动力学方程为

$$F = m\frac{dv}{dt} = m\frac{dv}{dx}\frac{dx}{dt}$$

$$\frac{F}{m} = v\frac{dv}{dx} = -(2.5 + 0.5v^2) \times 10^{-2}$$

分离变量，即

$$dx = -\frac{v dv}{(2.5 + 0.5v^2) \times 10^{-2}}$$

求积分，得

$$\int_0^x dx = -10^2 \times \int_{25}^{10} \frac{d(2.5 + 0.5v^2)}{2.5 + 0.5v^2}$$

$$x = 10^2 \times \ln(2.5 + 0.5v^2)\Big|_{10}^{25} = 179 \text{ m}$$

例 2.3　体重为 80 kg 的飞行员，跳伞后在 1.5 s 内的张伞过程中，降落速度由 50 m/s 变为 5 m/s，求飞行员在张伞过程中所受到的平均阻力.

图 2-2 例 2.3 图

解 本题知道质量及速度变化(知人的动量变化)求平均阻力,可用动量定理来求解.取向下为正,如图 2-2 所示,则有

$$(mg - F)\Delta t = mv_2 - mv_1$$

$$F = \frac{mv_1 - mv_2}{\Delta t} + mg$$

$$= \frac{80 \times 50 - 80 \times 5}{1.5} + 80 \times 9.8$$

$$= 3.18 \times 10^3 \text{ N}$$

方向铅直向上.

例 2.4 一质量为 2 t 的卡车启动时,在牵引力 $F_x = 6 \times 10^3 t$ N 的作用下,自原点从静止开始沿 x 轴做直线运动,求牵引力在前 10 s 内所做的功.

解 功的计算宜分两步走:第一步计算(写出)元功,第二步积分求总功.

由题意知,其元功

$$dA = \boldsymbol{F} \cdot d\boldsymbol{r} = F_x dx = 6 \times 10^3 t dx \quad ①$$

式 ① 右端含变量 t、x,必须"统一"成一个变量才能积分

由运动学关系知

$$dx = v dt \quad ②$$

由牛顿第二定律,得

$$dv = a dt = \frac{F_x}{m} dt = \frac{6 \times 10^3 t}{2 \times 10^3} dt = 3t dt$$

两边积分,得

$$\int_0^v dv = 3\int_0^t t dt$$

解之得

$$v = \frac{3}{2} t^2 \quad ③$$

联立式 ①、式 ②、式 ③ 求解,得

$$dA = 9 \times 10^3 t^3 dt$$

$$A = \int_0^{10} 9 \times 10^3 t^3 dt = \frac{9}{4} \times 10^3 t^4 \Big|_0^{10} = 2.25 \times 10^7 \text{ J}$$

例 2.5 如图 2-3 所示,一粒子以速度 $u_1 = 400 \text{ m} \cdot \text{s}^{-1}$ 与另一处于静止的同类粒子发生弹性碰撞后,在水平方向与原运动方向成 $\alpha = 30°$ 角的方向运动,求碰撞后两粒子的速度大小及第二个粒子的运动方向.

解 以两粒子为一系统,该系统水平方向无外力作用,故水平方向动量守恒,即

$$m\boldsymbol{u}_1 + 0 = m\boldsymbol{v}_1 + m\boldsymbol{v}_2 \quad ①$$

由弹性碰撞概念知,系统动能守恒,即

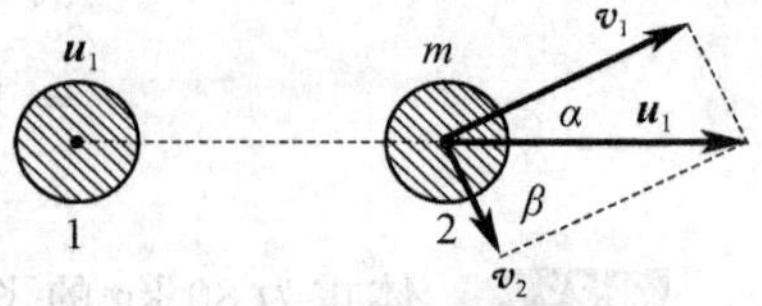

图 2-3 例 2.5 图

$$\frac{1}{2}mu_1^2+0=\frac{1}{2}mv_1^2+\frac{1}{2}mv_2^2 \quad ②$$

由式 ①、式 ② 可得

$$\boldsymbol{u}_1=\boldsymbol{v}_1+\boldsymbol{v}_2 \quad ③$$

$$u_1^2=v_1^2+v_2^2 \quad ④$$

由式 ③、式 ④ 可以推断，$\boldsymbol{u}_1$、$\boldsymbol{v}_1$、$\boldsymbol{v}_2$ 为直角三角关系，即

$$\alpha+\beta=\frac{\pi}{2}$$

$$\beta=\frac{\pi}{2}-\alpha=90^\circ-30^\circ=60^\circ$$

利用三角函数关系，可得

$$v_1=u_1\cos\alpha=400\times\frac{\sqrt{3}}{2}=346\ \mathrm{m\cdot s^{-1}}$$

$$v_2=u_1\sin\alpha=400\times\frac{1}{2}=200\ \mathrm{m\cdot s^{-1}}$$

例 2.6　有一质量为 0.5 g 的质点位于平面上 $P(3,4)$ 点处，其速度为 $\boldsymbol{v}=3\boldsymbol{i}+4\boldsymbol{j}$，并受到一力 $\boldsymbol{F}=1.5\boldsymbol{j}$ 的作用，求其对坐标原点的角动量和作用在其上的力矩.

解　质点对坐标原点的位矢为

$$\boldsymbol{r}=3\boldsymbol{i}+4\boldsymbol{j}$$

则其对坐标原点的角动量为

$$\boldsymbol{L}=\boldsymbol{r}\times m\boldsymbol{v}=0.5\times10^{-3}\times(3\boldsymbol{i}+4\boldsymbol{j})\times(3\boldsymbol{i}+4\boldsymbol{j})=0$$

作用在该质点上的力矩为

$$\boldsymbol{M}=\boldsymbol{r}\times\boldsymbol{F}=(3\boldsymbol{i}+4\boldsymbol{j})\times1.5\boldsymbol{j}=4.5\boldsymbol{k}$$

例 2.7　一质点在有心力的作用下，在一平面内做椭圆轨道运动，试利用质点的角动量守恒定律证明：质点对力心的位矢在相等的时间内扫过相等的面积.

解　设质点任一时刻 t 在椭圆轨道上的位矢为 $\boldsymbol{r}$，速度为 $\boldsymbol{v}$，在 $\mathrm{d}t$ 时间内走过的路程为 $|\mathrm{d}\boldsymbol{r}|=\mathrm{d}s=v\mathrm{d}t$，则它的位矢 $\boldsymbol{r}$ 在 $\mathrm{d}t$ 时间内扫过的面积为

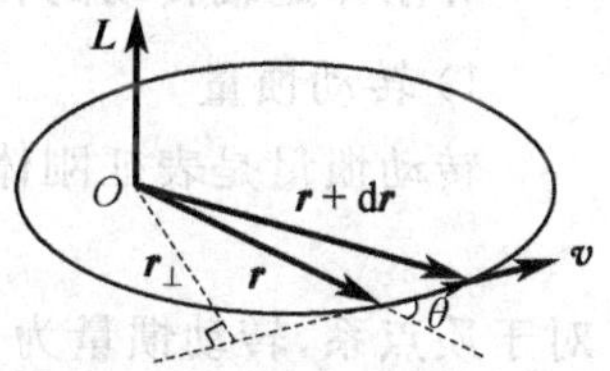

图 2－4　例 2.7 图

$$\mathrm{d}S=\frac{1}{2}r_\perp\ \mathrm{d}s=\frac{1}{2}r\sin\theta v\mathrm{d}t$$

式中 θ 为位矢 $\boldsymbol{r}$ 与速度 $\boldsymbol{v}$ 的夹角，于是质点对力心 O 的位矢 $\boldsymbol{r}$ 在相等的时间内扫过的面积为

$$\frac{\mathrm{d}S}{\mathrm{d}t}=\frac{1}{2}r\sin\theta v=\frac{1}{2}|\boldsymbol{r}\times\boldsymbol{v}|=\frac{|\boldsymbol{L}|}{2m}$$

由于该质点在有心力的作用下运动，故质点对力心 O 的角动量守恒，即 $\boldsymbol{L}=$ 常矢量，则

$$\frac{\mathrm{d}S}{\mathrm{d}t}=\frac{|\boldsymbol{L}|}{2m}=\text{常量}$$

即质点对力心的位矢在相等的时间内扫过的面积相等.

第 3 章　刚体力学基础

基本要求

1. 理解刚体模型及转动惯量的概念，会计算简单规则匀质刚体对定轴的转动惯量.

2. 掌握刚体定轴转动的转动定律，能熟练应用转动定律分析、计算简单情况下的刚体定轴转动的问题.

3. 理解刚体定轴转动的转动动能；掌握定轴转动的动能定理，会计算力矩的功及刚体定轴转动的动能.

4. 理解刚体角动量守恒定律及其适用条件，能用角动量守恒定律来分析处理有关问题.

内容提要

1. 刚体定轴转动

与转轴垂直距离为 r 的质元的线速度和刚体的角速度之间的关系为

$$v = \omega r$$

其加速度与刚体角加速度和角速度之间的关系为

$$a_\tau = \beta r$$
$$a_n = \omega^2 r$$

2. 刚体定轴转动的转动定律

1) 转动惯量

转动惯量是表征刚体转动惯性大小的物理量，通常用符号 I 表示. 单个质点的转动惯量为

$$I = mr^2$$

对于质点系，转动惯量为

$$I = \sum m_i r_i^2$$

对于质量连续分布的刚体，转动惯量为

$$I = \int_m r^2 \mathrm{d}m$$

以上各式中的 r 均为所考察的质点(或质元)到转轴的距离. 对于给定的转轴而言，刚体的转动惯量为一常数.

转动惯量的大小与三个因素有关，即与质点系的总质量有关；与转动轴的位置有关；与质量相对转轴的分布有关. 转动惯量具有可加性，即一个具有复杂形状的刚体，如果可以分割成

若干个简单部分，则整个刚体对某一轴的转动惯量等于各个组成部分对同一轴转动惯量之和.

2）转动定律

刚体所获得的角加速度 β 与作用在刚体上的合外力矩 M 成正比，与刚体转动惯量 I 成反比，即 $\beta=\dfrac{M}{I}$，这一规律叫作转动定律，它是刚体转动的基本定律.

转动定律在刚体定轴转动中的地位与牛顿定律在质点力学中的地位相当.

3. 刚体转动的功与能

① 刚体的转动动能：刚体的定轴转动动能等于所有各质点的动能之和，即

$$E_k=\sum_i\left(\frac{1}{2}\Delta m_i r_i^2\omega^2\right)=\frac{1}{2}\left(\sum\Delta m_i r_i^2\right)\omega^2=\frac{1}{2}I\omega^2$$

② 力矩对定轴转动的刚体所做的功为

$$A=\int\mathrm{d}A=\int_{\theta_1}^{\theta_2}M\mathrm{d}\theta$$

③ 刚体定轴转动的动能定理为

$$\int_{\theta_1}^{\theta_2}M\mathrm{d}\theta=\frac{1}{2}I\omega_2^2-\frac{1}{2}I\omega_1^2=E_{k_2}-E_{k_1}$$

④ 刚体重力**势能**可看作是质量集中在质心的势能，即 $E_p=mg\,Z_c$.

⑤ 转动刚体的机械能为

$$E=\frac{1}{2}I\omega^2+mgZ_c$$

若外力矩不做功（或外力矩做功之和为零），则刚体机械能守恒，即 $E=$ 常量.

4. 定轴转动的角动量定理和角动量守恒定律

① 刚体定轴转动时对转轴的**角动量**为 $L=I\omega$，即刚体对某轴的角动量等于该轴的转动惯量与角速度的乘积. 角动量的大小与轴的位置有关.

② 刚体绕定轴转动时的**角动量定理**：

微分形式
$$M=\frac{\mathrm{d}L}{\mathrm{d}t}$$

积分形式
$$\int_{t_0}^{t}M\mathrm{d}t=\int_{L_0}^{L}\mathrm{d}L=L-L_0=I\omega-I\omega_0$$

即定轴转动的刚体所受到合外力矩的冲量矩等于刚体对该轴角动量的增量.

③ 刚体绕定轴转动时的**角动量守恒定律**：若 $M=0$，则 $L=I\omega=$ 常量，或 $I_1\omega_1=I_2\omega_2$，即当刚体所受对轴的合外力矩等于零时，刚体的角动量保持不变.

重难点分析

本章的重点是刚体转动定律、功能关系、角动量等概念的掌握及相应问题的计算. 本章计算的难点在于熟练运用基本定理和定律处理一些综合性的问题.

1. 刚体定轴转动定律的应用

在涉及滑轮的力学问题中，如果题中交代了滑轮质量不计，则是质点力学问题，可用牛顿

第二定律求解.如果题中交代了滑轮的质量及半径,并说明绳与滑轮间无相对滑动,则属于刚体力学问题,需要用刚体定轴转动定律求解.此时,滑轮两边绳中的张力是不相等的.

在应用转动定律的过程中,要特别注意:① 定轴转动定律是合外力矩对刚体的瞬时作用规律,公式中各量均需是同一刚体在同一时刻对转轴而言,否则是没有意义的;② 当有多个外力作用于刚体时,总力矩是各个外力对转轴的力矩的和;③ 在定轴转动中,由于合外力矩 M_z 和角加速度 β 的方向均在转轴方位,通常用代数量表示.

2. 定轴转动中动能及动能定理的理解

刚体可看成是由许许多多的质点所组成的,所以刚体的转动动能即为各质点动能的总和.刚体绕定轴转动的转动动能等于刚体的转动惯量与角速度二次方的乘积的一半,这与质点的动能在形式上是完全相似的.由于此时功是用力矩和角位移来表达的,因此,又叫作力矩的功.学习时需要明白,力矩的功并不是新概念,本质上仍然是力做功,只是另一种表达形式在讨论刚体转动时,采用这种形式比较方便.

刚体做定轴转动的动能定理是表征外力的功与刚体转动动能之间定量关系的基本规律,它是质点系动能定理的特殊形式.将质点系动能定理 $A_{外}+A_{内}=E_k-E_{k0}$ 应用于刚体定轴转动,就可得刚体定轴转动的动能定理.值得注意的是,作用于刚体的内力所做功之和恒为零.这是由于刚体是各质点相对位置不变的质点系,其任一对内力对转轴的力臂相等,力的大小相等、方向相反,故一对内力矩所做功的代数和为零.

3. 定轴转动中角动量定理及角动量守恒定律的理解

角动量定理表述了刚体角动量与力矩之间的关系.当外力对某轴的力矩之和为零时,该物体对此轴的角动量守恒.要特别注意的是,若几个刚体组成一个刚体系,且其中各刚体都绕同一轴转动,则在刚体系 $M_{外z}=0$ 的情况下,有 $\sum I_i\omega_i=$ 常数,这时角动量可在系统内部各刚体间传递,但保持刚体系对转轴的总角动量不变.此时,总角动量为 $L=I_1\omega_1+I_2\omega_2+\cdots$,守恒只是总的角动量守恒,各个刚体的角动量将在内力矩的作用下进行再分配.若非刚体质点系以相同角速度绕同一转轴转动,则此时由于该系统对转轴的转动惯量随时间变化,要保持总角动量守恒,则角速度将随着转动惯量的改变而改变,某时刻质点系转动角速度将与该时刻的转动惯量成反比.

示例解析

例 3.1 一飞轮因摩擦力矩的作用而减速,其角加速度的大小与角速度成正比,即 $\beta=-k\omega$,其中 k 为一正常量.若飞轮初始角速度为 ω_0,求任意 t 时飞轮的角速度.

解 由于 $\beta=-k\omega$,即 $\frac{d\omega}{dt}=-k\omega$,分离变量有

$$\frac{d\omega}{\omega}=-k dt$$

两边积分得

$$\int_{\omega_0}^{\omega}\frac{d\omega}{\omega}=-\int_0^t k dt$$

$$\ln\frac{\omega}{\omega_0}=-kt$$

$$\omega=\omega_0 e^{-kt}$$

例 3.2　一轻绳绕一半径为 R,质量为 $m/4$ 的光滑的滑轮.质量为 m 的人抓住了不可伸长的轻绳的一端,在绳的另一端系一个质量为 $m/2$ 的重物,如图 3-1 所示.求:当人相对于轻绳匀速上爬时重物上升的加速度.

解　选人、滑轮与重物为系统,规定逆时针方向为正方向,对 O 轴,系统所受的外力矩为

$$M=mgR-\left(\frac{m}{2}\right)Rg=\frac{1}{2}Rmg$$

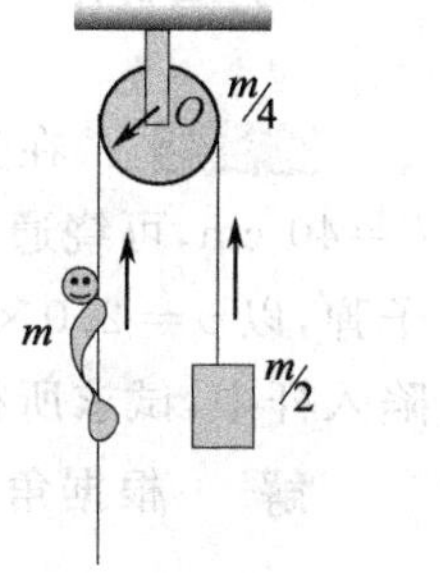

图 3-1　例 3.2 图

设 u 为人相对绳的速度,v 为重物上升的速度,则系统对 O 轴的角动量为

$$L=R\left(\frac{m}{2}\right)v-Rm(u-v)+I\omega$$

式中 $I=\frac{1}{2}\left(\frac{m}{4}\right)R^2$.整理得

$$L=\frac{13}{8}mRv-mRu$$

根据角动量定律 $M=\frac{dL}{dt}$,有

$$\frac{1}{2}mgR=\frac{d}{dt}\left(\frac{13}{8}mRv-mRu\right)$$

因为

$$\frac{du}{dt}=0$$

所以

$$a=\frac{dv}{dt}=\frac{4}{13}g$$

例 3.3　如图 3-2 所示,一轴承光滑的定滑轮,质量为 $M=2.00$ kg,半径为 $R=0.100$ m,一根不能伸长的轻绳,一端固定在定滑轮上,另一端系有一质量为 $m=5.00$ kg 的物体.已知定滑轮的转动惯量为 $\frac{1}{2}MR^2$,其角初速度为 $\omega_0=10.0$ rad/s,方向垂直纸面向里.求:

(1) 定滑轮的角加速度的大小和方向;

(2) 定滑轮的角速度变化到 $\omega=0$ 时,物体上升的高度;

(3) 当物体回到原来位置时,定滑轮的角速度的大小和方向.

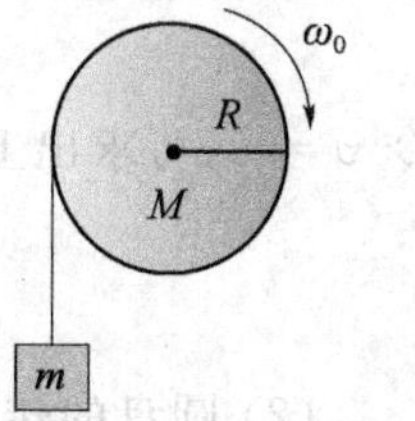

图 3-2　例 3.3 图

解　(1) 定滑轮与物体 m 的受力情况如图 3-3 所示,定滑轮角加速度的方向垂直纸面向外,规定逆时针方向为正方向,对物体 m,由牛顿定律可得

$$mg-T=ma$$

对定滑轮,由转动定律可得　$TR=I\beta$

又　$a=R\beta$

所以
$$\beta = \frac{mgR}{mR^2 + I} = \frac{2mg}{(2m+M)R} = 81.7\ \text{rad/s}^2$$

(2)
$$\omega^2 - {\omega_0}^2 = -2\beta\theta$$

当 $\omega = 0$ 时

$$\theta = \frac{{\omega_0}^2}{2\beta} = 0.612\ \text{rad}$$

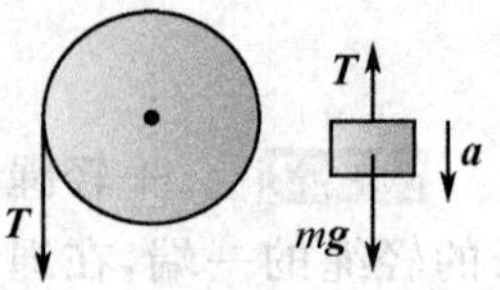

图 3-3

物体上升的高度为 $h = \theta R = 6.12 \times 10^{-2}$ m.

(3) 当物体回到原来位置时，$\omega = \omega_0 = 10.0$ rad/s，方向垂直纸面向外.

例 3.4 在光滑的水平面上有一木杆，其质量为 $m_1 = 1.0$ kg，长为 $l = 40$ cm，可绕通过其中点并与之垂直的轴转动，一质量为 $m_2 = 10$ g 的子弹，以 $v = 2.0\times10^2$ m/s 的速度射入杆端，其方向与杆及轴正交. 若子弹陷入杆中，试求所得到的角速度.

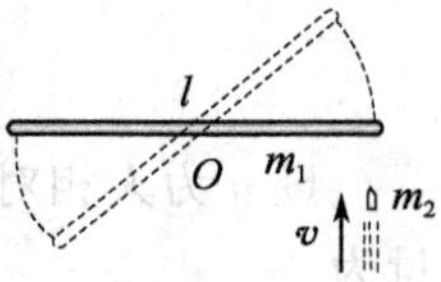

图 3-4 例 3.4 图

解 根据角动量守恒定理

$$m_2 v \frac{l}{2} = (I_1 + I_2)\omega$$

式中 $I_1 = m_1 \dfrac{l^2}{12}$ 为杆绕轴的转动惯量，$I_2 = m_2\left(\dfrac{l}{2}\right)^2$ 为子弹绕轴的转动惯量，ω 是子弹陷入杆后它们一起绕轴的角速度. 可得杆的角速度为

$$\omega = \frac{6\, m_2 v}{(m_1 + 3m_2)l} = 29.1\ \text{rad/s}$$

例 3.5 一个质量为 M，半径为 R 并以角速度 ω 转动着的飞轮(可看作匀质圆盘)，在某一瞬时突然有一片质量为 m 的碎片从轮的边缘上飞出，如图 3-5 所示. 假定碎片脱离飞轮时的瞬时速度方向正好竖直向上.

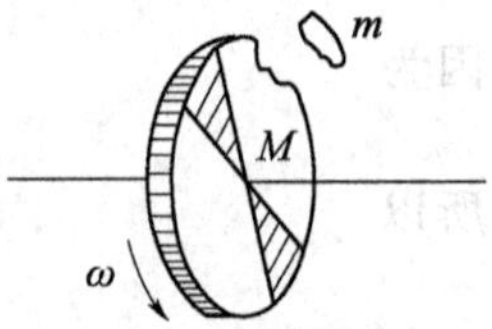

图 3-5 例 3.5 图

(1) 问它能升高多少?

(2) 求余下部分的角速度、角动量和转动动能.

解 (1) 碎片离盘瞬时的线速度即是它上升的初速度，即

$$v_0 = R\omega$$

设碎片上升高度 h 时的速度为 v，则有

$$v^2 = v_0^2 - 2gh$$

令 $v = 0$，可求出上升最大高度为

$$H = \frac{v_0^2}{2g} = \frac{1}{2g}R^2\omega^2$$

(2) 圆盘的转动惯量为 $I = \dfrac{1}{2}MR^2$，碎片抛出后，圆盘的转动惯量为 $I' = \dfrac{1}{2}MR^2 - mR^2$. 碎片脱离前，盘的角动量为 $I\omega$，碎片刚脱离后，碎片与破盘之间的内力变为零，但内力不影响系统的总角动量，碎片与破盘的总角动量应守恒，即

$$I\omega = I'\omega' + mv_0 R$$

式中 ω' 为破盘的角速度. 于是

$$\frac{1}{2}MR^2\omega=\left(\frac{1}{2}MR^2-mR^2\right)\omega'+mv_0R$$

$$\left(\frac{1}{2}MR^2-mR^2\right)\omega=\left(\frac{1}{2}MR^2-mR^2\right)\omega'$$

解得 $\omega'=\omega$,即角速度不变.

圆盘余下部分的角动量为

$$L=\left(\frac{1}{2}MR^2-mR^2\right)\omega$$

转动动能为

$$E_k=\frac{1}{2}\left(\frac{1}{2}MR^2-mR^2\right)\omega^2$$

例 3.6　如图 3-6 所示,一条长度为 $l=0.40$ m、质量为 $M=1$ kg 的均质杆,铅直悬挂. 试求:当一颗质量为 $m=8\times10^{-3}$ kg 的子弹以水平速度 $v=200$ m/s 在距轴 O 为 $3l/4$ 处射入杆内时,此杆的角速度.

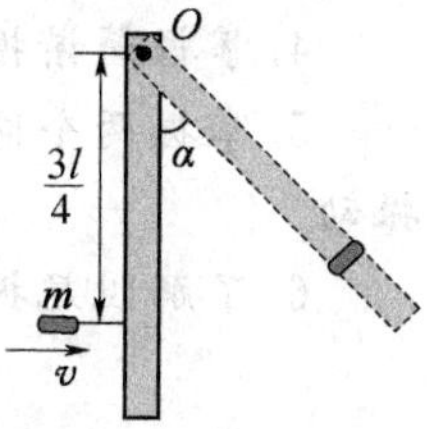

图 3-6　例 3.6 图

解　子弹射入后,子弹与杆的角速度相同,子弹与杆组成的系统中,其角动量守恒,$I_{子弹}\ \omega_{子弹}=I_{杆+子弹}\ \omega_{杆+子弹}$.

射入前子弹相对于 O 轴的角动量为

$$I_{子弹}\ \omega_{子弹}=m\left(\frac{3}{4}l\right)^2\times\frac{v}{\left(\frac{3}{4}l\right)}=mv\ \frac{3}{4}l$$

子弹射入后,子弹与杆组成的系统的转动惯量为

$$I_{杆+子弹}=\frac{1}{3}Ml^2+m\left(\frac{3}{4}l\right)^2$$

子弹射入后,杆的角速度为

$$\omega_{杆+子弹}=\frac{I_{子弹}\ \omega_{子弹}}{I_{杆+子弹}}=8.88\ \text{rad/s}$$

第4章　机械振动

基本要求

1. 理解描述简谐振动的各物理量的物理意义.

2. 理解简谐振动的运动学特征和动力学特征;理解弹簧振子和单摆谐振动的微分方程.

3. 掌握描述简谐振动的旋转矢量法,能用旋转矢量法分析和计算有关问题.

4. 掌握简谐振动的能量特征.

5. 掌握两个同方向、同频率谐振动的合成,以及合振动振幅的加强、减弱条件,了解拍振动.

6. 了解阻尼振动、受迫振动和共振.

内容提要

1. 简谐振动的动力学特征

简谐振动物体受到线性回复力(或线性回复力矩)作用,其线性回复力为

$$f=-kx \text{ 或 } M=-b\theta \quad (k \text{ 和 } b \text{ 均为正常数})$$

简谐振动系统的动力学方程为

$$\frac{\mathrm{d}^2x}{\mathrm{d}t^2}+\omega^2x=0$$

式中 ω 为固有频率,只与振动系统本身的性质有关,与初始条件无关.

线性回复力(或线性回复力矩)和惯性是产生振动的两个基本原因.线性回复力(或线性回复力矩)总是企图驱使物体回到平衡位置,而惯性使得物体回到平衡位置后可以继续运动.

2. 简谐振动的运动学方程

简谐振动系统的运动学方程为

$$x=A\cos(\omega t+\varphi)$$

式中 ω 为固有频率.

速度为
$$v=\frac{\mathrm{d}x}{\mathrm{d}t}=-A\omega\sin(\omega t+\varphi)$$

加速度为
$$a=\frac{\mathrm{d}v}{\mathrm{d}t}=-A\omega^2\cos(\omega t+\varphi)=-\omega^2x$$

3. 简谐振动的特征物理量

① 振幅 A 反映振动位移的大小,$A=\sqrt{x_0^2+\frac{v_0^2}{\omega^2}}$,简谐振动的振幅主要由初始条件决定.

② 周期 T 和频率 ν 反映振动的快慢，其中 $T=\dfrac{2\pi}{\omega}$，$\nu=\dfrac{1}{T}=\dfrac{\omega}{2\pi}$.

对于弹簧振子

$$\omega^2=\frac{k}{m}$$

即 $\omega=\sqrt{\dfrac{k}{m}}$，$T=2\pi\sqrt{\dfrac{m}{k}}$.

对于单摆

$$\omega^2=\frac{g}{l}$$

即 $\omega=\sqrt{\dfrac{g}{l}}$，$T=2\pi\sqrt{\dfrac{l}{g}}$.

由于 k、m、g、l 均只与振动系统本身性质有关，与振动状态无关. 故一旦振动系统确定，则 ω 和 T 即为常量，所以称 ω 为固有角频率，T 为固有周期. 简谐振动的周期和频率由振动系统本身的性质决定，与初始条件无关.

③ 相位 $\omega t+\varphi$ 反映振动的状态，$t=0$ 时的相位称为初相，初相为 $\varphi=\arctan\dfrac{-v_0}{\omega x_0}$，简谐振动的初相主要由初始条件决定.

在周期性运动中，用相位来描述运动状态要比用振动位移和速度来描述运动状态简便得多，因为用位移和速度来描述周期性的运动状态不能反映时间上的周期性. 若用相位来描述运动状态，则能描述周期运动的振动状态，所以相位是简谐振动的一个重要特征量.

4. 描述简谐振动的旋转矢量法

将简谐振动与一旋转矢量 $\boldsymbol{A}$ 对应，使矢量 $\boldsymbol{A}$ 做逆时针匀速转动，其长度等于简谐振动的振幅 A，其角速度等于简谐振动的角频率 ω，且 $t=0$ 时矢量与参考坐标轴的夹角为简谐振动的初相 φ，t 时刻矢量与参考坐标轴的夹角为简谐振动的相位 $\omega t+\varphi$. 旋转矢量 $\boldsymbol{A}$ 的末端在参考坐标轴上的投影点的运动即代表质点的简谐振动.

5. 简谐振动的能量

简谐振动系统在振动过程中，动能和势能均随时间作周期性变化，动能减少势能增加，势能减少动能增加，二者不断地互相转换，但动能和势能的总和不变，也就是简谐振动系统的机械能守恒.

$$E=\frac{1}{2}kA^2=\frac{1}{2}m\omega^2A^2$$

6. 简谐振动的合成

① 两个同方向、同频率谐振动合成后仍为谐振动，其频率与分振动频率相同.

合振动振幅为　　$A=\sqrt{A_1^2+A_2^2+2A_1A_2\cos(\varphi_2-\varphi_1)}$

合振动初相为　　$\tan\varphi=\dfrac{A_1\sin\varphi_1+A_2\sin\varphi_2}{A_1\cos\varphi_1+A_2\cos\varphi_2}$

② 两个同方向不同频率的谐振动合成时，若满足 $|\omega_2-\omega_1|\ll\omega_1+\omega_2$，则会产生拍现象，拍频为

$$\nu = \frac{1}{T_{拍}} = \frac{|\omega_2 - \omega_1|}{2\pi} = |\nu_2 - \nu_1|$$

③ 两个振动方向垂直且同频率的谐振动合成时，合振动轨迹为一直线、圆或椭圆，振动轨迹方程为

$$\frac{x^2}{A_1^2} + \frac{y^2}{A_2^2} - 2\frac{xy}{A_1A_2}\cos(\varphi_2 - \varphi_1) = \sin^2(\varphi_2 - \varphi_1)$$

合振动轨迹的具体形状、方位和运动方向由分振动的振幅和相位差决定.

④ 两个振动方向相互垂直且频率不同的谐振动合成时，合振动一般比较复杂. 如果两个振动频率成整数比，合振动的轨迹为李萨如图形.

7. 阻尼振动　受迫振动

当振动系统受到阻尼作用时，系统的机械能将不断减小，振幅也随时间而不断减小.

阻尼振动按 β 的不同可分为三种形式：弱阻尼振动、过阻尼运动、临界阻尼运动. 弱阻尼振动是一种振幅随时间做指数衰减的振荡运动，过阻尼运动和临界阻尼运动的振幅随时间单调衰减，其中临界阻尼运动的振幅衰减得更快.

振动系统在周期性外力的持续作用下的振动称为受迫振动.

受迫振动的稳态形式是一种频率与驱动力频率相同且振幅为 A 的周期振动，其振幅和初相分别为

$$A = \frac{h}{\sqrt{(\omega_0^2 - p^2)^2 + 4\beta^2 p^2}}$$

$$\varphi = \arctan\frac{-2\beta p}{\omega_0^2 - p^2}$$

式中 A、φ 均由强迫力的角频率 p、系统固有角频率 ω_0、阻尼系数 β 三者决定，而与初始条件无关.

当周期性外力的频率 p 与系统固有频率 ω_0 满足关系 $p = \sqrt{\omega_0^2 - 2\beta^2}$ 时，受迫振动的振幅出现极大值，这种现象称为位移共振.

重难点分析

本章主要介绍了简谐振动的特征与规律及其描述参量、描述方法以及简谐振动的合成等问题. 本章的学习重点是描述简谐振动的特征量（特别是相位）及各量间的关系，简谐振动的运动学特征及动力学特征，使用旋转矢量法讨论相位及同方向、同频率谐振动的合成等.

本章的难点（同时也是重点）主要有以下几点.

1. 运用动力学方法确定简谐振动系统的固有频率

运用动力学方法确定振动系统的固有频率，需首先分析该系统在其平衡位置附近是否受到一个线性回复力作用. 若是，则根据牛顿运动定律或刚体转动定理写出系统的运动微分方程，最后由微分方程求得振动系统的固有频率.

2. 振动相位的确定

一般来说，只要确定了振动系统的初相位 φ，自然就知道了系统的相位 $\omega t + \varphi$. 已知初始条件，确定振动系统初相位的方法有两种.

① 解析法，即从振动系统的位移和速度表达式来计算.

根据公式 $x = A\cos(\omega t + \varphi)$， $v = -A\omega\sin(\omega t + \varphi)$

将 $t = 0, x = x_0, v = v_0$ 代入上式，得到

$$x_0 = A\cos\varphi, \quad v_0 = -A\omega\sin\varphi \quad (\text{一般只需确定 } v_0 \text{ 的方向即可})$$

由此两式即可确定初相位 φ.

② 旋转矢量法. 根据旋转矢量法作辅助圆和参考坐标轴，并确定矢量旋转的正方向. 再根据初始条件或题意，确定振动矢量的位置，即可得到某一时刻简谐振动的矢量，该矢量与参考坐标轴正向的夹角即为振动相位.

示例解析

例 4.1 一劲度系数为 K 的轻弹簧，下端固定于桌面上，上端与一质量为 m 的平板 A 相连，且板 A 静止. 今有一质量也为 m 的物体 B 自距 A 为 h 高处自由落下，与 A 发生完全非弹性碰撞. (1) 试证明碰撞后系统做简谐振动；(2) 试求其振幅、周期及初相.

解 物体 B 自由下落 h 高时的速度为 $v = \sqrt{2gh}$，A、B 属完全非弹性碰撞，据动量守恒定律(内力 ≫ 外力)

$$mv = (m + m)u_0 \quad (u_0 \text{ 为 A、B 碰后的共同速度})$$

得

$$u_0 = \frac{1}{2}v = \frac{1}{2}\sqrt{2gh}$$

(1) 证明碰后系统做谐振动

取系统的平衡位置 O 为原点，铅直向下为 x 轴正向，平衡时，弹簧的静压缩量为 $\lambda = \frac{2mg}{K}$. 当系统处于任一位置 x 时，受到重力 $2mg$ 和弹力 $K(\lambda + x)$ 的作用，其合力为

$$f = 2mg - K(\lambda + x) = -Kx$$

系统的运动方程为

$$2m\frac{\mathrm{d}^2 x}{\mathrm{d}t^2} = -Kx$$

即

$$\frac{\mathrm{d}^2 x}{\mathrm{d}t^2} = -\frac{K}{2m}x = -\omega^2 x \quad \left(\omega = \sqrt{\frac{K}{2m}}\right)$$

故系统做简谐振动.

(2) 周期

$$T = \frac{2\pi}{\omega} = 2\pi\sqrt{\frac{2m}{K}}$$

由初条件 $t = 0, x_0 = -\frac{mg}{K}, u_0 = \frac{1}{2}\sqrt{2gh}$，得振幅及初相为

$$A = \sqrt{x_0^2 + \frac{u_0^2}{\omega^2}} = \sqrt{\frac{m^2 g^2}{K^2} + \frac{1}{4}(2gh)\frac{2m}{K}} = \frac{mg}{K}\sqrt{1 + \frac{Kh}{mg}}$$

$$\tan\varphi = -\frac{u_0}{\omega x_0} = -\frac{\frac{1}{2}\sqrt{2gh}}{\sqrt{\frac{K}{2m}}\left(-\frac{mg}{K}\right)} = \sqrt{\frac{Kh}{mg}}$$

$$\varphi = \arctan\sqrt{\frac{Kh}{mg}}$$

例 4.2 如图 4-1 所示，一弹簧振子在光滑水平面上，已知 $k = 1.60\ \mathrm{N/m}, m = 0.40\ \mathrm{kg}$，试求下列情况下 m 的振动方程.

(1) 将 m 从平衡位置向右移到 $x = 0.10$ m 处由静止释放；

(2) 将 m 从平衡位置向右移到 $x = 0.10$ m 处并给以 m 向左的速率为 0.20 m/s.

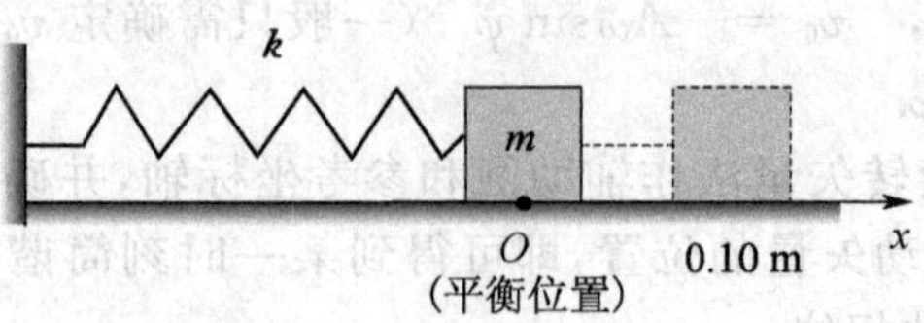

图 4-1　例 4.2 图

解　(1)m 的运动方程为

$$x = A\cos(\omega t + \varphi)$$

由题意知 $\omega = \sqrt{\dfrac{k}{m}} = \sqrt{\dfrac{1.60}{0.40}} = 2$ rad/s

由初始条件 $t = 0, x_0 = 0.10$ m, $v_0 = 0$，可得

$$A = \sqrt{x_0^2 + \frac{v_0^2}{\omega^2}} = \sqrt{0.10^2 + 0} = 0.10 \text{ m}$$

$$\varphi = \arctan\left(-\frac{v_0}{\omega x_0}\right) = \arctan 0$$

因为 $x_0 > 0, v_0 = 0, \varphi = 0°$，所以 $x = 0.10\cos 2t$ m.

(2) 由初始条件 $t = 0, x_0 = 0.10$ m, $v_0 = -0.20$ m/s，得

$$A = \sqrt{x_0^2 + \frac{v_0^2}{\omega^2}} = \sqrt{0.10^2 + \frac{(-0.20)^2}{2^2}} = 0.1\sqrt{2} \text{ m}$$

$$\varphi = \arctan\left(-\frac{v_0}{\omega x_0}\right) = \arctan\left(-\frac{-0.20}{2\times 0.10}\right) = \arctan 1$$

因为 $x_0 > 0, v_0 < 0$，所以 $\varphi = \dfrac{\pi}{4}, x = 0.1\sqrt{2}\cos\left(2t + \dfrac{\pi}{4}\right)$ m.

可见，对于给定的系统，如果初始条件不同，则振幅和初相就有相应的改变.

例 4.3　某振动质点的 x-t 曲线如图 4-2(a) 所示，求：(1) 振动方程；(2) 到达点 P 所需的时间.

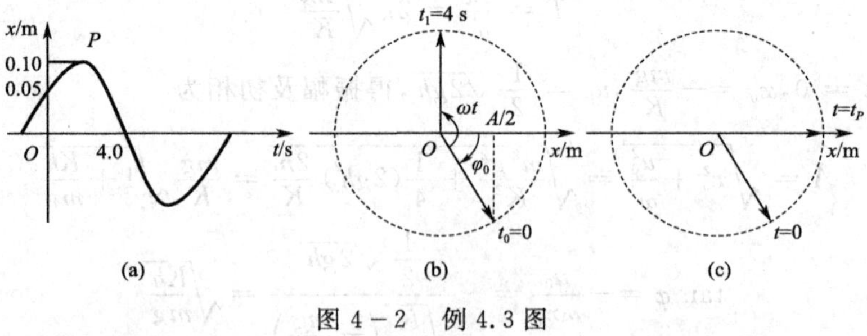

图 4-2　例 4.3 图

解　(1) 质点振动的振幅 $A = 0.10$ m. 由振动曲线可画出 $t_0 = 0$ 和 $t_1 = 4$ s时的旋转矢量，如图 4-2(b) 所示. 由图 4-2(b) 可得初相 $\varphi_0 = -\pi/3$.

由 $$\omega(t_1 - t_0) = \pi/2 + \pi/3 = 5\pi/6$$

得 $$\omega = 5\pi/24 \text{ rad}\cdot\text{s}^{-1}$$

则振动方程为
$$x = 0.10\cos\left(\frac{5\pi}{24}t - \frac{\pi}{3}\right)\ (\mathrm{m})$$

(2) 图 4 - 2(a) 中点 P 的位置是质点从 $A/2$ 运动到正向的端点处，对应的旋转矢量图如图 4 - 2(c) 所示.

由
$$\omega(t_P - 0) = \pi/3 \quad 得 \quad t_P = 1.6\ \mathrm{s}$$

例 4.4　一质点做振幅为 $A = 0.30$ m 的简谐振动. 当质点的位移 $x = 0.15$ m 时，速度大小为 $v = 0.9$ m/s，求振动频率 ν.

解　设质点的振动方程为　$x = 0.3\cos(\omega t + \varphi)$

则
$$v = \frac{\mathrm{d}x}{\mathrm{d}t} = -0.3\omega\sin(\omega t + \varphi)$$

设 $t = t_1$ 时，$x = 0.15$ m，$v = 0.9$ m/s，代入振动方程组
$$0.15 = 0.3\cos(\omega t_1 + \varphi) \quad ①$$
$$0.9 = -0.3\omega\sin(\omega t_1 + \varphi) \quad ②$$

由式 ① 得
$$\cos(\omega t_1 + \varphi) = 0.5$$

则
$$\sin(\omega t_1 + \varphi) = \pm\frac{\sqrt{3}}{2}$$

由式 ② 得
$$\omega = -\frac{3}{\sin(\omega t_1 + \varphi)} > 0$$

则
$$\omega = 2\sqrt{3}\ \mathrm{rad/s}$$

振动频率为
$$\nu = \frac{\omega}{2\pi} \approx 0.55\ \mathrm{Hz}$$

例 4.5　两个同方向、同频率的简谐振动 $x_1 = 0.4\cos\left(0.5\pi t + \frac{\pi}{6}\right)$ m，$x_2 = 0.2\cos(0.5\pi t + \varphi_2)$ m.

(1) φ_2 为何值时，合振动的振幅最大？并求出此振幅值；

(2) 若合振动的初相位 $\varphi = \varphi_2 + \frac{\pi}{2}$，则 φ_2 应为何值？

解　由题意知 $\varphi_1 = \frac{\pi}{6}$.

(1) 两个同方向、同频率的简谐振动的合振动仍为同频率的简谐振动，合振动的振幅为
$$A = \sqrt{A_1^2 + A_2^2 + 2A_1A_2\cos(\varphi_2 - \varphi_1)}$$

当 $A = A_{\max}$ 时，$\varphi_2 - \varphi_1 = 0$，即
$$\varphi_2 = \varphi_1 = \frac{\pi}{6}, \quad A_{\max} = A_1 + A_2 = 0.6\ \mathrm{m}$$

(2) 合成后的初相位满足
$$\tan\varphi = \frac{A_1\sin\varphi_1 + A_2\sin\varphi_2}{A_1\cos\varphi_1 + A_2\cos\varphi_2} = \tan\left(\varphi_2 + \frac{\pi}{2}\right)$$

整理可得
$$\varphi_2 = \frac{3\pi}{2} \text{ 或 } \varphi_2 = \frac{5\pi}{6}$$

第5章　机　械　波

基本要求

1. 理解机械波产生的条件，掌握描述波动各物理量的物理意义及其相互关系，并能熟练地确定这些量.

2. 掌握波动方程及其物理意义，能熟练应用波动方程的多种表达式. 根据已知质点的谐振动方程或波形图，能建立平面简谐波的波动方程.

3. 理解波动能量的特点，了解波的能量、能流密度的概念及相关计算.

4. 理解惠更斯原理和波的叠加原理. 掌握波的相干条件，能应用相位差或波程差的概念分析和确定相干波叠加后的振幅加强或减弱的条件.

5. 理解驻波的形成和波节、波腹的概念，掌握驻波的振幅和相位的特点，了解半波损失的概念以及产生条件.

6. 了解多普勒效应及其产生的原因.

内容提要

1. 机械波的产生必须具备两个条件

① 要有做振动的物体 —— 波源.

② 要有传播机械振动的载体 —— 连续的弹性媒质.

2. 描述波动的几个物理量

(1) 波速 u

波动是振动状态(相位)的传播. 振动状态在单位时间内传播的距离称为波速，也称相速. 对于机械波，波速由媒质的性质决定.

(2) 波动的周期 T 和频率 ν

波动的周期是指一个完整波形通过媒质中某一固定点所需的时间. 波动的频率是指单位时间内通过媒质中某一固定点的完整波的数目. 周期的倒数即为频率.

波动的周期反映了波在时间上的周期性.

(3) 波长 λ

同一波线上相邻的相位差为 2π 的两质点之间的距离称为波长，亦即一个完整波的长度. 波长描述了波在空间上的周期性.

$$\lambda = uT = \frac{u}{\nu}$$

此外，角频率为 ω；周期为 $T=\dfrac{2\pi}{\omega}$；波数为 $k=\dfrac{2\pi}{\lambda}$.

由于波源做一次全振动时波就前进一个波长的距离，所以，波的周期和频率与波源的振动周期和频率相同. 因此，具有一定振动周期和频率的波源，在不同媒质中激起的波的周期和频率是相同的，与媒质的性质无关.

3. 平面简谐波的波函数

一般表达式 $y=A\cos\left[\omega\left(t\pm\dfrac{x}{u}\right)+\varphi\right]$

其他表达形式 $y=A\cos\left[2\pi\left(\nu t\pm\dfrac{x}{\lambda}\right)+\varphi\right]$

$$y=A\cos\left[2\pi\nu\left(t\pm\frac{x}{u}\right)+\varphi\right]$$

$$y=A\cos\left[\frac{2\pi}{T}\left(t\pm\frac{x}{u}\right)+\varphi\right]$$

式中，若波沿 x 轴正向传播，则取负号；若波沿 x 轴负向传播，则取正号.

波函数的物理意义：

① 当 x 一定时，波函数表示在波线上的 x 处，质点做简谐振动的振动方程.

② 当 t 一定时，波函数表示 t 时刻波线上各质点离开平衡位置的分布情况，即 t 时刻的波形.

③ 当 x、t 都变化时，波函数表示任一质点在任一时刻离开平衡位置的位移，即代表一列行波.

4. 波的能量

波的传播总是伴随着能量的传播.

(1) 波在传播过程中，媒质中任意体积元的机械能为

$$\Delta E=\Delta E_{\mathrm{p}}+\Delta E_{\mathrm{k}}=\rho\Delta VA^2\omega^2\sin^2\omega\left(t-\frac{x}{u}\right)$$

(2) 波的平均能量密度为

$$\bar{w}=\frac{1}{T}\int_0^T w\mathrm{d}t=\frac{1}{2}\rho A^2\omega^2$$

(3) 波的平均能流密度（波强）为

$$I=\frac{\bar{p}}{s}=\bar{w}u=\frac{1}{2}\rho A^2\omega^2 u$$

5. 波的叠加和干涉

(1) 惠更斯原理

波在媒质中传播时，波前上的各点都可以看作是发射子波的新的波源；其后任一时刻，这些子波的包迹就是新的波前.

(2) 波的叠加原理

几列波相遇时，各列波均保持原来的特性（频率、波长、振动方向、传播方向等）传播. 在相遇点，各质点的振动是各列波单独在该点所引起的振动的合成.

(3) 波的干涉

当两列波在空间相遇时，相遇区域波的强度将重新分布，形成一些地方强度始终加强，另

一些地方强度始终减弱，整个相遇区域波的强度有一稳定分布，这就是波的干涉.

a. 相干条件.

两列波频率相同，振动方向相同，相位差恒定.

b. 干涉相长与相消的条件.

干涉相长 $\Delta\varphi = (\varphi_2 - \varphi_1) - 2\pi \dfrac{r_2 - r_1}{\lambda} = \pm 2k\pi \quad (k = 0,1,2,\cdots)$

干涉相消 $\Delta\varphi = (\varphi_2 - \varphi_1) - 2\pi \dfrac{r_2 - r_1}{\lambda} = \pm (2k+1)\pi \quad (k = 0,1,2,\cdots)$

特别地，当 $\varphi_2 = \varphi_1$ 时，干涉相长、相消的条件是

$$\delta = r_2 - r_1 = \begin{cases} \pm 2k \cdot \dfrac{\lambda}{2} & \text{干涉相长} \\ \pm (2k+1) \cdot \dfrac{\lambda}{2} & \text{干涉相消} \end{cases} \quad (k = 0,1,2,\cdots)$$

式中 $\delta = r_2 - r_1$ 表示波源 S_1、S_2 发出的波到达 P 点的路程差，称为波程差.

(4) 驻波

两列振幅相同、传播方向相反的相干波在媒质中相遇所形成的稳定的振动形式.

a. 驻波方程

$$y = \left(2A\cos 2\pi \cdot \frac{x}{\lambda}\right)\cos 2\pi\nu t$$

b. 驻波特点.

驻波形成区域存在波腹和波节.

波腹位置 $x = k \cdot \dfrac{\lambda}{2} \quad (k = 0, \pm 1, \pm 2, \cdots)$

波节位置 $x = (2k+1) \cdot \dfrac{\lambda}{4} \quad (k = 0, \pm 1, \pm 2, \cdots)$

相邻两个波腹(波节) 间距为$\dfrac{\lambda}{2}$，相邻波节和波腹的间距为$\dfrac{\lambda}{4}$. 相邻两波节之间所有各点振动相位相同，任一波节两侧的质点振动相位相反.

(5) 半波损失

波由波疏媒质射向波密媒质，在两种媒质的分界面上反射时会形成波节，相当于反射波在反射点损失了半个波长的波程，这就是半波损失.

6. 多普勒效应

观察者和波源有相对运动时，观测频率 ν' 为

$$\nu' = \frac{u \pm v_0}{u \mp v_s}\nu$$

式中波源和观察者相向运动时为正，背离运动时为负.

重难点分析

本章主要介绍了机械波的产生、运动描述、能量特点以及波的干涉等内容. 学习时要注意

掌握机械波产生的条件，描述简谐波的各物理量（特别是相位）及各量间的关系，波函数的物理意义以及由已知质点的简谐振动方程得出平面简谐波的波函数的方法. 关于机械波的干涉，要从波的相干条件、干涉现象、相位差应用、波程差分析，确定相干波叠加后振幅加强和减弱的条件以及驻波及其形成条件等几个方面来理解和掌握. 另外，还要注意弄清波的能量传播特征及与振动能量特点的区别.

1. 关于波动方程

① 波动方程所包含的物理量有振幅、角频率、周期、频率、波长、波速和相位等. 一般来说，将给定的波动方程与波动方程的标准形式进行比较，即可获知上述物理量（相位则要通过初始条件求出）.

② 波动方程和振动方程的区别和联系. 振动方程描述的是一个系统（也可以是介质中的一个质元）在某固定平衡位置附近所做的周期性往复运动，系统离开平衡位置的位移是时间的周期性函数，即可表示为 $y=f(t)$；波动方程描述的是振动在连续介质中的传播过程，此时，介质中所有质元都在各自的平衡位置附近做振动，因此，介质中任一质元离开平衡位置的位移既是位置坐标 x，又是时间 t 的函数，即 $y=f(x,t)$.

另外，在简谐振动方程 $y=f(t)$ 中，只有一个独立的变量，即时间 t，它描述的是介质中一个质元偏离平衡位置的位移随时间变化的规律；平面简谐波方程 $y=f(x,t)$ 中，有两个独立变量，即位置坐标 x 和时间 t，它描述的是介质中所有质元偏离平衡位置的位移随坐标和时间变化的规律. 当谐波方程 $y=A\cos\omega\left(t-\dfrac{x}{u}\right)$ 中的位置坐标给定后，即可得到该点的振动方程，而波源持续不断地振动又是产生波动的必要条件之一.

③ 波动方程还给出了波线上某点的振动相位和坐标原点的振动相位的关系.

沿着波的传播方向，相位依次落后. 对于波动方程

$$y=A\cos\omega\left(t-\frac{x}{u}\right)$$

$\dfrac{x}{u}$ 表示波从坐标原点传到 x 处所需要的时间，$-\dfrac{\omega x}{u}$ 则表示 x 处质点的相位落后于坐标原点的相位（若 x 前取正号，则表示超前）.

2. 根据已知条件建立平面简谐波的波动方程

这是本章的重点内容，也是本章的难点内容. 它包括以下几种情形.

① 已知波线上某点的振动方程、波速及传播方向，要建立波动方程. 此时最好的方法是，根据波线上某点的振动方程，由相位关系写出坐标原点的振动方程，再按照规范方法写出波动方程.

② 在传播方向已知的条件下，由某一时刻的波形图建立波动方程. 此时，根据已知波形图，一般可以获知振幅、波长、波速等信息. 因此，解决这类问题的关键是通过分析题意，获得坐标原点或某一个已知点的振动相位. 这样，根据以上信息就可以写出波动方程.

③ 由已知点的振动曲线建立波动方程. 此种情况下，波的传播方向和波速一般为已知，并且由已知点的振动曲线可以获知振幅和波动周期（介质中质点的振动周期）. 解决此类问题的关键仍然是通过分析题意获得已知点的振动相位. 这样，根据以上信息就可以写出波动方程.

④ 已知入射波信息和入射条件，建立反射波的波动方程. 首先，根据入射波信息（如入射

波在坐标原点处的振动方程，或入射波的波形曲线等）写出入射波的波动方程；其次，写出入射波在界面反射处的振动方程；再次，根据界面情况判断反射时有无半波损失，然后写出界面处反射波的振动方程；最后，根据坐标原点与界面间的位置距离，用前述方法写出反射波的波动方程.

3. 关于波的干涉

波的干涉是本章的另一个重点内容. 解决这类问题的关键是，正确计算两相干波在相遇点的相位差（或波程差），牢牢把握住相长干涉和相消干涉的条件.

示例解析

例 5.1 横波在弦上传播，波动方程为

$$y = 0.02\cos\pi(200t - 5x)$$

求：(1) A、λ、ν、T、u；

(2) 画出 $t = 0.0025$ s、0.005 s 时的波形图.

解 (1) 波动方程标准式为

$$y = A\cos\omega\left(t - \frac{x}{u}\right) = A\cos 2\pi\left(\nu t - \frac{x}{\lambda}\right) = A\cos 2\pi\left(\frac{t}{T} - \frac{x}{\lambda}\right)$$

此题波动方程可化为

$$y = 0.02\cos 200\pi\left(t - \frac{x}{40}\right) = 0.02\cos 2\pi\left(100\,t - \frac{x}{0.4}\right) = 0.02\cos 2\pi\left(\frac{t}{0.01} - \frac{x}{0.4}\right)$$

由波动方程知 $A = 0.02$ m，$\lambda = 0.4$ m，$\nu = 100$ Hz，$T = 0.01$ s，$u = 40$ m/s

另外，求 u、λ 可从物理意义上求.

a. λ 等于同一波线上相位差为 2π 的相邻二质点间距离.

设二质点坐标为 x_1、x_2，且 $x_2 > x_1$，有

$$\pi(200t - 5x_1) - \pi(200t - 5x_2) = 2\pi$$

解得
$$x_2 - x_1 = \frac{2}{5} = 0.4\ \text{m} = \lambda$$

b. u 等于某一振动状态在单位时间内传播的距离.

设 t_1 时刻某振动状态在 x_1 处，t_2 时刻该振动状态传到 x_2 处，有

$$\pi(200t_1 - 5x_1) = \pi(200t_2 - 5x_2)$$

即
$$5(x_2 - x_1) = 200(t_2 - t_1)$$

解得
$$u = \frac{x_2 - x_1}{t_2 - t_1} = \frac{200}{5} = 40\ \text{m/s}$$

(2) 画波形图的一种方法是由波动方程来作图（描点法），这样做麻烦. 此题可这样做：画出 $t = 0$ 时波形图，如图 5-1 所示. 根据波传播的距离再得出相应时刻的波形图（波形平移）. 平移距离为

$$\Delta x_1 = u\Delta t_1 = 40 \times 0.0025 = 0.1 = \frac{1}{4}\lambda$$

$$\Delta x_2 = u\Delta t_2 = 40 \times 0.005 = 0.2 = \frac{1}{2}\lambda$$

$t = 0.0025$ s、0.005 s 时的波形图如图 5-1 所示.

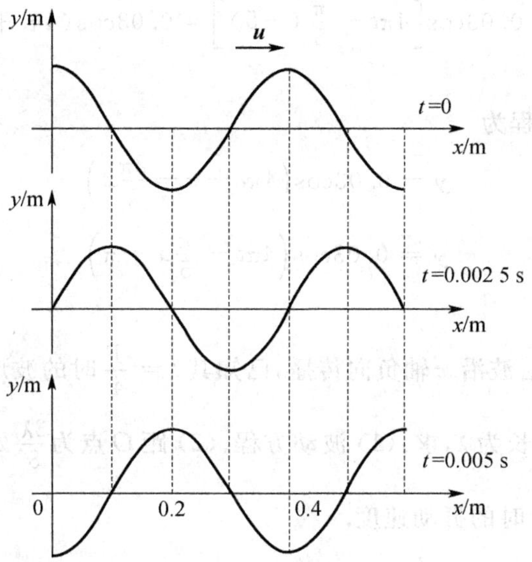

图 5-1 例 5.1 图

例 5.2 一平面简谐波沿 $+x$ 方向传播,波速为 20 m/s,如图 5-2 所示,在传播路径的 A 点处,质点振动方程为 $y = 0.03\cos 4\pi t$. 试分别以 A、B、C 为原点,求波动方程.

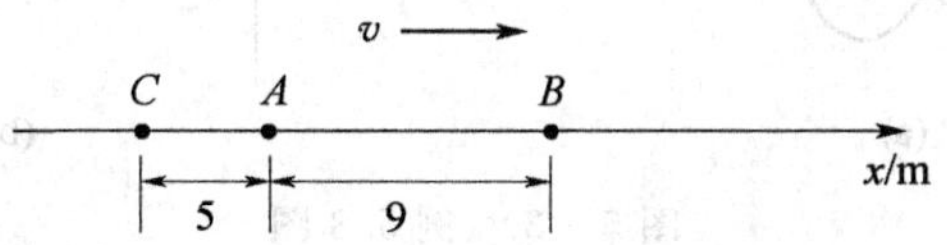

图 5-2 例 5.2 图

解 (1) $y_A = 0.03\cos 4\pi t$

以 A 为原点,波动方程为

$$y = 0.03\cos\left(4\pi t - 2\pi\frac{x}{\lambda}\right) \quad (A\text{ 处质点初相位为 }0)$$

$$\lambda = uT = u\cdot\frac{2\pi}{\omega} = 20\times\frac{2\pi}{4\pi} = 10\text{ m}$$

将 λ 代入 y 得 $$y = 0.03\cos\left(4\pi t - \frac{\pi}{5}x\right)$$

(2)B 点的振动方程为

$$y = 0.03\cos\left(4\pi t - \frac{\pi}{5}\cdot 9\right)$$

则 B 处质点初相位为 $-\frac{9}{5}\pi$.

以 B 为原点,波动方程为

$$y = 0.03\cos\left(4\pi t - \frac{9}{5}\pi - \frac{2\pi x}{\lambda}\right)$$

即 $$y = 0.03\cos\left(4\pi t - \frac{\pi}{5}x - \frac{9}{5}\pi\right)$$

(3)C 点的振动方程为

$$y = 0.03\cos\left[4\pi t - \frac{\pi}{5}(-5)\right] = 0.03\cos(4\pi t + \pi)$$

则 C 处初相位为 π.

以 C 为原点,波动方程为

$$y = 0.03\cos\left(4\pi t + \pi - \frac{2\pi}{\lambda}x\right)$$

即 $$y = 0.03\cos\left(4\pi t - \frac{\pi}{5}x + \pi\right)$$

例 5.3 一平面简谐波沿 x 轴负向传播,已知其 $t = \frac{T}{4}$ 时的波形曲线如图 5-3(a) 所示.设波速为 u,振幅为 A,波长为 λ,求:(1) 波动方程;(2) 距 O 点为$\frac{3\lambda}{8}$ 处质点的振动方程;(3) 距 O 点为$\frac{\lambda}{8}$ 处质点在 $t = 0$ 时的振动速度.

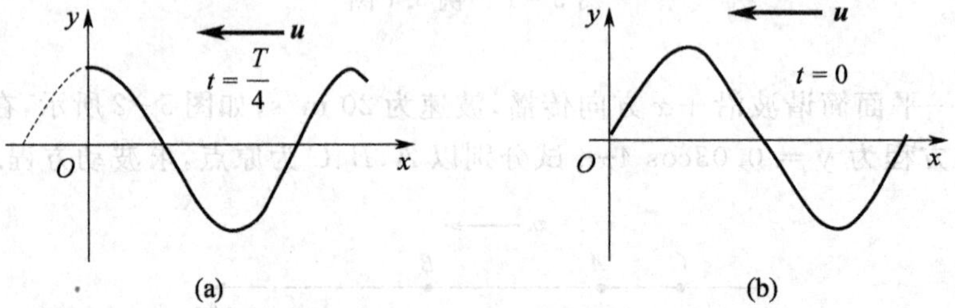

图 5-3 例 5.3 图

解 (1) 找出波线上某一点的振动方程,由此建立波动方程.

将波形曲线转换成 $t = 0$ 时的波形图,如图 5-3(b) 所示,从而确定 O 点的初相位为

$$\varphi = -\frac{\pi}{2}$$

所以 O 点的振动方程为 $$y_0 = A\cos\left(\omega t - \frac{\pi}{2}\right)$$

波动方程为 $$y = A\cos\left[\omega\left(t + \frac{x}{u}\right) - \frac{\pi}{2}\right]$$

采用另一种方法:不移动曲线,确定 $t = \frac{T}{4}$ 时,O 点的相位为 $\omega t + \varphi = 0$,$t = \frac{T}{4}$,则 $\varphi = -\frac{2\pi}{T}\left(\frac{T}{4}\right) = -\frac{\pi}{2}$ 即为 O 点的初位相.

(2) 将 $x = \frac{3\lambda}{8}$ 代入波动方程,得该点的振动方程为

$$y = A\cos\left[\omega\left(t + \frac{\frac{3\lambda}{8}}{u}\right) - \frac{\pi}{2}\right] = A\cos\left[2\pi\nu t + \frac{\pi}{4}\right]$$

(3) 首先将 $x = \frac{\lambda}{8}$ 代入波动方程,得该点的振动方程为

$$y = A\cos\left[2\pi\nu\left(t + \frac{\frac{\lambda}{8}}{u}\right) - \frac{\pi}{2}\right] = A\cos\left(2\pi\frac{ut}{\lambda} - \frac{\pi}{4}\right)$$

再得振动速度 $$v = \frac{\mathrm{d}y}{\mathrm{d}t} = -\frac{2\pi A u}{\lambda}\sin\left(2\pi\frac{ut}{\lambda} - \frac{\pi}{4}\right)$$

将 $t = 0$ 代入得 $$v = \sqrt{2}\pi A\,\frac{u}{\lambda}$$

例 5.4 一平面简谐波沿 x 轴正向传播，振幅 $A = 10$ cm，角频率 $\omega = 7\pi$ rad/s. 当 $t = 1.0$ s时，位于 $x = 10$ cm处的质点 a 正经过平衡位置向 y 轴负方向运动，此时，位于 $x = 20$ cm处的质点 b 的位移为5.0 cm，且向 y 轴正方向运动. 设该波波长 $\lambda > 10$ cm，试求该波的波动方程.

解 设该波的波动方程为 $$y = A\cos\left[\omega\left(t - \frac{x}{u}\right) + \varphi_0\right]$$

因此，求解的关键是求出波速 u 及原点的初相位 φ_0.

方法一：解析法.

因波动方程为

$$y = 0.1\cos\left[7\pi\left(t - \frac{x}{u}\right) + \varphi_0\right] = 0.1\cos\left(7\pi t - 7\pi\frac{x}{u} + \varphi_0\right)$$

方程对时间 t 求导得

$$v = \frac{\partial y}{\partial t} = -0.7\pi\sin\left(7\pi t - 7\pi\frac{x}{u} + \varphi_0\right)$$

由题意知，$t = 1.0$ s时，有

$$y_a = 0.1\cos\left(7\pi - \frac{7\pi\times 0.1}{u} + \varphi_0\right) = 0,\quad v_a < 0$$

所以取 $$7\pi - \frac{0.7\pi}{u} + \varphi_0 = \frac{\pi}{2} \qquad ①$$

同理，有 $$y_b = 0.1\cos\left(7\pi - \frac{1.4\pi}{u} + \varphi_0\right) = 0.05,\quad v_a > 0$$

所以 $$7\pi - \frac{1.4\pi}{u} + \varphi_0 = -\frac{\pi}{3} \qquad ②$$

考虑到 $\lambda > 10$ cm，以及 $x_b - x_a = 10$ cm，所以 a、b 两点同一时刻的相位差不应超过 2π. 由式 ① 和式 ② 可解得

$$u = 0.84\ \mathrm{m/s},\quad \varphi_0 = -\frac{17}{3}\pi$$

取 $\varphi_0 = \frac{\pi}{3}$，故得波动方程为

$$y = 0.1\cos\left[7\pi\left(t - \frac{x}{0.84}\right) + \frac{\pi}{3}\right]\ \mathrm{m}$$

方法二：旋转矢量法.

先由已知条件画出 $t = 1.0$ s时 a 点与 b 点的旋转矢量，如图 5－4 所示，得

$$\varphi_a - \varphi_b = \frac{5\pi}{6}$$

由公式 $$\varphi_a - \varphi_b = \frac{2\pi}{\lambda}(x_b - x_a)$$

得 $$\lambda = 2\pi \frac{x_b - x_a}{\varphi_a - \varphi_b} = 2\pi \frac{0.1}{5\pi/6} = 0.24$$

所以 $$u = \frac{\lambda}{T} = \frac{\lambda}{2\pi/7\pi} = \frac{7}{2} \times 0.24 = 0.84 \text{ m/s}$$

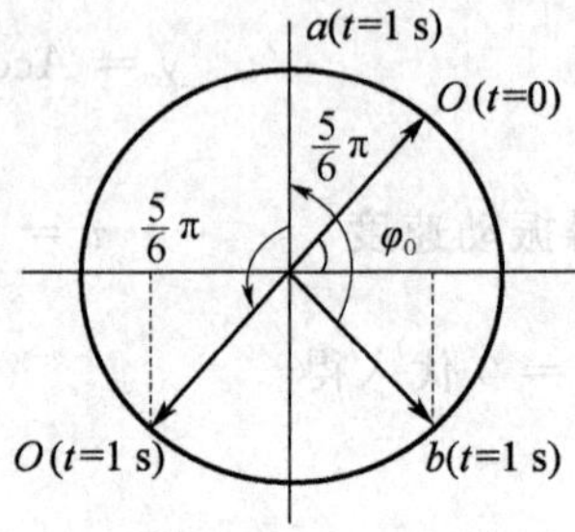

图 5-4　例 5.4 图

又因坐标原点处 $x = 0$，故 $t = 1$ s 时原点 O 与 a 点的相位差为

$$\varphi_O - \varphi_a = 2\pi \frac{x_a - 0}{\lambda} = 2\pi \times \frac{0.1}{0.24} = \frac{5\pi}{6}$$

即 O 点超前 a 点 $5\pi/6$. 在矢量图上可画出 $t = 1.0$ s 时 O 点的旋转矢量(见图 5-4)，再将此旋转矢量顺时针转过 $\omega t = 7\pi$ 的角度，得 $t = 0$ 时刻坐标原点 O 处质点振动对应的旋转矢量，从而得到原点 O 的初相位 $\varphi_0 = \pi/3$，所得结论同方法一. 比较以上两种方法，方法二较简便，而方法一更基本.

例 5.5　两相干波源 A、B，频率均为 $\nu = 10$ Hz，振幅均为 $A = 1$ cm，两波源的位相差为 π. 今两波源相距 $R = 30$ cm，欲使两波在过 B 点且与 AB 连线垂直的直线上离 B 点为 $r = 40$ cm 的 C 处加强，两波的波长应为多少(假定都是平面波)？

解　A、B 两点发出两个相干的平面波，波源位相差为 π，其波的表达式分别为

$$x_A = 1\cos 2\pi\left(\frac{t}{T} - \frac{y_A}{\lambda}\right),\quad x_B = 1\cos\left[2\pi\left(\frac{t}{T} - \frac{y_B}{\lambda}\right) + \pi\right]$$

要想在 C 点加强，只有满足

$$2\pi\left(\frac{t}{T} - \frac{y_B}{\lambda}\right) - 2\pi\left(\frac{t}{T} - \frac{y_A}{\lambda}\right) + \pi = 2k\pi \quad (k = 0,1,2,\cdots)$$

所以 $$\lambda = (y_A - y_B)\frac{2}{2k-1}$$

将 $y_A = \overline{AC} = 50$ cm，$y_B = \overline{BC} = 40$ cm 代入上式，有

$$\lambda = \frac{20}{2k-1} \text{ cm}$$

其中 $k = 1,2,3,\cdots$，$k = 0$ 无意义，舍去！

自 测 题 一

一、选择题

1. 运动质点在某瞬时位于矢径 $\boldsymbol{r}(x,y)$ 的端点处，其速度大小为（　　）.

(A) $\frac{\mathrm{d}r}{\mathrm{d}t}$　(B) $\frac{\mathrm{d}\boldsymbol{r}}{\mathrm{d}t}$　(C) $\frac{\mathrm{d}|\boldsymbol{r}|}{\mathrm{d}t}$　(D) $\sqrt{\left(\frac{\mathrm{d}x}{\mathrm{d}t}\right)^2+\left(\frac{\mathrm{d}y}{\mathrm{d}t}\right)^2}$

2. 已知质点的位矢为 $\boldsymbol{r}=at^2\boldsymbol{i}+bt^2\boldsymbol{j}$（其中 a、b 为常量），则质点做（　　）.

(A) 匀速直线运动　(B) 变速直线运动

(C) 抛物线运动　(D) 一般曲线运动

3. 试指出下列哪一种说法是正确的.（　　）

(A) 在圆周运动中，加速度一定指向圆心

(B) 匀速率圆周运动的速度和加速度都恒定不变

(C) 物体做曲线运动时，速度方向一定在运动轨迹的切线方向，法向分速度恒等于零，因此，法向加速度一定等于零

(D) 物体做曲线运动时必定有加速度，且其法向分量一定不为零

4. 下列说法中，正确的是（　　）.

(A) 加速度恒定不变时，物体的运动方向也不变

(B) 质点做曲线运动时，切向加速度反映其速度大小的变化快慢

(C) 当物体的速度等于零时，加速度必为零

(D) 平均速率等于平均速度的大小

5. 质点沿半径为 R 的圆周按规律 $s=v_0t-bt^2$ 而运动，其中 v_0、b 均为常数，则 t 时刻质点的切向加速度 a_τ 的大小与法向加速度 a_n 的大小应为（　　）.

(A) $a_\tau=-2b,a_n=\frac{(v_0-2bt)^2}{R}$　(B) $a_\tau=-b,a_n=\frac{(v_0-bt)^2}{R}$

(C) $a_\tau=2b,a_n=\frac{(v_0-bt)^2}{R}$　(D) $a_\tau=-b,a_n=\frac{v_0^2}{R}$

6. 关于运动和力，正确的说法是（　　）.

(A) 物体速度为零时，合外力一定为零

(B) 物体做曲线运动，合外力一定是变力

(C) 物体做直线运动，合外力一定是恒力

(D) 物体做匀速运动，合外力一定为零

7. 一个物体受几个力的作用而处于静止状态，若保持其余几个力不变，而将其中一个力 F_1 逐渐减小到零，然后又逐渐增大到 F_1（方向不变），在这个过程中，物体的（　　）.

(A) 加速度始终增大，速度始终增大

(B) 加速度始终减小，速度始终增大

(C) 加速度先增大、后减小，速度始终增大直到一定值

(D) 加速度和速度都是先增大后减小

8. 几个力同时作用于一个具有固定转轴的刚体上，如果这几个力的矢量和为零，则正确答案是(　　).

(A) 刚体必然不会转动　　(B) 如果转动，转速必然不变

(C) 转速必然会变　　(D) 转速可能变，也可能不变

9. 高台跳水运动员在半空中完成一个高难动作时，把身体蜷缩使自身的转动惯量减小一半，则其角速度为原来的(　　).

(A) 一半　　(B) 不变　　(C) 2 倍　　(D) 4 倍

10. 均匀细棒 OA 可绕端点 O 且与棒垂直的水平固定光滑轴转动，如图 1-1 所示，今使棒从水平位置由静止开始自由下落，在棒摆动到竖直位置的过程中，下述说法哪一种是正确的？(　　)

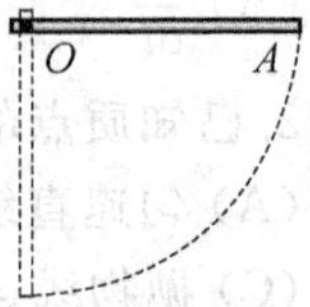

图 1-1　选择题 10 图

(A) 角速度从小到大，角加速度从大到小

(B) 角速度从小到大，角加速度从小到大

(C) 角速度从大到小，角加速度从大到小

(D) 角速度从大到小，角加速度从小到大

二、填空题

1. 两辆车 A 和 B 在笔直的公路上同向行驶. 它们从同一起始线上同时出发，并且由出发点开始计时，行驶的距离 x(m) 与行驶时间 t(s) 的函数关系式：A 的为 $x_A = 4t + t^2$，B 的为 $x_B = 2t^2 + 2t^3$.

(1) 它们刚离开出发点时，行驶在前面的一辆车是________；

(2) 出发后，两辆车行驶距离相同的时刻是________；

(3) 出发后，B 车相对 A 车速度为零的时刻是________.

2. 一质点沿半径为 $R = 0.5$ m 的圆周运动，运动学方程为 $\theta = 3 + 2t^2$，则质点 t 时刻的切向加速度大小为 $a_\tau =$ ________ m/s²；法向加速度的大小为 $a_n =$ ________ m/s²；总的加速度大小为 $a =$ ________ m/s².

3. 有一质点初始时刻静止于 x_0 处，以速度 $-k/x^2$ 沿 x 轴运动，k 为大于零的恒量. 则其运动方程 $x(t) =$ ____________.

4. 质点沿半径为 R 的圆周运动，运动方程为 $\theta = 3 + 2t^2$，则 t 时刻质点的法向加速度 $a_n =$ ________；角加速度 $\beta =$ ________.

5. 当一列火车以 10 m/s 的速率向东行驶时，若相对于地面竖直下落的雨滴在列车的窗上形成的雨滴偏离竖直方向 30°，则雨滴相对于地面的速率是________；相对于列车的速率是________.

6. 质量为 1 kg 的物体由静止开始，从原点出发向 x 轴正方向运动，所受作用力为恒力 $F = 4$ N，则物体在 1 s 末的位移等于________，速度等于________.

7. 用轻质细绳系住一小球，使其在铅直平面内做半径 $R = 1$ m 的圆周运动，设小球在最高点时受绳的拉力等于自身重量的 1.5 倍，质点在最高点的运动速度等于________.

8. 一长为 L，质量可略的直杆，两端各固定有质量分别为 $2m$ 和 m 的小球，杆可绕垂直其中

点O的水平光滑固定轴在铅直平面内转动.初始时,杆与水平方向成θ角静止,如图1-2所示.释放后,当杆转到水平位置时,该系统受到的合外力矩的大小$M=$ ________,角加速度的大小$\beta=$ ________.

9.一轻绳跨过质量为M的定滑轮,两端分别挂有质量m_1与m_2的物体,且$m_1<m_2$,如图1-3所示.设某瞬时滑轮逆时针转动,则绳中张力T_1 ________ T_2(填:$<$,$>$,$=$).

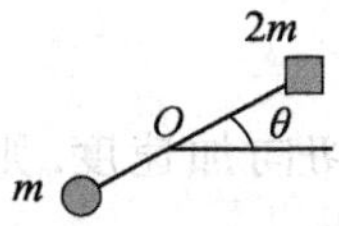

图1-2　填空题8图

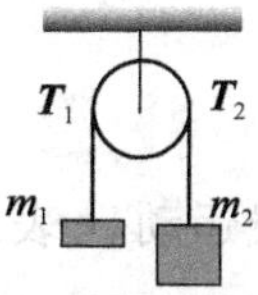

图1-3　填空题9图

10.有一可绕竖直光滑固定轴转动的平台,每10 s转一周,平台关于轴的转动惯量为1 200 $kg\cdot m^2$.质量为80 kg的人,开始时站在台的中心,随后沿半径向外跑去,问当人离转台中心2 m时,转台的角速度$\omega=$ ________.

三、计算题

1.一质点沿半径为R的圆周按$s=v_0t-\frac{1}{2}bt^2$的规律运动,式中s为质点离圆周上某点的弧长,v_0、b都是常量.求:(1) t时刻质点的加速度;(2) t为何值时,加速度在数值上等于b.

2.质量2 kg的物体沿x轴做直线运动,速度与时间的关系为$v=(2t-t^2)$ m/s,试求3 s末物体所受的作用力大小和方向.

3.质量为16 kg的质点在xOy平面内运动,受一恒力作用,力的分量为$f_x=6$ N,$f_y=-7$ N.当$t=0$时,$x=y=0$,$v_x=-2$ m/s,$v_y=0$.求当$t=2$ s时,质点的:(1) 位矢;(2) 速度.

4.一质量为1.12 kg、长为1.0 m的均匀细棒,支点在棒的上端点,开始时棒自由悬挂,以100 N的力打击它的下端点,打击时间为0.02 s,如图1-4所示.(1) 若打击前棒是静止的,求打击时其角动量的变化;(2) 求棒的最大偏转角.

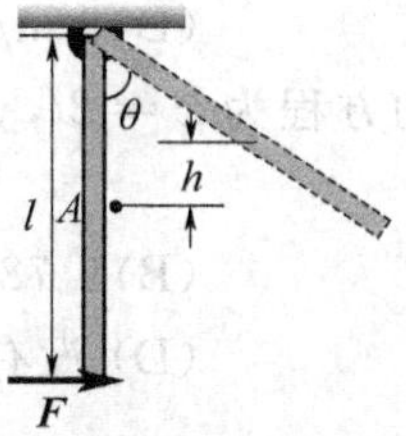

图1-4　计算题4图

5.一人站在转盘中心,双手各握一质量为m的哑铃,绕通过转盘中心且垂直于盘面的光滑转轴转动.已知人和转盘的转动惯量为I_0,初始转速为ω_1.求人的双臂收缩由r_1变为r_2时的角速度及机械能增量(忽略人臂变化对转动惯量的影响).

自测题二

一、选择题

1. 质点做曲线运动，$\boldsymbol{r}$ 表示位置矢量，s 表示路程，a_τ 表示切向加速度. 则有：(1) $\frac{\mathrm{d}v}{\mathrm{d}t}=a$；(2) $\frac{\mathrm{d}r}{\mathrm{d}t}=v$；(3) $\frac{\mathrm{d}s}{\mathrm{d}t}=v$；(4) $\left|\frac{\mathrm{d}\boldsymbol{v}}{\mathrm{d}t}\right|=a_\tau$.
下列说法中，正确的是(　　).

(A) 只有(1)、(4) 是对的　　(B) 只有(2)、(4) 是对的

(C) 只有(2) 是对的　　(D) 只有(3) 是对的

2. 某物体的运动规律为 $\mathrm{d}v/\mathrm{d}t=-kv^2t$，式中的 k 为大于零的常数. 当 $t=0$ 时，初速为 v_0，则速度 v 与时间 t 的函数关系是(　　).

(A) $v=\frac{1}{2}kt^2+v_0$　　(B) $v=-\frac{1}{2}kt^2+v_0$

(C) $\frac{1}{v}=\frac{kt^2}{2}+\frac{1}{v_0}$　　(D) $\frac{1}{v}=\frac{kt^2}{2}+v_0$

3. 一质点从静止出发沿半径为 R 的圆周做匀变速圆周运动，角加速度为 β，当该质点走完 1/2 圈时，质点所经历的时间为(　　).

(A) $\sqrt{\frac{2\pi}{\beta}}$　　(B) $\frac{1}{2}\beta^2R$　　(C) $\frac{2\pi}{\beta}$　　(D) 无法确定

4. 一质点在 y 轴上运动，其运动方程为 $y=4t^2-2t^3$，则质点返回原点时的速度和加速度分别为(　　).

(A) 8 m/s，16 m/s^2　　(B) －8 m/s，16 m/s^2

(C) －8 m/s，－16 m/s^2　　(D) 8 m/s，－16 m/s^2

5. 质点在 xOy 平面上运动，其运动方程为 $x=2t$，$y=19-2t^2$. 则质点位置矢量与速度矢量恰好垂直的时刻 t 为(　　).

(A) 0 s 和 3.16 s　　(B) 1.78 s

(C) 0 s 和 3 s　　(D) 没有这样的时刻

6. 下述说法正确的是(　　).

(A) 物体运动的速度越大，惯性越大

(B) 力是物体运动状态改变的原因

(C) 牛顿第二定律适用于任何参考系

(D) 作用力与反作用力是一对平衡力

7. 物体运动的速度方向、加速度方向与作用在物体上合外力的方向之间的关系是(　　).

(A) 速度方向、加速度方向、合外力方向三者总是相同的

(B) 速度方向可与加速度成任何夹角，但加速度方向总是与合外力的方向相同

(C) 速度方向总是与合外力方向相同，而加速度方向可能与速度方向相同，也可能不相同

(D) 速度方向总是与加速度方向相同，而速度方向可能与合外力方向相同，也可能不相同

8. 关于刚体对轴的转动惯量，下列说法中正确的是(　　).

(A) 只取决于刚体的质量，与质量的空间分布和轴的位置无关

(B) 取决于刚体的质量和质量的空间分布，与轴的位置无关

(C) 取决于刚体的质量，质量的空间分布和轴的位置

(D) 只取决于转轴的位置，与刚体的质量和质量的空间分布无关

9. 有两个半径相同、质量相等的细圆环 A 和 B，A 环的质量分布均匀，B 环的质量分布不均匀，它们对通过环心并与环面垂直的轴的转动惯量分别为 I_A 和 I_B，则(　　).

(A) $I_A > I_B$　　(B) $I_A < I_B$

(C) $I_A = I_B$　　(D) 不能确定 I_A、I_B 哪个大

10. 将细绳绕在一个具有水平光滑轴的飞轮上，若绳端挂一质量 m 的重物时，飞轮的角加速度为 β_1，当以拉力 mg 代替重物拉绳时，飞轮的角加速度为 β_2，则(　　).

(A) $\beta_2 < \beta_1$　　(B) $\beta_2 < 2\beta_1$　　(C) $\beta_2 = 2\beta_1$　　(D) $\beta_2 > \beta_1$

二、填空题

1. 已知质点的运动方程为 $\boldsymbol{r} = 3t\boldsymbol{i} + 2t^2\boldsymbol{j}$，则质点在第 2 s 内的位移 $\Delta\boldsymbol{r} =$ ________.

2. 一质点在 xOy 平面上运动，运动方程为 $x = 3t, y = t^2 + 3t - 4$，则 $t = 1$ s 时，质点的位置矢量大小 $r =$ ________ m，$t = 4$ s 时质点的加速度矢量大小 $a =$ ________ $\text{m}\cdot\text{s}^{-2}$.

3. 一物体在某瞬时以初速度 $\boldsymbol{v}_0$ 从某点开始运动，在 Δt 时间内，经一长度为 S 的曲线路径后，又回到出发点，此时速度为 $-\boldsymbol{v}_0$，则在这段时间内，物体的平均速率是________，物体的平均加速度是________.

4. 在半径为 R 的圆周上运动的质点，其速率与时间的关系为 $v = ct^2$(c 为常数)，则从 $t = 0$ 到 t 时刻，质点走过的路程 $S(t) =$ ________；t 时刻，质点的切向加速度 $a_\tau =$ ________；法向加速度 $a_n =$ ________.

5. 半径为 30 cm 的飞轮，从静止开始以 $0.5\ \text{rad}\cdot\text{s}^{-2}$ 的匀角加速度转动，则飞轮边缘上一点在飞轮转过 240° 时的切向加速度 $a_\tau =$ ________.

6. 质量为 0.1 kg 的物体，以 20 m/s 的速率做半径为 0.5 m 的匀速圆周运动，物体在运动中所受的法向力大小等于________，方向指向________，切向力大小等于________.

7. 设物体从距离地面 H 高处做自由落体运动所用的时间为 T，如果实际下落时的空气阻力等于自身重力的 19%，实际下落所用的时间为________.

8. 转动惯量为 I 的飞轮，受与角速度 ω 的平方成正比的阻力矩 M 的制动作用，比例系数为 $k(k > 0)$. 设 $t = 0$ 时，角速度为 ω_0. 当 $\omega = \omega_0/3$ 时，经过的时间 $t =$ ________；飞轮的角加速度 $\beta =$ ________.

9. 半径为 R 的均匀球体，绕过其直径的光滑轴匀速转动. 若半径自动缩为 $R/2$，则转动周期变为原来的________.

三、计算题

1. 质点做平面曲线运动，已知 $x = 3t, y = 1 - t^2$，求：

(1) 质点的轨迹方程；　　(2) $t = 3$ s 时的位矢；

(3) 第 2 s 内的位移和平均速度；　　　　(4) $t = 2$ s 时的速度和加速度.

2. 一质量为 1 kg 的质点沿半径为 $R = 0.1$ m 的圆周运动，其运动学方程为 $\theta = 2 + 4t^3$，求 $t = 2$ s 时质点的切向加速度、法向加速度和切向力、法向力的大小.

3. 质量为 m 的质点在阻力 $f = -kv$ 的作用下做直线运动，如果计时开始($t = 0$)时刻质点的初速度为 v_0，求质点在时刻 t 的速度公式.

4. 如图 2-1 所示，设滑轮为质量均匀分布的圆柱体，其质量为 M，半径为 r，在绳与轮缘的摩擦力作用下旋转，忽略桌面与物体间的摩擦，已知 $m_1 = 50$ kg，$m_2 = 200$ kg，$M = 15$ kg，$r = 0.1$ m. 计算物体的加速度(假设绳不可伸长).

5. 质量为 M，长为 L 的均质细棒静止平放在滑动摩擦系数为 μ 的水平桌面上. 如图 2-2 所示，它可绕过 O 点垂直于桌面的固定光滑轴转动. 另有一水平运动的质量为 m 的小滑块，从侧面垂直于棒方向与棒发生碰撞，设碰撞时间极短. 已知碰撞前后小滑块的速度分别为 $\boldsymbol{v}_1$ 和 $\boldsymbol{v}_2$. 求细棒碰撞后直到静止所需的时间.

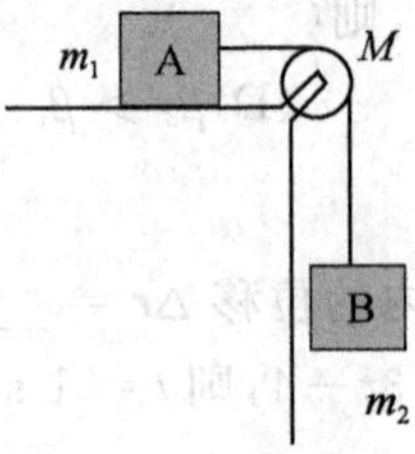

图 2-1　计算题 4 图

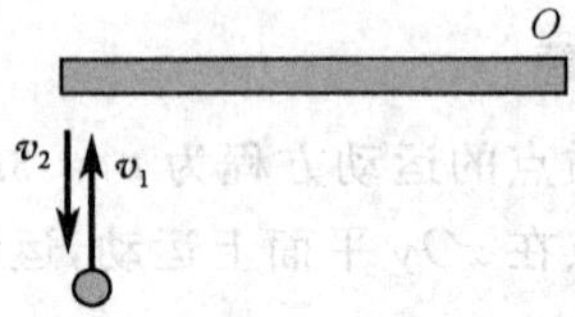

图 2-2　计算题 5 图

自 测 题 三

一、选择题

1. 如图 3-1 所示，绳子下端系一小球，上端 O 固定，使小球在水平面内做匀速率圆周运动，则(　　).

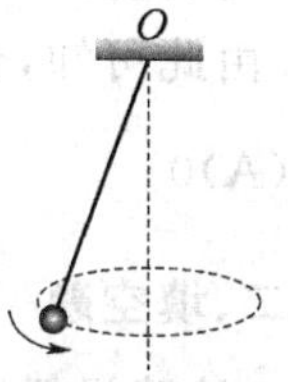

图 3-1　选择题 1 图

(A) 重力对小球做功，绳子对小球的拉力不做功

(B) 重力对小球不做功，绳子对小球的拉力做功

(C) 重力和绳子对小球的拉力都不做功

(D) 重力和绳子对小球的拉力都做功

2. 今有一劲度系数为 k 的轻弹簧，竖直放置，下端悬一质量为 m 的小球，开始时，弹簧为原长而小球恰好与地接触. 今将弹簧上端缓慢地提起，直到小球刚能脱离地面为止，在此过程中，外力做功为(　　).

(A) $\dfrac{m^2g^2}{4k}$　　(B) $\dfrac{m^2g^2}{3k}$　　(C) $\dfrac{m^2g^2}{2k}$　　(D) $\dfrac{2m^2g^2}{k}$

3. 如图 3-2 所示，子弹射入放在水平光滑地面上静止的木块而不穿出，以地面为参照系，下列说法中正确的是(　　).

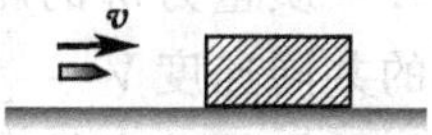

图 3-2　选择题 3 图

(A) 子弹的动能转变为木块的动能

(B) 子弹-木块系统的机械能守恒

(C) 子弹动能的减少等于子弹克服木块阻力所做的功

(D) 子弹克服木块阻力所做的功等于这一过程中产生的热

4. 一轻绳绕在具有水平转轴的定滑轮上，绳下端挂一物体，物体的质量为 m，此时滑轮的角加速度为 α. 若将物体取下，而用大小等于 mg，方向向下的力拉绳子，则滑轮的角加速度将(　　).

(A) 变大　　(B) 不变　　(C) 变小　　(D) 变为 0

5. 三个完全相同的轮子绕一公共轴转动，角速度的大小都相同，但其中一轮的转动方向与另外两轮的转动方向相反. 如果使三个轮子靠近并啮合在一起，系统的角速度大小是原角速度大小的(　　).

(A) $\dfrac{1}{9}$　　(B) $\dfrac{1}{3}$　　(C)3 倍　　(D)9 倍

6. 一物体竖直向上抛出后落回地面，考虑到空气阻力的作用，物体与地球组成的系统的机械能变化的规律是(　　).

(A) 先增大后减小　　(B) 先减小后增大

(C) 一直减小　　(D) 保持不变

7. 两个小球的动量大小相同，第一个小球的质量是第二个小球质量的 2 倍，则第一个小球的动能是第二个小球动能的(　　).

(A)50% (B)1 倍 (C)2 倍 (D)4 倍

8. 如图 3-3 所示,质点沿竖直放置的以 O 为圆心的光滑圆弧形轨道下滑,在下滑过程中,质点的(　　).

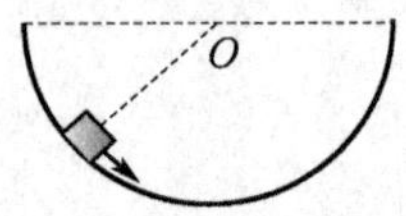

图 3-3　选择题 8 图

(A) 机械能守恒,动量守恒

(B) 机械能守恒,动量不守恒

(C) 机械能不守恒,对 O 点的角动量守恒

(D) 机械能不守恒,对 O 点的角动量不守恒

9. 质量为 m 的质点在合外力作用下运动,其运动方程为 $x = A\cos \omega t$,式中 A、ω 都是正的常量. 由此可知,合外力在 $t=0$ 到 $t=\pi/\omega$ 这段时间内所做的功为(　　).

(A)0 (B) $\frac{1}{4}m\omega^2A^2$ (C) $\frac{1}{2}m\omega^2A^2$ (D)$m\omega^2A^2$

二、填空题

1. 地球沿椭圆轨道绕太阳运动,设在近日点 A 与远日点 B 处,地球相对太阳中心的角动量大小分别为 L_A 和 L_B,则两者的大小关系为 L_A ________ L_B.

2. 一质量为 m 的小球以速率 v 沿水平方向运动,受到一外力打击后,球沿竖直方向向上运动,上升的最大高度为 H,则外力给予球的冲量大小为________.

3. 质量为 m 的小球,以水平速率 v_0 与静置于光滑桌面上、质量为 M 的斜面碰撞后竖直向上弹起,则碰后斜面的运动速率 $v=$ ________.

4. 一质量为 m 的船浮于静水中,一个质量也为 m 的人从岸上以水平速度 v 跳入船中后,船和人的共同速度 $V=$ ________.

5. 已知地球半径为 R,质量为 M,万有引力常量为 G. 在离地球表面 $2R$ 处有一重物从静止开始自由下落,则重物落到地球表面时的速度大小为________.

6. 花样滑冰运动员绕通过自身的竖直轴转动,开始时两臂伸开,转动惯量为 I_0,角速度为 ω_0,然后将两臂合拢,使其转动惯量变为 $\frac{2}{3}I_0$,则此时转动角速度 $\omega=$ ________.

7. 质量为 M 的平板车,以速度 v 在光滑的水平面上滑行,一质量为 m 的物体从 h 高处竖直落到车子里,两者一起运动时的速度大小为________.

8. 一质量为 1.0 kg 的质点在力 F 的作用下,沿 x 轴运动,运动方程为 $x=3t-4t^2+t^3$,在 0 到 4 s 的时间间隔内,力 F 的冲量大小 $I=$ ________;力 F 对质点所做的功 $A=$ ________.

9. 质量为 $m=0.5$ kg 的质点,在 xOy 坐标平面内运动,其运动方程为 $x=5t$, $y=0.5t^2$,从 $t=2$ s 到 $t=4$ s 这段时间内,外力对质点做的功为________.

10. 地球的质量为 m,太阳的质量为 M,地心与日心的距离为 R,引力常量为 G,则地球绕太阳做圆周运动的轨道角动量为 $L=$ ________.

三、计算题

1. 一质量 $m=10$ kg 的物体置于光滑水平面上,在水平拉力 F 的作用下由静止开始做直线运动,若拉力随时间变化,关系如图 3-4 所示,用动量定理求:

(1) $t=4.0$ s 时物体的速率;

(2) 在 $t=6.0$ s 时拉力的功率.

2. 如图 3-5 所示,劲度系数 $k=24$ N/m 的轻质弹簧一端固定,另一端系一质量 $m=4$ kg

的物体，初始时它静止于平衡位置，物体与水平面之间的摩擦不计. 若以水平恒力 $F = 10\ \text{N}$ 作用于物体，

(1) 求物体移动 0.5 m 时的速率；

(2) 在物体移动 0.5 m 时撤去外力 F，物体再运动多少距离后速度第一次为零？

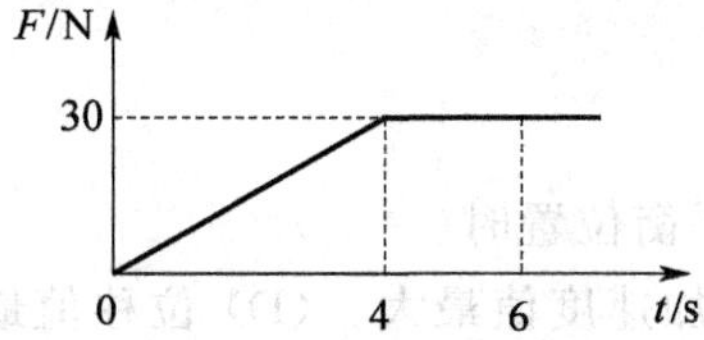

图 3－4　计算题 1 图

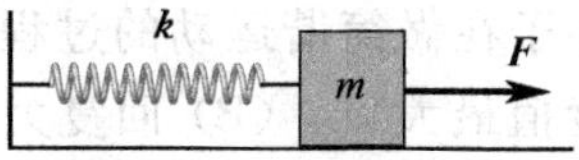

图 3－5　计算题 2 图

3. 一质量为 m，长为 l 的均匀细杆可绕过杆一端的光滑水平轴 O 转动(见图 3－6)，杆相对转轴 O 的转动惯量 $I = \frac{1}{3}ml^2$. 若杆由与铅直方向成 $\theta_0 = 60°$ 角的位置从静止开始转动，求其到达垂直位置时的角速度 ω.

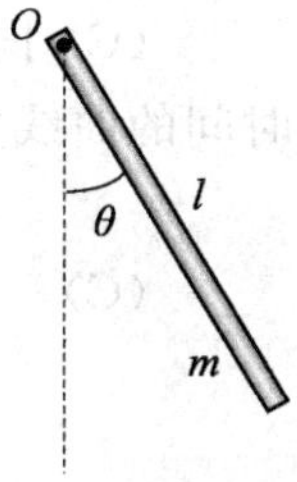

图 3－6　计算题 3 图

4. 一劲度系数为 k 的轻质弹簧，右端固定，左端系一质量为 M 的木块，静置在光滑水平面上，如图 3－7 所示. 当质量为 m 的子弹射入木块后，将弹簧压缩了 L 距离.

(1) 求子弹在入射前的速度；

(2) 若子弹射入木块的深度为 s，求子弹所受的平均阻力.

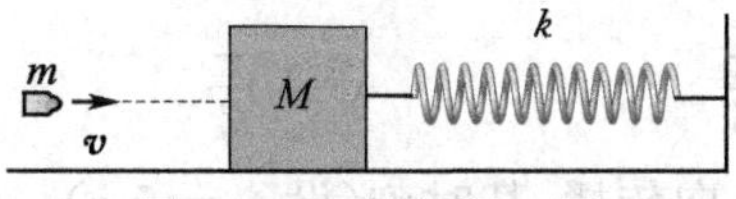

图 3－7　计算题 4 图

自 测 题 四

一、选择题

1. 弹簧振子在做简谐运动的过程中，振子通过平衡位置时(　　).

(A) 速度值最大　(B) 回复力值最大　(C) 加速度值最大　(D) 位移值最大

2. 一质点做谐振动，周期为 T. 当它由平衡位置向 x 轴正方向运动时，从二分之一最大位移处到最大位移处这段路程所需要的时间为(　　).

(A) $T/4$　(B) $T/12$　(C) $T/6$　(D) $T/8$

3. 图 4－1 所示为一列横波沿着一条右端固定的绳子从 A 点传播到 B 点的波形示意图，则 A 开始振动的方向是(　　).

(A) 向左　(B) 向右　(C) 向上　(D) 向下

4. 一质点做简谐振动，其运动速度与时间的曲线如图 4－2 所示. 若质点的振动规律用余弦函数描述，则其初相位应为(　　).

(A) $\pi/6$　(B) $5\pi/6$　(C) $-5\pi/6$　(D) $-\pi/6$

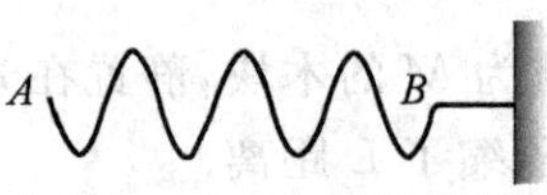

图 4－1　选择题 3 图

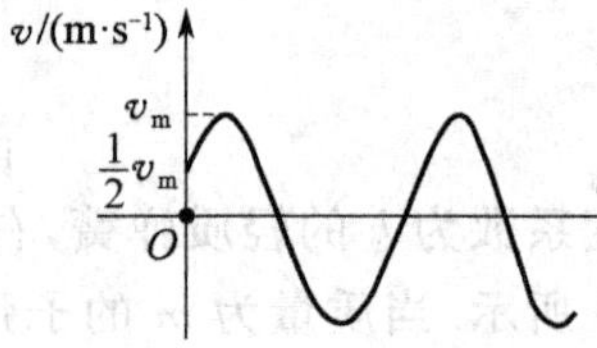

图 4－2　选择题 4 图

5. 传播速度为 100 m/s，频率为 50 Hz 的平面简谐波，在波线上相距为 0.5 m 的两点之间的相位差是(　　).

(A) $\frac{\pi}{3}$　(B) $\frac{\pi}{6}$　(C) $\frac{\pi}{2}$　(D) $\frac{\pi}{4}$

6. 一列简谐横波沿 x 轴正方向传播，某时刻(设 $t=0$ s)波传播到 x 轴上的质点 B，在它左边的质点 A 正在负最大位移处，如图 4－3 所示. 在 $t=0.6$ s时，质点 A 第二次出现在正的最大位移处，则(　　).

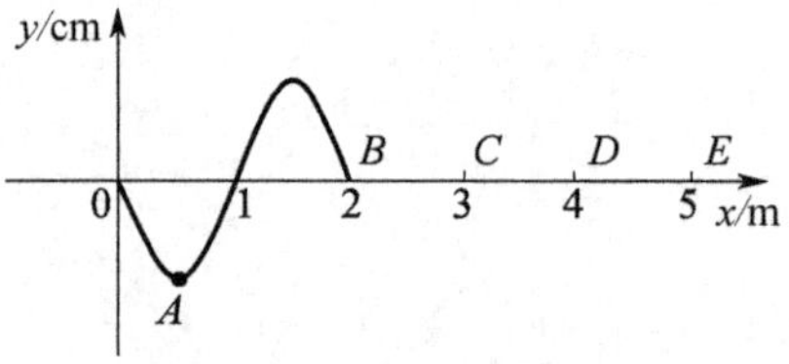

图 4－3　选择题 6 图

(A) 该简谐波的波速等于 10 m/s

(B) $t=0.6$ s时，质点 C 在平衡位置处且向上运动

(C) $t=0.6$ s时，质点 C 在平衡位置处且向下运动

(D) 当质点 E 第一次出现在正最大位移处时，质点 B 恰好在平衡位置且向下运动

7. 一列简谐横波沿 x 轴正方向传播. 图 4－4(a) 是 $t=0$ 时的波形图，图 4－4(b) 是波上某质点的振动图线. 则图 4－4(b) 中可能是图 4－4(a) 中哪个质点的振动图线(　　).

(A) $x=0$ 处的质点　(B) $x=1$ m 处的质点

(C) $x=2$ m 处的质点　(D) $x=3$ m 处的质点

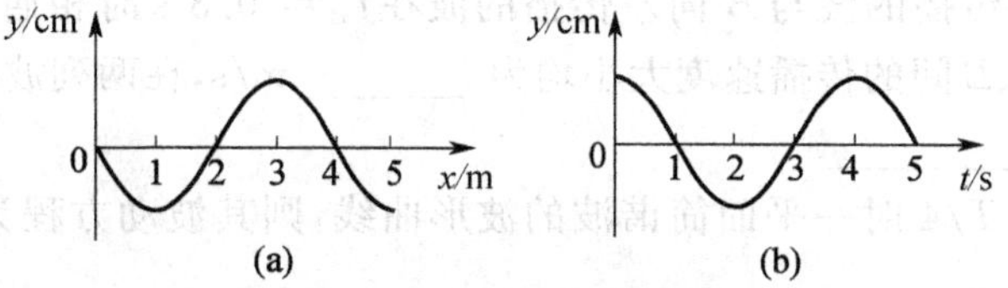

图 4-4 选择题 7 图

8. 一平面简谐波在弹性媒质中传播，在某一瞬时，媒质中某质元正处于平衡位置，此时它的能量是(　　).

(A) 动能为零，势能最大　　(B) 动能为零，势能为零

(C) 动能最大，势能最大　　(D) 动能最大，势能为零

9. 一根自由长度为 10 cm 的轻弹簧，下端固定，上端连一个质量为 m 的物块 P. 在 P 上再放一个质量也是 m 的物块 Q. 系统静止后，弹簧长度为 6 cm，如图 4-5 所示. 如果迅速向上移去 Q，则物块 P 将在竖直方向做简谐运动. 此后，弹簧的最大长度是(　　).

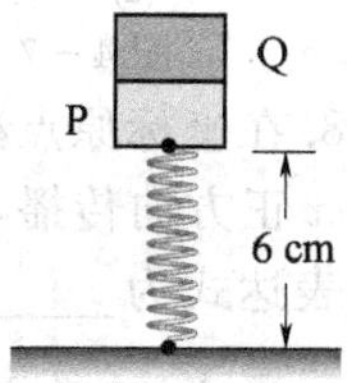

图 4-5 选择题 9 图

(A) 8 cm　　(B) 9 cm

(C) 10 cm　　(D) 11 cm

10. 当两列水波发生干涉时，如果两列波的波峰在 P 点相遇，下列说法中正确的是(　　).

(A) 质点 P 的振动始终是加强的　　(B) 质点 P 的振动始终是减弱的

(C) 质点 P 的位移始终最大　　(D) 质点 P 的位移不可能为零

二、填空题

1. 已知波源在坐标原点($x=0$)的平面简谐波的波函数为 $y=A\cos(Bt-Cx)$，其中 A、B、C 为正值常数，则此波的振幅为________，波速为________，周期为________，波长为________. 在任意时刻，在波传播方向上相距为 D 的两点的相位差为________.

2. 一物体连在弹簧一端，在水平面上做谐振动，振幅为 A，$E_k=\frac{1}{2}E_p$ 的位置是 $x=$________.

3. 弹簧振子在光滑的水平面上做谐振动，A 为振幅，$t=0$ 时刻，振动情况如图 4-6 所示，O 为原点. 试求各种情况下的初相：(a)________；(b)________；(c)________；(d)________.

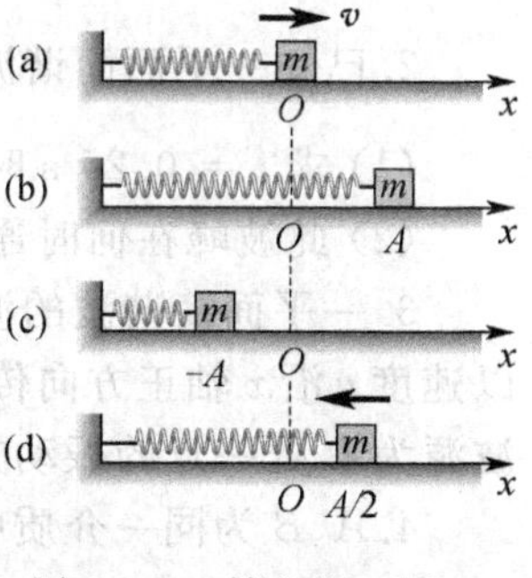

图 4-6 填空题 3 图

4. 一质点沿 x 轴做谐振动，振动范围的中心点为 x 轴的原点，已知周期为 T，振幅为 A.

(1) 若 $t=0$ 时，质点过 $x=0$ 处且朝 x 轴正方向运动，则振动方程为________.

(2) 若 $t=0$ 时，质点处于 $x=\frac{A}{2}$ 处且向 x 轴负方向运动，则振动方程为________.

5. 一平面简谐波以速度 u 沿 x 轴正方向传播，已知处于 $x=l$ 的 P 点的振动方程为 $y=A\cos(\omega t+\varphi_0)$，则波动方程为________.

6. 如图 4-7 所示，在一条直线上，两个振动源 A、B 相距 6 m，振动频率相等. $t_0=0$ 时刻，A、B 开始振动，且都只振动一个周期，振幅相等，A 的振动图像为图 4-7(a)，B 的振动图像为

图 4－7(b). 若A向右传播的波与B向左传播的波在$t_1 = 0.3$ s时相遇，则两列波的波长都是________，两列波在A、B间的传播速度大小均为________ m/s，在两列波相遇过程中，$t_2 = 0.7$ s时B点的振动状态为________.

7. 图 4－8 为$t = T/4$时一平面简谐波的波形曲线，则其波动方程为________________.

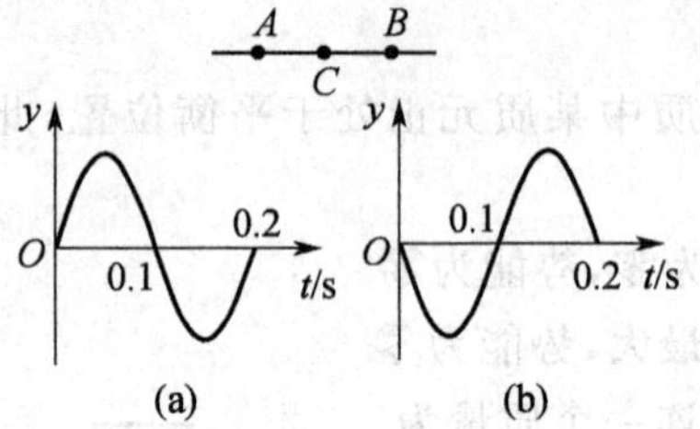

图 4－7　填空题 6 图

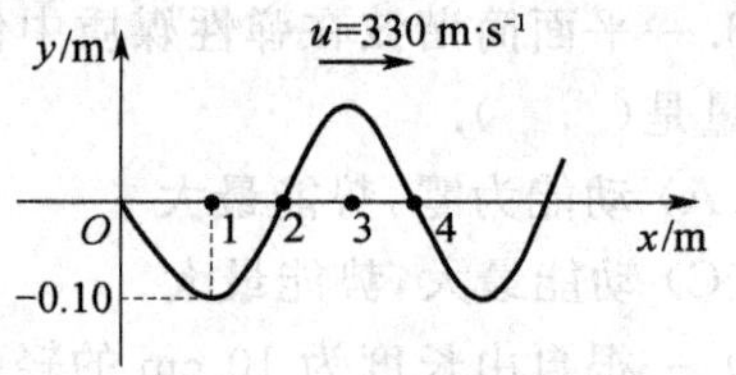

图 4－8　填空题 7 图

8. 在坐标原点处有一波源，其振动方程为$y = A\cos 2\pi\nu t$，由波源发出的平面简谐波沿坐标轴x正方向传播，波长为λ. 在距离波源d处有一平面将波反射(反射时无半波损失)，则反射波的表达式为____________.

9. 沿着相反方向传播的两列相干波，其波动方程为$y_1 = A\cos 2\pi\left(\nu t - \dfrac{x}{\lambda}\right)$，$y_2 = A\cos 2\pi\left(\nu t + \dfrac{x}{\lambda}\right)$，叠加后形成的驻波中，波节的位置坐标为____________.

10. 一辆机车以 20 m/s 的速度行驶，机车汽笛的频率为 1 000 Hz，在机车前的声波波长为____________.(空气中声速为 330 m/s)

三、计算题

1. 沿绳子传播的平面简谐波的波动方程为$y=0.05\cos(10\pi t-4\pi x)$，式中$x$、$y$均以 m 计，$t$以 s 计.

(1) 求波的波速、频率和波长；

(2) 求绳子上各质点振动时的最大速度和最大加速度；

(3) $x = 0.2$ m 处质点在$t = 1$ s 时的相位，它是原点在哪一时刻的相位？这一相位所代表的运动状态在$t = 1.25$ s 时刻到达哪一点？

2. 已知一平面简谐波，波动方程为$y = 2\times 10^{-3}\cos 2\pi\left(10\, t - \dfrac{x}{5}\right)$.

(1) 求$t = 0.25$ s 时距离原点最近的波峰的位置；

(2) 此波峰在何时通过原点？

3. 一平面简谐波的波源的振动方程为$y = A\cos\omega t$，式中A、ω均为大于零的常数. 此振动以速度u沿x轴正方向传播，以波源为坐标原点，求：(1) 波动方程；(2) 在波的传播方向上距离波源为L处一点的振动方程；(3) 任意时刻在波的传播方向上距离为D的两点间的相位差.

4. A、B为同一介质中两相干波源，振幅相等，频率均为 100 Hz，相位差为π. 若A、B相距 30 m，波速为 400 m/s. 求A、B连线上因干涉而静止的各点的位置.

5. 如图 4-9 所示，在绳上传播的入射波方程为$y_1 = A\cos\left(\omega t + \dfrac{2\pi x}{\lambda} - \dfrac{\pi}{2}\right)$. 入射波在$x = 0$处反射，反射端固定. 设反射波不衰减，求驻波方程及波节和波腹的位置.

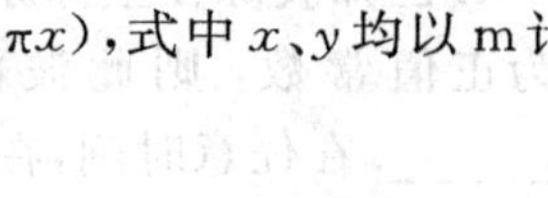

图 4－9　填空题 5 图

自 测 题 五

一、选择题

1. 一质点做简谐振动(用余弦函数表达)，若将振动速度处于正最大值的某时刻取作 $t = 0$ s，则振动初相 φ 为(　　).

(A) $-\dfrac{\pi}{2}$　　(B) 0　　(C) $\dfrac{\pi}{2}$　　(D) π

2. 一质点以余弦函数规律沿 x 轴做简谐振动，其振幅为 A，周期为 T，初相位为 $\dfrac{\pi}{2}$，选平衡位置为坐标原点，则在 $\dfrac{1}{4}T$ 时刻质点的坐标为(　　).

(A) $-A$　　(B) $-\dfrac{A}{2}$　　(C) $\dfrac{A}{2}$　　(D) A

3. 一弹簧振子做简谐振动，当振子运动到平衡位置时，动能为 10 J，当振子运动到偏离平衡位置最远处时，弹簧振子系统的势能为(　　).

(A) 0 J　　(B) 5 J　　(C) 10 J　　(D) 20 J

4. 平面简谐波沿 x 轴传播，波长 $\lambda = 2.5$ m. A、B 为波线上相距为 $\Delta x = 1.0$ m 的两个点，则 A、B 两点的相位差 $\Delta\varphi =$ (　　).

(A) $\dfrac{1}{5}\pi$　　(B) $\dfrac{2}{5}\pi$　　(C) $\dfrac{4}{5}\pi$　　(D) π

5. 一列沿 x 轴正向传播的平面简谐波，波长为 4 m. 当波源的零相位传播到 $x = 0$ 处时，波源的 π 相位正好传播到的位置为(　　).

(A) $x = -2$ m　　(B) $x = 0$　　(C) $x = 2$ m　　(D) $x = 4$ m

6. 图 5-1(a) 表示沿 x 轴正向传播的平面简谐波在 $t = 0$ 时刻的波形图，则图 5-1(b) 表示的是(　　).

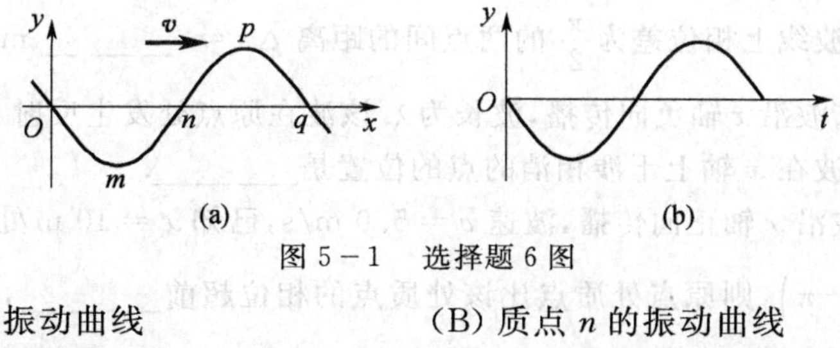

图 5-1　选择题 6 图

(A) 质点 m 的振动曲线　　(B) 质点 n 的振动曲线

(C) 质点 p 的振动曲线　　(D) 质点 q 的振动曲线

7. 两质点 1 和 2 均沿 x 轴做简谐振动，振幅分别为 A_1 和 A_2，振动频率相同. 在 $t = 0$ 时，质点 1 在平衡位置向 x 轴负向运动，质点 2 在 $-\dfrac{A_2}{2}$ 处向 x 轴正向运动，两质点振动的相位差

$\Delta\varphi=\varphi_2-\varphi_1$ 为(　　).

(A) $-\frac{5}{6}\pi$　　(B) $-\frac{1}{6}\pi$　　(C) $\frac{1}{6}\pi$　　(D) $\frac{5}{6}\pi$

8. 两个质点做同频率简谐振动,方程分别为 $y_1=A_1\cos(\omega t+\varphi_1)$ 和 $y_2=A_2\cos(\omega t+\varphi_2)$. 现已知第一个质点的位移 $y_1=A_1$ 时,第二个质点的位移 $y_2=0$,速度 $v_2=A_2\omega$. 则两个简谐振动的相位差 $\varphi_2-\varphi_1$ 是(　　).

(A) $-\pi/2$　　(B)0　　(C) $\pi/2$　　(D) π

9. 如图 5-2 所示,两相干波源 S_1 和 S_2 向右发出两列振幅都为 A_0,波长均为 λ 的平面简谐波,两波源相距 $\frac{3}{2}\lambda$,S_1 的相位比 S_2 超前 π,则在 S_1、S_2 连线上,S_2 右侧各点的合成波振幅 A 与 A_0 的比值 $A:A_0$ 为(　　).

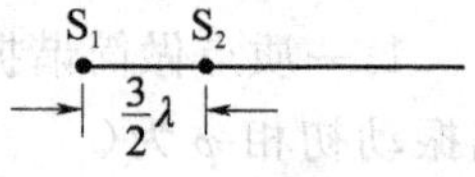

图 5-2　选择题 9 图

(A)0　　(B)1　　(C) $\sqrt{2}$　　(D)2

10. 两列波长为 λ 的相干波在 x 轴上叠加形成驻波,原点处为一个波节. p 点的坐标为 $x_p=\frac{\lambda}{4}$,q 点的坐标为 $x_q=\frac{\lambda}{2}$,应有(　　).

(A) p 点为波节,q 点为波节　　(B) p 点为波腹,q 点为波腹

(C) p 点为波节,q 点为波腹　　(D) p 点为波腹,q 点为波节

二、填空题

1. 简谐振子的运动学方程为 $x=0.05\cos(5t+\pi)$ m,振子加速度的最大值为 $a_m=$ ________ m/s^2.

2. 质点在某直线上做简谐振动. 测量发现,当质点从最大位移处回到平衡位置最少需时 0.4 s,则该质点简谐振动的周期为________ s.

3. 一质点做简谐振动,振幅为 2.5×10^{-2} m,速度的最大值为 5.0×10^{-2} m/s,则其角频率 $\omega=$ ________ rad/s.

4. 弹簧振子做简谐振动的振幅为 A,劲度系数为 k,当动能等于 $\frac{1}{6}kA^2$ 时,势能等于________.

5. 平面简谐波的波速为 3.40×10^2 m/s,频率为 1.20×10^2 Hz,该平面简谐波的波长 $\lambda=$ ________ m. 在同一波线上相位差为 $\frac{\pi}{2}$ 的两点间的距离 $\Delta x=$ ________ m.

6. 一列平面简谐波沿 x 轴负向传播,波长为 λ. 该波在原点处发生反射,反射点是一个固定端. 则入射波和反射波在 x 轴上干涉相消的点的位置是________.

7. 一平面简谐波沿 x 轴正向传播,波速 $v=5.0$ m/s,已知 $x=10$ m 处质点的振动表达式为 $y=0.2\cos\left(\frac{\pi}{4}t-\pi\right)$,则原点处质点比该处质点的相位超前________,原点处质点的振动表达式为________________.

8. 一振幅为 2.4×10^{-1} m,频率为 50 Hz 的平面简谐波以速度 1.0×10^2 m/s 沿 x 轴正向传播. 当 $t=0$ 时,位于 $x=0$ 处,一质点的位移为 -1.2×10^{-1} m,且向坐标轴的负方向运动,则该质点振动的初相位为________,波的表达式为________________.

9. 一平面简谐波沿 x 轴正向传播，在坐标原点处，质元的振动表达式为 $y = 4.0 \times 10^{-2}\cos\left(\pi t - \dfrac{\pi}{2}\right)$. 在 $t = \dfrac{1}{2}$ s时，原点处质元的振动速度 $u =$ ________ m/s. 已知同一波线上有 A、B 两点，它们相距 5.0×10^{-2} m，B 的相位比 A 点落后 $\dfrac{\pi}{4}$，则该波的波速 $v =$ ________ m/s.

10. 一平面简谐波的表达式为 $y = A\cos 2\pi\left(7t - \dfrac{x-2}{5}\right)$，则在 $t = 0$ 时，离坐标原点最近的一个波峰位置 $x =$ ________ m；在 $t = 0.2$ s 时，该波峰的位置 $x =$ ________ m.

三、计算题

1. 沿 x 正方向传播的平面简谐波在 $t = 0$ 时刻的波形曲线如图 5-3 所示，波速 $v = 3$ m/s. 写出用余弦函数表示的该波表达式.

2. 图 5-4 为一平面简谐波在 $t = 0$ 时刻的波形图，已知波速 $u = 20$ m/s. 试画出 P 处质点与 Q 处质点的振动曲线，然后写出相应的振动方程.

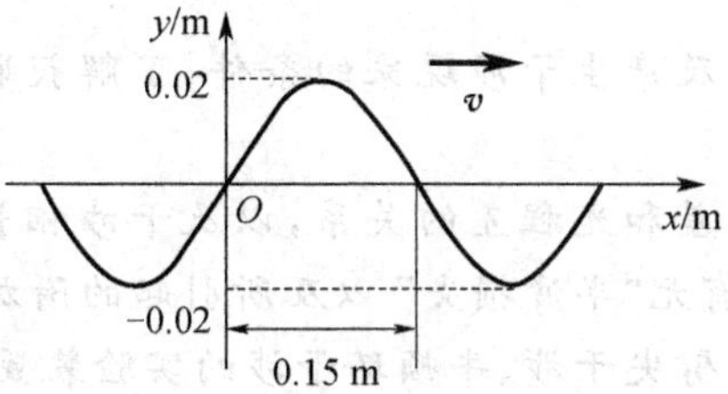

图 5-3　计算题 1 图

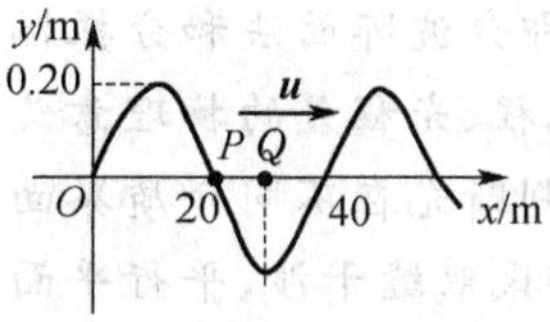

图 5-4　计算题 2 图

3. 一质点在 x 轴上做简谐振动，选取该质点向右运动通过 A 点时作为计时起点（$t = 0$ s），经过 2 s后，质点第一次经过 B 点，再经过 2 s后，质点第二次经过 B 点，如图 5-5 所示. 若已知该质点在 A、B 两点具有相同的速率，且 $AB = 10$ cm 求：

(1) 质点的振动方程；

(2) 质点在 A 点处的速率.

4. 如图 5-6 所示，S_1 和 S_2 是两个相干波源，它们相距 40 m，两波源的振幅、周期、初相均相同，分别为 $A = 0.03$ m，$T = 0.02$ s，$\varphi = 0$. 若 S_1 和 S_2 发出的两列平面简谐波分别沿 x 轴正向和负向传播，波长皆为 $\lambda = 4$ m. 以 S_1 所在位置为坐标原点，求：

(1) 两列波的表达式；

(2) S_1、S_2 连线中点处质元的合振动表达式.

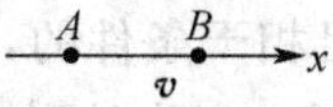

图 5-5　计算题 3 图

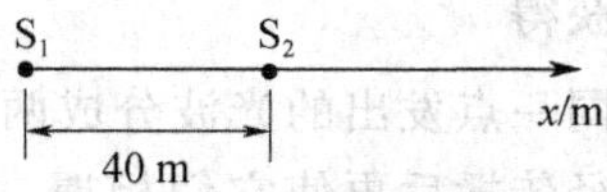

图 5-6　计算题 4 图

波动光学篇

第6章　光的干涉

基本要求

1. 掌握光波的一般知识，光的干涉现象，以及产生干涉现象的条件；了解获取相干光的两种基本方法，即分波阵面法和分振幅法.

2. 理解光程、光程差的物理意义，掌握相位差和光程差的关系，以及干涉相长和干涉相消的条件；正确判断光在不同介质界面上反射时有无"半波损失"以及所引起的附加光程差.

3. 掌握杨氏双缝干涉、平行平面薄膜干涉、劈尖干涉、牛顿环干涉的实验装置、相干光的光路、干涉条纹的基本特征，并能熟练计算光程差以及光程差的变化与干涉条纹之间的关系.

4. 了解增透膜和增反膜的工作原理；了解迈克耳孙干涉仪的构造、工作原理及主要应用.

内容提要

1. 相干光的条件

光的相干条件：① 两束光具有相同的频率；② 光矢量振动方向相同；③ 相遇点有恒定的相位差.

由于普通光源中分子或原子发光特征具有间歇性和独立性，每次发出的光波列有一定长度，各分子(或原子)在同一时刻以及同一原子在不同时刻发出的波列，其频率、振动方向以及相位一般各不相同，所以不同光源或同一光源上不同部分发出的光是不相干的.

2. 相干光的获得

将同一光源同一点发出的光波分成两束，该两个波列是满足相干条件的，因而这两束光在空间经过不同路径传播后再使它们相遇，才有可能产生干涉现象. 产生这种相干光的方法有两种.

① 分波阵面法：从同一波阵面上分离出两部分作为初相相位相同的相干光源，它们产生的次级光波分别经不同路径相遇后产生干涉现象，如杨氏双缝干涉.

② 分振幅法：利用透明薄膜的上、下表面对入射光波依次反射(入射光的振幅分为若干部分)，膜上、下表面的反射光波相遇产生干涉现象，如薄膜干涉、劈尖干涉和牛顿环等.

3. 光程与光程差

光波在介质中经历的几何路程与该介质折射率的乘积称为光程，即

$$光程 = nr = \frac{c}{v}r = ct$$

上式表明，光在介质中传播的路程相当于光在相同时间内在真空中的传播路程. 利用光程的概念可以把光在不同介质中的传播路程都折算成光在真空中的路程. 这样就可以更加简便、统一地用真空中的波长来计算和比较光在不同介质中传播时的相位改变.

两束光波经历不同光程后产生的相位差 $\Delta\varphi$ 与光程差 δ 的关系为

$$\Delta\varphi = \frac{2\pi}{\lambda}\delta$$

两束光波的光程差应等于它们经过不同路径引起的传播光程差 δ_0 与介质分界面上反射时有可能产生半波损失而引起的附加光程差 δ' 之和.

4. 干涉明暗条纹的条件

两束相干光在空间某点相遇，

$$\begin{cases}\text{相位差} & \Delta\varphi = \pm 2k\pi \\ \text{光程差} & \delta = \pm k\lambda\end{cases} \quad (k = 0,1,2,\cdots)\ \text{明纹中心；}$$

$$\begin{cases}\text{相位差} & \Delta\varphi = \pm (2k-1)\pi \\ \text{光程差} & \delta = \pm (2k-1)\dfrac{\lambda}{2}\end{cases} \quad (k = 1,2,\cdots)\ \text{暗纹中心.}$$

5. 双缝干涉（包括双境、洛埃镜）

① 条纹中心的位置 $\begin{cases} x = \pm k\dfrac{D}{d}\lambda & (k = 0,1,2,3,\cdots) & \text{明纹} \\ x = \pm (2k-1)\dfrac{D}{d}\dfrac{\lambda}{2} & (k = 1,2,3,\cdots) & \text{暗纹}\end{cases}$

② 条纹特点：等间距平行直条纹，相邻明纹中心（或暗纹中心）间的距离为

$$\Delta x = \frac{D}{d}\lambda$$

上式表明，条纹间距 Δx 与 D、λ 成正比，与双缝间的距离 d 成反比，与级次 k 无关.

6. 薄膜干涉（包括劈尖、牛顿环）

薄膜干涉条纹定域于薄膜表面附近，所形成的条纹形状及条纹宽度取决于薄膜的厚度和上、下表面的形状，对于平行平面和斜度不大的楔形（劈尖）薄膜，两表面反射光的光程差为

$$\delta = 2e\sqrt{n^2 - n_1^2\sin^2 i} + \delta' = \begin{cases} k\lambda & \text{相干加强}(k = 1,2,\cdots) \\ (2k+1)\dfrac{\lambda}{2} & \text{相干减弱}(k = 0,1,2,\cdots)\end{cases}$$

式中 $\delta' = \dfrac{\lambda}{2}$ 为附加光程差，是因半波损失产生的，是否加上附加光程差，由薄膜折射率 n 与膜上、下表面接触的介质折射率 n_1、n_2 决定.

在单色平行光垂直照射下，有以下几种情况.

① 薄膜的上、下表面均为平面并夹有一微小角度 θ 形成劈尖时，干涉图样为明暗相间、等

间距的直条纹，条纹的空间位置决定于两反射光的光程差. 如两平玻璃片构成一空气($n \approx 1$)劈，则有

$$\delta = 2ne + \frac{\lambda}{2} = \begin{cases} k\lambda & (k = 1,2,\cdots) \quad \text{明纹中心} \\ (2k+1)\dfrac{\lambda}{2} & (k = 0,1,2,\cdots) \quad \text{暗纹中心} \end{cases}$$

相邻条纹所对应的劈尖厚度差为

$$e_{k+1} - e_k = l\sin\theta = \frac{\lambda}{2n}$$

相邻明(或暗)纹间距为

$$l = \frac{\lambda}{2n\sin\theta} \approx \frac{\lambda}{2n\theta}$$

明纹的 k 值不能为零，因为 $k=0$，则 $e<0$ 无意义.

② 薄膜的上、下表面中，一个是球面，另一个是平面或两者都是球面时，干涉图样为明暗相间一组的同心圆环，用圆环半径来确定条纹的空间位置. 如平面或球面均为玻璃($n_1 \approx n_2$)，膜层为空气($n \approx 1$)时，有

$$\begin{cases} r_k = \sqrt{\left(k - \dfrac{1}{2}\right)\dfrac{R\lambda}{n}} & (k = 1,2,\cdots) \quad \text{明环半径} \\ r_k = \sqrt{k\dfrac{R\lambda}{n}} & (k = 0,1,2,\cdots) \quad \text{暗环半径} \end{cases}$$

③ 迈克耳孙干涉仪采用分振幅法使两个相互垂直(或不严格垂直)的平面境形成等效薄膜，产生双光束干涉. 干涉条纹移动一条，相当于薄膜厚度改变$\frac{\lambda}{2}$，即

$$\Delta d = \Delta N \frac{\lambda}{2}$$

式中 ΔN 为条纹移动数目.

重难点分析

1. 半波损失

光从光疏介质掠射或者垂直入射到光密介质并在分界面反射时，反射光波会发生 π 的相位突变，用光程来计算则相当于光波在反射过程多走或者说少走了半个波长的距离，这种现象称为半波损失. 在计算光程时为统一起见，凡有半波损失的光波都一律加上$\frac{\lambda}{2}$. 在计算两束光波的光程差时，一定要考虑是否有因半波损失而引起的附加光程差.

2. 干涉条纹的清晰度

在分波阵面法和分振幅法两种干涉中，为了使干涉条纹清晰、对比度强，两束光的强度要尽量接近，因为两相干光在空间某处相遇时合成光矢量的振幅 E 与光强 I 分别为

$$E^2 = E_{10}^2 + E_{20}^2 + 2E_{10}E_{20}\cos\Delta\varphi$$

$$I = I_1 + I_2 + 2\sqrt{I_1 I_2}\cos\Delta\varphi$$

式中 E_{10}、E_{20} 和 I_1、I_2 分别表示两相干光的光振幅和光强；$\Delta\varphi$ 表示两光在相遇点的相位差. 当 $I_1 = I_2$ 时，有

$$I = 4I_1 \cos^2\frac{\Delta\varphi}{2}$$

光强的极大值（$I_{\max} = 4I_1$）与极小值（$I_{\min} = 0$）相差最大，干涉条纹最清晰，对比度最强.

3. 干涉条纹的移动

在分析条纹的移动方向时，常常“跟踪”视场中某一级条纹，观察它朝什么方向移动，则相应其他条纹也将朝这一方向移动. 在干涉仪中，任一光路加入透明介质薄片时，也会引起干涉条纹的移动. 由干涉相长公式 $\delta = k\lambda$ 知，光程差改变一个波长 λ，可观察到条纹移动一条，数出条纹的移动数目 ΔN，就可知光程差改变为 $\Delta N\lambda$. 如双缝干涉的任一光路加入透明介质薄片时（这里的光程差是指加薄片前、后的光程之差），有

$$\delta = nl - l = (n-1)l$$

而在迈克耳孙干涉仪中，一光路加入透明介质薄片时，因光束两次经过介质薄片，有

$$\delta = 2nl - 2l = 2(n-1)l$$

4. 计算类型

本章的习题主要分为两种类型.

第一类问题是：计算干涉条纹的静态分布、位置、条纹间隔等. 此类问题通常比较简单，其中计算光程差是解题的关键，而分析和确定相干光和相干区域是解题的基础. 其基本解题思路如下.

① 确定相干光；

② 确定相干区域；

③ 计算光程差；

④ 根据光程差写出干涉明、暗纹条件；

⑤ 确定条纹级次、条纹间隔等.

第二类问题是：干涉条纹的移动问题. 解此类问题要牢记：当条纹移动一个条纹间隔时，两束相干光的光程差改变一个波长. 这一规律对于双缝、平行平面薄膜、劈尖、牛顿环以及迈克耳孙干涉仪等实验装置中干涉条纹的移动都是普遍适用的.

示例解析

例 6.1 如图 6-1 所示，一射电望远镜的天线架设在湖岸上，距离湖面高度为 h，对岸地平线上方有一恒星正在升起，恒星发出的光波长为 λ. 试求天线测得第一次干涉极大时，恒星所在的位置最小角 θ.

解 如图 6-1 图所示，直射光与经过湖面的反射光在 O 点相遇时，其光程差为

$$\delta = \overline{BO} - \overline{AO} + \lambda/2$$

式中

$$\overline{BO} = \frac{h}{\sin\theta}$$

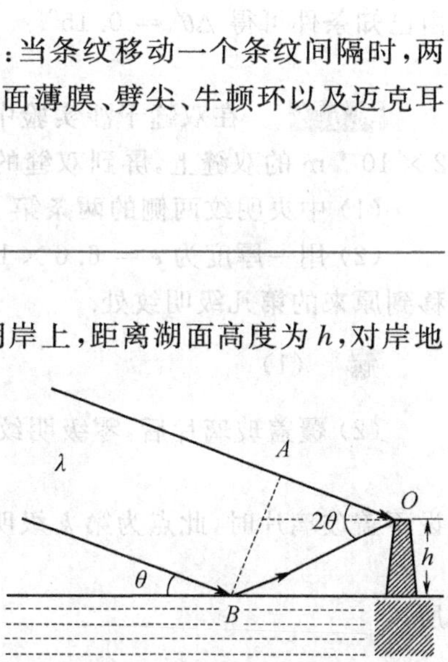

图 6-1 例 6.1 图

$$\overline{AO}=\overline{BO}\cos 2\theta=h\frac{\cos 2\theta}{\sin\theta}$$

将$\overline{BO}$、$\overline{AO}$代入δ，得

$$\delta=\frac{h}{\sin\theta}-\frac{h\cos 2\theta}{\sin\theta}+\frac{\lambda}{2}=2h\sin\theta+\frac{\lambda}{2}$$

反射光干涉加强满足条件

$$\delta=2h\sin\theta+\frac{\lambda}{2}=k\lambda$$

将$k=1$代入上式，即为恒星所在的最小角$\theta_{\min}$：

$$\theta_{\min}=\arcsin\frac{\lambda}{4h}$$

例 6.2 在双缝干涉实验装置中，屏幕到双缝的距离D远大于双缝之间的距离d，整个双缝装置放在空气中. 对于钠黄光，$\lambda=589.3\ \text{nm}$，产生的干涉条纹相邻两明条纹的角距离(即相邻两明条纹对双缝中心处的张角)为$0.20°$.

(1) 对于什么样波长的光，这个双缝装置所得相邻两明条纹的角距离将比用钠黄光测得的角距离大10%？

(2) 假想将此装置浸入水中(水的折射率为$n=1.33$)，相邻两明条纹的角距离有多大？

解 (1) 干涉条纹间距为 $$\Delta x=\frac{\lambda D}{d}$$

相邻两明条纹的角距离为 $$\Delta\theta=\frac{\Delta x}{D}=\frac{\lambda}{d}$$

由上式可知角距离正比于λ，$\Delta\theta$增大10%，λ也应增大10%，故

$$\lambda'=\lambda(1+0.1)=648.2\ \text{nm}$$

(2) 整个干涉装置浸入水中时，相邻两明纹角距离变为

$$\Delta\theta'=\frac{\Delta x}{nD}=\frac{\Delta\theta}{n}$$

由已知条件可得$\Delta\theta'=0.15°$.

例 6.3 在双缝干涉实验中，波长$\lambda=550\ \text{nm}$的单色平行光垂直入射到缝间距为$d=2\times10^{-4}\ \text{m}$的双缝上，屏到双缝的距离$D=2\ \text{m}$. 求：

(1) 中央明纹两侧的两条第10级明纹中心的间距；

(2) 用一厚度为$e=6.6\times10^{-5}\ \text{m}$，折射率为$n=1.58$的玻璃片覆盖一缝后，零级明纹将移到原来的第几级明纹处.

解 (1) $$\Delta x=\frac{20D\lambda}{d}=0.11\ \text{m}$$

(2) 覆盖玻璃片后，零级明纹应满足

$$(n-1)e+r_1=r_2$$

设不盖玻璃片时，此点为第k级明纹，则应有

$$r_2-r_1=k\lambda$$

所以

$$(n-1)e=k\lambda$$

$$k=\frac{(n-1)e}{\lambda}=6.96\approx 7$$

因此，零级明纹应移到原来第 7 级明纹处.

例 6.4　波长为 500 nm 的单色光垂直照射到由两块光学平板玻璃构成的空气劈尖上，在观察反射光的干涉现象中，距劈尖棱边 $l = 1.56$ cm 的 A 处是从棱边算起的第 4 条暗纹中心.

(1) 求此空气劈尖的劈尖角 θ；

(2) 改用 600 nm 的单色光垂直照射到此劈尖上后观察反射光的干涉条纹，A 处是明条纹还是暗条纹？

解　由空气劈尖，有 $n < \min(n_1, n_3)$，且 $n_2 = 1$，得

$$\delta = 2e + \frac{1}{2}\lambda$$

暗纹满足 $\delta = 2e + \frac{\lambda}{2} = (2k+1)\frac{\lambda}{2}$，所以

$$2e = k\lambda, \quad e = \frac{1}{2}k\lambda$$

因第一条暗纹对应 $k = 0$，故第 4 条暗纹对应 $k = 3$，所以

$$e = \frac{3}{2}\lambda$$

(1) 空气劈尖角

$$\theta = \frac{e}{l} = \frac{3\lambda}{2l} = 4.8 \times 10^{-5}\ \text{rad}$$

(2) 因

$$\frac{\delta}{\lambda'} = \frac{2e + \lambda'/2}{\lambda'} = \frac{3\lambda}{\lambda'} + \frac{1}{2} = 3$$

故 A 处为第 3 级明纹，棱边依然为暗纹.

例 6.5　把待测金属片夹在两块平板玻璃之间，形成夹角 θ 很小的空气劈尖，如图 6－2 所示. 现以波长 $\lambda = 600$ nm 的单色光垂直入射到玻璃板上，测得相邻暗纹的间距为 0.1 mm. 若空气劈尖棱边到金属片距离 $L = 5.0$ cm.

(1) 求金属片的厚度 D；

(2) 如果金属片受热膨胀，则干涉条纹总数将增加还是减少？

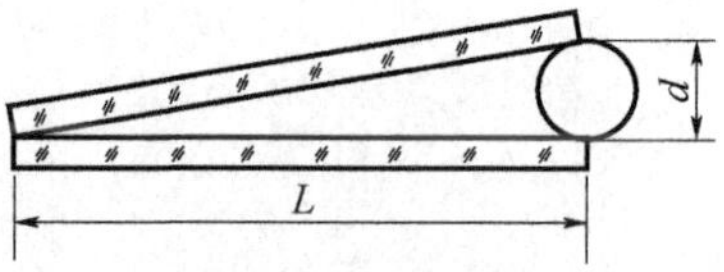

图 6－2　例 6.5 图

解　(1) 由暗纹公式知

$$2e + \frac{\lambda}{2} = (2k+1)\frac{\lambda}{2} \quad (k = 0, 1, 2, \cdots)$$

相邻暗纹间的距离为

$$l = \frac{\lambda}{2\sin\theta} \approx \frac{\lambda}{2\theta}$$

金属片厚度为

$$D = L\tan\theta \approx L\theta = \frac{L\lambda}{2l} = 0.15\ \text{mm}$$

(2) 如果金属片受热膨胀，干涉条纹总数将增加. 因为 D 增加，θ 增大，相邻暗纹间的距离 l 减小.

例 6.6 当牛顿环装置中的透镜与玻璃之间的空间充以液体时，第十个亮环的直径由 $d_1 = 1.40 \times 10^{-2}$ m 变为 $d_2 = 1.27 \times 10^{-2}$ m，求液体的折射率.

解 由牛顿环明环公式，得

$$r_{空} = \frac{D_1}{2} = \sqrt{\frac{(2k-1)R\lambda}{2}}$$

$$r_{液} = \frac{D_2}{2} = \sqrt{\frac{(2k-1)R\lambda}{2n}}$$

两式相除得 $\frac{D_1}{D_2} = \sqrt{n}$，即

$$n = \frac{D_1^2}{D_2^2} = \frac{1.96}{1.61} \approx 1.22$$

第7章　光的衍射

基本要求

1. 了解惠更斯-菲涅尔原理.

2. 掌握夫琅禾费单缝衍射,能计算单缝衍射的条纹分布,能分析缝宽及波长对条纹分布的影响.

3. 了解夫琅禾费圆孔衍射的一般特性和光学仪器的分辨本领.

4. 理解光栅衍射,能确定光栅衍射谱线的分布,会分析光栅常数及波长对光栅衍射谱线分布的影响.

5. 了解X射线衍射.

内容提要

1. 惠更斯-菲涅尔原理

从同一波阵面上各点发出的子波,在传播过程中相遇时,也能相互叠加而产生干涉现象,空间各点波的强度,由各子波在该点的相干叠加所决定.

利用这一原理可以计算出衍射图样中的光强分布,但计算过程复杂,通常采用菲涅尔提出的半波带法来分析夫琅禾费单缝衍射现象.

2. 夫琅禾费单缝衍射

1) 单缝衍射条纹的主要特点

① 中央明条纹(零级明纹)最亮,同时也最宽(约为其他明条纹宽度的2倍).

② 各级明条纹的光强随级数增大而减小.

③ 当白光入射时,中央明条纹仍为白色,其两侧将出现一系列由紫到红的彩色条纹.不同波长、不同级次的条纹可能产生重叠现象.

④ 条纹级数有限.

2) 单色光垂直入射时,屏幕衍射条纹位置

暗纹中心　$a\sin\varphi = \pm k\lambda \quad (k=1,2,\cdots)$

明纹中心　$a\sin\varphi = \pm(2k+1)\dfrac{\lambda}{2} \quad (k=1,2,\cdots)$

中央明纹范围　$-\lambda < a\sin\varphi < \lambda$

3) 条纹间距

中央明纹线宽度

$$l_0 = 2\frac{\lambda}{a}f$$

其他各级明纹线宽度(相邻两暗纹中心间距)

$$l = \frac{\lambda}{a}f$$

式中 a 为单缝宽度,f 为缝、屏间所置透镜的焦距.

应该注意,屏上条纹位置与衍射角之间有对应关系:$x = f\tan\varphi$. 当 φ 比较小时,有 $\sin\varphi \approx \tan\varphi$,此时 $x = f\sin\varphi \approx f\tan\varphi$;当 φ 较大时,则要先求出 φ 值,再代入 $x = f\tan\varphi$ 中计算.

若用圆孔代替狭缝,则为夫琅禾费圆孔衍射,其衍射图样为明暗相间的同心圆环,中央明纹是圆形亮斑(艾里斑),它集中了入射光束中光强的 84%,其对透镜光心的张角为

$$2\theta = 2.44\frac{\lambda}{D}$$

式中,D 为圆孔直径.

3. 光学仪器的分辨率

两发光点刚好能被圆孔光学仪器分辨,则它们对透镜光心所张的角叫最小分辨角. 由瑞利判据知,它等于艾里斑的半角宽度($\theta = 1.22\frac{\lambda}{D}$). 光学仪器的最小分辨角的倒数称为该仪器的分辨率. 所以提高光学仪器分辨率的途径之一是增大透光孔径 D,如大型天文望远镜;二是减小入射光波的波长 λ,如用电子显微镜等.

4. 光栅衍射

光栅衍射图样的特点是明条纹细且亮,两明纹之间存在很宽的暗区. 这种衍射图样是单缝衍射和多缝干涉的综合结果.

(1) 光栅方程

当平行光束垂直入射到光栅上,屏幕上主极大条纹的位置满足

$$(a+b)\sin\varphi = k\lambda \quad (k = 0, \pm 1, \pm 2, \cdots)$$

式中 $(a+b)$ 为光栅常数;k 为明条纹级数. 上式表明,相邻两单缝衍射的光波列到达屏上某点(衍射角 φ 处)时,若光程差恰好是波长的整数倍,则叠加后相互加强,形成明条纹.

(2) 缺级现象

当 φ 角同时满足单缝衍射的暗纹公式和光栅方程时,将出现缺级现象. 缺级条件为

$$\frac{a+b}{a} = \frac{k}{k'}$$

式中 k 为光栅衍射主极大级次,k' 为单缝衍射的暗条纹级次.

(3) 光栅光谱

当白光入射光栅上时,与单缝衍射类似,除中央主极大仍为白色,其他各级主极大都将呈现彩色,形成由紫到红的彩色光带,这些光带的整体称为衍射光谱. 由 $\sin\varphi = \frac{k\lambda}{a+b}$ 可知,对于同一级 k,衍射角 φ 的大小正比于入射光的波长 λ,所以光谱中紫光靠近中央主极大,而红光则远离中央主极大. 当级数较高时,第 k 级光谱中的长波明纹将与第 $k+1$ 级短波明纹位置重合,光谱发生了重叠,级数愈高,重叠愈多,愈难分辨.

5. X 射线衍射

利用天然晶体的空间点阵为三维衍射光栅，观察到 X 射线的衍射图样 —— 劳厄斑点. 设晶体中各原子层间的距离为 d(晶格常数)，平行相干的 X 射线以掠射角 φ 投射到晶体表面上，当满足

$$2d\sin\varphi = k\lambda \quad (k = 1, 2, \cdots)$$

时，反射光波加强形成亮点，上式称为布拉格公式.

重难点分析

1. 半波带法

用半波带解释单缝衍射条纹的分布，可避免复杂的计算. 如图 7－1 所示，单缝 AB 上各点发出的子波在 φ 方向的最大光程差 $\overline{AC} = a\sin\varphi$，作 k 个平行于 BC 的平面，把 AC 分割成 k 个长度为 $\frac{\lambda}{2}$ 的相等部分. 同时，这些平面将把单缝处的波阵面分割成 k 个半波带. 这样，相邻两半波带上对应点向 φ 方向发出的子波的光程差总是 $\frac{\lambda}{2}$，到达 P 点时则相互干涉抵消. 所以，当单缝处的波阵面恰好分成偶数个半波带时，所有波带上各点发出的光振动都将在 P 点一一抵消，使 P 点形成暗条纹；当缝 AB 波阵面正好分成奇数个半波带，则成对的半波带抵消后，还剩下一个半波带未被抵消，将使 P 点成为明条纹.

若 φ 角不同，单缝处的波阵面分割成的半波带数目也不同，φ 角愈大，最大光程差愈大，半波带数目也愈多，每个半波带透过的光通量(或能量) 愈小，对应的明条纹亮度愈弱.

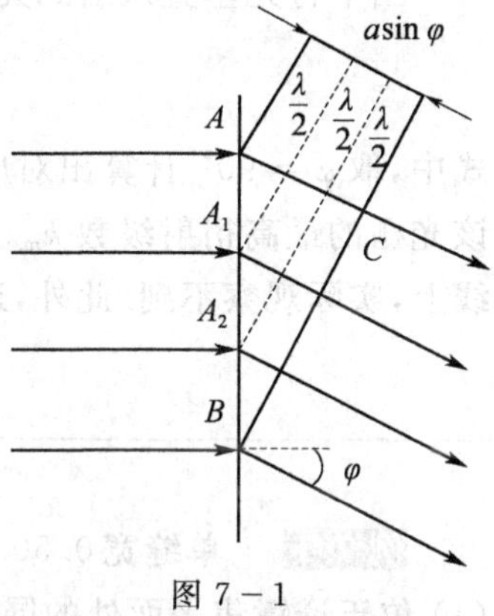

图 7－1

若单缝处的波阵面 AB 不能分成整数个半波带时，屏幕上 P 点总会有一些光线到达，但其亮度介于最明与最暗之间，这就使得单缝衍射的明条纹有一定宽度. 所以，在用单缝衍射测量光波波长时，一般测量暗条纹的位置.

这里应该注意：图 7－1 中引入的 BC 平面与 AC 线(及沿 φ 方向的各衍射线) 垂直，是借用了光线在各向同性介质中波线与波面垂直，且平行光经透镜后不产生附加光程差的原理，使单缝处波阵面上各点向 φ 方向发出的光波从 BC 面开始一直到 P 点所走过的光程都一样，相互间均没有附加光程差. 因此，这些沿 φ 方向的衍射光线之间若有光程差就应该是在 AB 面之后与 BC 之前的这一段，其最大光程差 $\overline{AC} = a\sin\varphi$. 这里的 BC 平面上各点之间已有相位差，从 B 到 C 相位依次落后，所以它们在到达屏幕时才会形成明(或暗)的干涉条纹. 不然，若 BC 平面是 φ 方向衍射线的波面，之后又没有附加光程差，那么屏幕上将永远只能是明的.

2. 光栅衍射的缺级分析

若接收屏幕上某处满足光栅方程主极大条件

$$(a+b)\sin\varphi = k\lambda$$

同时也满足单缝衍射的暗纹条件

$$a\sin\varphi = k'\lambda$$

由于从每个单缝射出的衍射光在该处已各自满足暗条纹条件，该处也就不会出现缝与缝之间的干涉加强作用了，这种现象称为缺级．将上述两式相比，可得缺级条件为

$$k = k'\frac{a+b}{a} \quad (k'=1,2,\cdots)$$

例如，当 $b=a$ 时，光栅出现主极大的条件是

$$(a+b)\sin\varphi = k\lambda \quad (k=0,\pm 1,\pm 2,\cdots)$$

因 $(a+b)=2a$

故 $2a\sin\varphi = k\lambda$

即 $a\sin\varphi = k\dfrac{\lambda}{2}$

而单缝衍射的暗纹条件为

$$a\sin\varphi = k'\lambda \quad (k'=\pm 1,\pm 2,\cdots)$$

所以，当 $k=2k'$，即 k 取 2,4,6,… 偶数级时，正好和单缝衍射暗纹中心的位置重合，即每个单缝都没有能量输出，因此，屏幕上就看不到偶数级明条纹，也就是偶数项缺级．

一般只要 $\dfrac{a+b}{a}$ 为整数比时，则对应的 k 级明条纹一定出现缺级．

3. 光栅衍射时屏上能看到的最高衍射级次分析

当平行光垂直入射到光栅上，由 $(a+b)\sin\varphi = k\lambda$ 可知

$$k = \pm\frac{(a+b)\sin\varphi}{\lambda}$$

式中，取 $\varphi=90°$，计算出对应的 k 值．若 k 为非整数，则不大于 k 的最大整数值就是所能看到的该光栅的最高衍射级数 k_{max}；若 k 为整数，则 $k_{max}=k-1$，因为 $\varphi=90°$ 时，条纹在光栅的延长线上，实际观察不到．此外，还要考虑到有无缺级的问题．

示例解析

例 7.1 单缝宽 0.50 mm，透镜焦距为 $f=1$ m，用 $\lambda=500$ nm 的绿光垂直照射单缝．求：(1) 位于透镜焦平面处的屏幕上，中央明条纹的角宽度；(2) 中央明条纹的线宽度；(3) 第一级与第二级暗纹之间的距离；(4) 如果在屏幕上离中央亮纹中心为 3.5 mm 处的 P 点为一明纹，试求 P 处明纹的级数；(5) 从 P 处看，对该光波而言，狭缝处的波面可分割成几个半波带．

解 (1) 中央明纹的角宽度为

$$\Delta\theta_0 = 2\frac{\lambda}{a} = 2\times\frac{0.5\times10^{-6}}{0.5\times10^{-3}} = 2\times10^{-3}\ \text{rad}$$

(2) 中央明纹的线宽度为

$$\Delta x_0 \approx f\Delta\theta_0 = 2\times10^{-3}\ \text{m}$$

(3) 第一级暗纹与第二级暗纹之间的距离为

$$\Delta x_{21} \approx f\left(2\frac{\lambda}{a}-\frac{\lambda}{a}\right)=1\times(2\times10^{-3}-10^{-3})=1\times10^{-3}\ \text{m}$$

(4) 由明纹公式

$$a\sin\theta=(2k+1)\frac{\lambda}{2}$$

以及明纹坐标

$$x=f\tan\theta\approx f\sin\theta$$

求得该条纹级次为

$$k=\frac{ax}{\lambda f}-\frac{1}{2}=3$$

(5) 当 $k=3$ 时，衍射光中的最大光程差为

$$a\sin\theta=(2k+1)\frac{\lambda}{2}=7\times\frac{\lambda}{2}$$

因此，狭缝处波阵面可分成七个半波带.

例 7.2　波长为 λ_1 和 λ_2 的平行光垂直照射一单缝，在距缝很远的屏上观察衍射条纹，如果 λ_1 的第一级衍射暗纹与 λ_2 的第二级衍射暗纹相重合.

(1) 求这两种波长之间的关系；

(2) 在这两种波长的衍射图样中是否还有其他的暗纹会互相重合？

解　(1) 按单缝衍射的暗纹公式，对 λ_1、λ_2 的光分别形成的第一级与第二级暗纹，有

$$a\sin\varphi_1=\lambda_1,\quad a\sin\varphi_2=2\lambda_2$$

因为衍射角 $\varphi_1=\varphi_2$，故有

$$\lambda_1=2\lambda_2$$

(2) 对于 λ_1、λ_2 的光，其暗纹位置为

$$a\sin\varphi_1=k_1\lambda_1,\quad a\sin\varphi_2=k_2\lambda_2$$

当两种图样中的其他级次暗纹相重合时，有 $\varphi_1=\varphi_2$，所以

$$k_1\lambda_1=k_2\lambda_2$$

将 $\lambda_1=2\lambda_2$ 代入上式，有

$$k_1=\frac{1}{2}k_2$$

即 λ_1 光线的 k_1 级衍射暗纹与 λ_2 光线的 $2k_1$ 级衍射暗纹重合.

例 7.3　一衍射光栅，每厘米有 200 条透光缝，每条透光缝宽为 $a=2\times10^{-3}$ cm，在光栅后放一焦距 $f=1$ m 的凸透镜，现以 $\lambda=600$ nm 的单色平行光垂直照射光栅，

(1) 透光缝 a 的单缝衍射的中央明纹宽度为多少？

(2) 在该宽度内，有几个光栅衍射主极大？

解　(1) 由单缝衍射暗纹公式知

$$a\sin\varphi=k\lambda$$

又

$$\tan\varphi=x/f$$

故，当 $x\ll f$ 时

$$\tan\varphi \approx \sin\varphi \approx \varphi, \quad ax/f = k\lambda$$

取 $k = 1$，有

$$x = f\lambda/a = 0.03 \text{ m}$$

故中央明纹宽度为

$$\Delta x = 2x = 0.06 \text{ m}$$

(2) 由光栅方程 $(a+b)\sin\varphi = k'\lambda$ 知

$$k' = \frac{(a+b)x}{f\lambda} = 2.5$$

取 $k' = 2$，则共有 $k' = 0$、± 1、± 2 等 5 个主极大.

例 7.4 在夫琅禾费单缝衍射实验中，设垂直入射的光有两种波长，$\lambda_1 = 400$ nm，$\lambda_2 = 760$ nm. 已知单缝宽度 $a = 1.0 \times 10^{-2}$ cm，透镜焦距 $f = 50$ cm.

(1) 求两种光第一级衍射明纹中心之间的距离.

(2) 若用光栅常数 $d = 1.0 \times 10^{-3}$ cm 的光栅替换单缝，其他条件与题设条件相同，求两种光第一级主极大之间的距离.

解 (1) 由单缝衍射明纹公式可知

$$a\sin\varphi_1 = \frac{1}{2}(2k+1)\lambda_1 = \frac{3}{2}\lambda_1 \quad (\text{取 } k = 1)$$

$$a\sin\varphi_2 = \frac{1}{2}(2k+1)\lambda_2 = \frac{3}{2}\lambda_2$$

$$\tan\varphi_1 = \frac{x_1}{f}, \quad \tan\varphi_2 = \frac{x_2}{f}$$

由于 $\sin\varphi_1 \approx \tan\varphi_1$，$\sin\varphi_2 \approx \tan\varphi_2$，所以

$$x_1 = \frac{3f\lambda_1}{2a}, \quad x_2 = \frac{3f\lambda_2}{2a}$$

则两个第一级明纹之间的距离为

$$\Delta x = x_2 - x_1 = \frac{3f\Delta\lambda}{2a} = 0.27 \text{ cm}$$

(2) 由光栅方程

$$d\sin\varphi_1 = k\lambda_1 = \lambda_1$$
$$d\sin\varphi_2 = k\lambda_2 = \lambda_2$$

且有
$$\sin\varphi \approx \tan\varphi = \frac{x}{f}$$

所以
$$\Delta x = x_2 - x_1 = \frac{f\Delta\lambda}{d} = 1.8 \text{ cm}$$

例 7.5 波长 $\lambda = 600$ nm 的单色光垂直入射到一光栅上，测得第二级主极大的衍射角为 30°，且第三级缺级.

(1) 光栅常数 $(a+b)$ 等于多少?

(2) 透光缝可能的最小宽度 a 等于多少?

(3) 在选定了上述$(a+b)$和a之后,求在衍射角$-\frac{\pi}{2}<\varphi<\frac{\pi}{2}$范围内可能观察到的全部主极大的级次.

解　(1) 由光栅方程得

$$a+b=\frac{k\lambda}{\sin\varphi}=2.4\times10^{-4}\ \text{cm}$$

(2) 由于第三级缺级,则对应于最小可能的a,该φ'方向应是单缝衍射的第一级暗纹.

因
$$(a+b)\sin\varphi'=3\lambda,\quad a\sin\varphi'=\lambda$$

故
$$a=\frac{a+b}{3}=0.8\times10^{-4}\ \text{cm}$$

(3) 因
$$(a+b)\sin\varphi=k\lambda,\quad a\sin\varphi=k'\lambda$$

故$k=3,6,9,\cdots$缺级.

又因为$k_{\max}=(a+b)/\lambda=4$,所以实际呈现$k=0,\pm1,\pm2$级明纹($k=\pm4$在$\pi/2$处看不到).

例 7.6　用钠光($\lambda=589.3$ nm)垂直照射到某光栅上,测得第三级主极大的衍射角为$60°$.求:(1) 若换用另一光源,测得其第二级主极大的衍射角为$30°$,求后一光源发光的波长.

(2) 若以白光(400～760 nm)照射在该光栅上,求其第二级光谱的张角.

解　由光栅方程得

$$(a+b)\sin\varphi=3\lambda,\quad (a+b)\sin\varphi'=2\lambda'$$

有
$$a+b=3\lambda/\sin\varphi,\quad \varphi=60°$$
$$a+b=2\lambda'/\sin\varphi',\quad \varphi'=30°$$
$$3\lambda/\sin\varphi=2\lambda'/\sin\varphi'$$

得
$$\lambda'=510.3\ \text{nm}$$

(2)
$$(a+b)=3\lambda/\sin\varphi=2\,041.4\ \text{nm}$$
$$\varphi_2'=\arcsin(2\times400/2\,041.4)\quad(\lambda=400\ \text{nm})$$
$$\varphi_2''=\arcsin(2\times760/2\,041.4)\quad(\lambda=760\ \text{nm})$$

因此,白光第二级光谱的张角$\Delta\varphi=\varphi_2''-\varphi_2'=25°$.

例 7.7　在迎面驶来的汽车上,两盏前灯相距1.2 m.问:在汽车离人多远的地方,眼睛才可以分辨这两盏前灯?假设夜间人眼瞳孔直径为5.0 mm,入射光波波长$\lambda=550$ nm.

解　由最小分辨角公式知

$$\theta_0=1.22\frac{\lambda}{d}$$

又
$$\theta_0=\frac{\Delta x}{l}=1.22\frac{\lambda}{d}$$

所以

$$l=\frac{d\Delta x}{1.22\lambda}=\frac{5\times10^{-3}\times1.2}{1.22\times550\times10^{-9}}\ \text{m}=8.94\ \text{km}$$

即汽车与人的最远距离不能超过8.94 km.

第8章 光的偏振

基本要求

1. 了解光的偏振现象，理解自然光、线偏振光和部分偏振光的区别与表示方法.

2. 理解起偏器和检偏器的工作原理与作用. 掌握马吕斯定律，能熟练应用该定律计算偏振光通过检偏器后的光强变化.

3. 了解光在反射和折射时偏振状态的变化. 掌握布儒斯特定律，能应用该定律计算起偏角，了解利用反射和折射获得偏振光的方法.

4. 了解双折射现象，理解双折射现象中寻常光和非常光的区别. 了解双折射光线中的偏振状态，以及利用双折射获取偏振光的方法，理解光轴、主截面和光线主平面的概念.

内容提要

1. 光的偏振状态

光波是横波，偏振是横波特有的现象. 通常光波按照偏振状态分为五种类型：自然光、线偏振光、部分偏振光、椭圆偏振光和圆偏振光.

2. 偏振片的起偏和检偏

① 偏振片：用能够有选择地让某一方向的光振动通过的物质制成的透明薄片.

② 偏振片的偏振化方向（透光轴）：偏振片允许通过的光振动方向.

③ 偏振片的起偏作用：当自然光通过偏振片时，只有平行于偏振化方向的光振动能够通过，因此，透射光为线偏振光.

④ 偏振片的检偏作用：当线偏振光通过偏振片时，在偏振片的旋转过程中，透射光的光强作周期性变化，且光强最暗时为零.

3. 马吕斯定律

如果入射到检偏器的线偏振光强为 I_0，则透射光的光强 I 为

$$I = I_0 \cos^2\alpha$$

式中 α 为线偏振光的振动方向和检偏器的偏振化方向之间的夹角. 注意：自然光入射到检偏器上，其透射光强为入射光强的一半，与夹角 α 无关.

4. 布儒斯特定律

自然光入射到两种介质的分界面时，反射光中垂直于入射面的光振动的强度大于平行于入射面的光振动的强度，折射光中，平行于入射面的光振动的强度大于垂直于入射面的光振动

的强度，且反射光的偏振化程度与入射角 i 有关. 当入射角等于某个特定值 i_0 时，反射光成为振动方向垂直于入射面的线偏振光. 此时入射角 i_0 满足下式

$$\tan i_0 = \frac{n_2}{n_1} = n_{21}$$

式中 $n_{21} = n_2/n_1$ 为介质 2 对介质 1 的相对折射率，i_0 称为起偏角或布儒斯特角. 当入射角为起偏角时，反射光与折射光的传播方向相互垂直，反射光为振动方向垂直于入射面的线偏振光，折射光为以平行于入射面的光振动为主的部分偏振光.

5. 双折射现象

当光线入射到各向异性晶体时，通常会产生两束折射光：一束满足普通的折射定律，且光振动方向为垂直于主截面的偏振光，称为寻常光(o 光)；另一束不满足折射定律，且光振动方向为平行于主截面的偏振光，称为非常光(e 光).

6. 双折射晶体

① 晶体的光轴：在双折射晶体中有一个确定的方向，沿着该方向，o 光和 e 光的折射率相同，不产生双折射现象，这个方向称为晶体的光轴. 只有一个光轴的晶体称为单晶体，有两个光轴的晶体称为双轴晶体.

② 晶体的主截面：光轴与任一天然晶面的法线所构成的平面，称为晶体的主截面.

③ 光线的主平面：光轴与晶体内任一折射光线所构成的平面，称为该光线的主平面.

重难点分析

1. 光的偏振性

光的偏振性使任一分子(或原子) 发出的光波的光矢量振动方向总是与光的传播方向相互垂直. 由于光束中所包含的众多波列都具有偏振性，使得沿各方向的光振动都有，所以才会出现自然光，也才有可能把自然光转换成偏振光. 由于不可能把一个原子所发射的光波分离出来，所以，在实验中获取的线偏振光是包含众多原子发射的光波中振动方向相互平行的分量.

2. 光的双折射

特别要注意的是：沿光轴方向传播的自然光离开晶体后仍是自然光；线偏振光入射到晶体时，也可能产生双折射而形成寻常光(o 光) 和非常光(e 光).

1)o 光 e 光的主要区别

o 光遵守折射定律. 对一定频率的单色光而言，它在晶体内沿各个方向传播的折射率为一常数，折射面与入射面共面；而 e 光不遵循通常的折射定律，它在晶体中传播时的折射率随入射角 i 而变，折射面与入射面不一定共面，但对于给定的入射角 i，e 光还是有一个与之对应的确定的折射率.

由于光在介质中的折射率 $n = \frac{c}{v}$，所以 o 光和 e 光的折射率不同，所以它们在晶体中传播的速率不相等. o 光沿任何方向传播的速率都相同；在各向异性的透明介质中，e 光传播的速率则随入射角 i 而变，但在光轴方向，两种光都具有相同的速率.

2)o 光与 e 光振动方向的判定

先要按晶体结构规定一些特定的方向作为标识. o 光的光振动垂直于自己的主平面,e 光的光振动在自己的主平面内. 当入射光的入射面是晶体的主截面时,o 光和 e 光的主截面重合且就在入射面(晶体的主截面)内,这时 o 光和 e 光的振动方向相互垂直. 在实际应用中,为使问题简化,一般选择入射光的入射面是晶体的主截面情况.

此外,还应注意:① o 光和 e 光是对一定取向的晶体而言的,某一振动方向的线偏振光为 o 光和 e 光,但对同一晶体,如果晶体取向改变,o 光就会变成 e 光;② 当 o 光和 e 光从晶体出射以后,它们只是振动面互相垂直的两束完全偏振光,而不再是 o 光和 e 光了.

示例解析

例 8.1 两个偏振片 P_1、P_2 叠在一起,由强度相同的自然光和线偏振光混合而成的光束垂直入射在偏振片上. 已知穿过 P_1 后的透射光强为入射光强的 1/2,连续穿过 P_1、P_2 后的透射光强为入射光强的 1/4.

(1) 若不考虑 P_1、P_2 对可透射分量的反射和吸收,入射光中线偏振光的光矢量振动方向与 P_1 的偏振化方向夹角 θ 为多大?P_1、P_2 的偏振化方向间的夹角 α 为多大?

(2) 若考虑每个偏振片对透射光的吸收率为 5%,且透射光强与入射光强之比仍不变,此时 θ 和 α 应为多大?

解 设自然光光强为 I_0,透过 P_1 和连续透过 P_1、P_2 后的透射光强度分别为 I_1 和 I_2. 由题意知,入射光光强为 $2I_0$.

(1) 由 $I_1 = I_0/2 + I_0\cos^2\theta = 2I_0/2$ 得

$$\cos^2\theta = 1/2$$

$$\theta = 45^\circ$$

由题意知,$I_2 = I_1/2$,又 $I_2 = I_1\cos^2\alpha$,所以

$$\cos^2\alpha = 1/2$$

$$\alpha = 45^\circ$$

(2) 由 $I_1 = (I_0/2 + I_0\cos^2\theta)(1-5\%) = 2I_0/2$,得 $\theta = 42^\circ$.

由 $I_2 = I_1/2$,$I_2 = I_1\cos^2\alpha(1-5\%)$ 得

$$\cos^2\alpha = 1/(2\times 0.95)$$

$$\alpha = 43.5^\circ$$

例 8.2 有一束自然光和线偏振光组成的混合光,当它通过偏振片时,改变偏振片的取向,发现透射光强可以变化 7 倍. 试求:入射光中,两种光的强度各占总入射光强的比例.

解 设入射光的光强为 I_0,其中线偏振光的光强为 I_{01},自然光的光强为 I_{02}. 在该光束透过偏振片后,其光强由马吕斯定律可知

$$I = I_{01}\cos^2\alpha + \frac{1}{2}I_{02}$$

当 $\alpha = 0$ 时,透射光的光强最大,即

$$I_{\max} = I_{01} + \frac{1}{2}I_{02}$$

当 $\alpha = \frac{\pi}{2}$，透射光的光强最小，即

$$I_{\min} = \frac{1}{2}I_{02}$$

由题意知 $I_{\max} = 7I_{\min}$，所以

$$I_{01} + \frac{1}{2}I_{02} = \frac{7}{2}I_{02}$$

即

$$I_{01} = 3I_{02}$$

因为总入射光强为

$$I_0 = I_{01} + I_{02}$$

所以

$$\frac{I_{01}}{I_0} = \frac{3}{4}, \quad \frac{I_{02}}{I_0} = \frac{1}{4}$$

例 8.3　波长为 λ 的平行单色光，垂直入射到缝宽为 d 的单缝上，在缝后凸透镜的焦平面处有一观察屏，如图 8-1 所示. 若在缝前盖上两块偏振片 P_1 和 P_2，两块偏振片各遮盖一半缝宽，且 P_1 的偏振化方向与缝平行，而 P_2 的偏振化方向与缝垂直. 试问：屏上的衍射条纹有何变化？（透镜的焦距为 f）

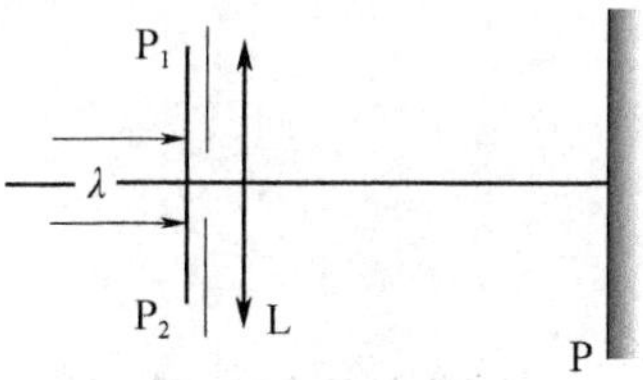

图 8-1　例 8.3 图

解　当没有 P_1、P_2 时，屏上为单缝衍射图样，中央明纹的角宽度为

$$\Delta\theta_0 = \frac{2\lambda}{d}$$

其线宽度为

$$\Delta x_0 = f\Delta\theta_0 = \frac{2\lambda f}{d}$$

第 k 级明纹的角宽度为

$$\Delta\theta_k = \theta_{k+1} - \theta_k$$

则有

$$\Delta\theta_k \approx \sin\theta_{k+1} - \sin\theta_k = \frac{(k+1)\lambda}{d} - \frac{k\lambda}{d}$$

即

$$\Delta\theta_k = \frac{\lambda}{d} = \frac{1}{2}\Delta\theta_0$$

其线宽度为

$$\Delta x_k = f\Delta\theta_k = \frac{\lambda f}{d} = \frac{1}{2}\Delta x_0$$

当加上 P_1、P_2 后，单色入射光分别为两束振动方向相互垂直的单色平行光，相当于宽度为 $\frac{d}{2}$ 的两狭缝的单缝衍射. 由于它们不相干，则各自在屏上形成单缝衍射条纹，屏上为两缝对应条纹的非相干叠加，而它们产生的中央明纹的中心与未加 P_1、P_2 之前重合，而 $d' = \frac{d}{2}$，则

$$\Delta\theta_0' = \frac{2\lambda}{d'} = 2\Delta\theta_0$$

$$\Delta x'_0 = f\Delta\theta'_0 = 2\Delta x_0$$

$$\Delta\theta'_k = \frac{\lambda}{d'} = 2\Delta\theta_k$$

$$\Delta x'_k = f\Delta\theta'_k = 2\Delta x_k$$

即衍射条纹谱线宽度加宽，而光强减弱.

例 8.4 将一块介质平放在水中，板面与水平面之间的夹角为 θ，如图 8-2 所示. 已知 $n_{水} = 1.333$，$n_{介质} = 1.681$，若使水面和介质板表面的反射光均为线偏振光，试问 θ 应取多大?

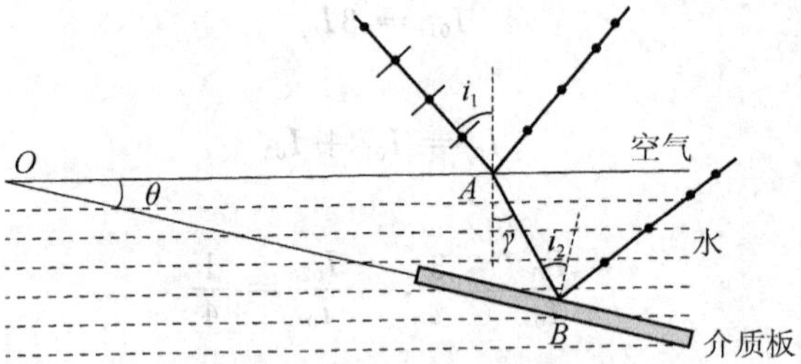

图 8-2 例 8.4 图

解 设光从空气射到水面的入射角为 i_1，到水中的折射角为 γ，光从水射到介质板表面的入射角为 i_2. 由题意可知，i_1 和 i_2 都应为布儒斯特角才能使反射光均为线偏振光. 由布儒斯特定律，有

$$\tan i_1 = \frac{n_{水}}{n_{空气}} = 1.33$$

$$\tan i_2 = \frac{n_{介质}}{n_{水}} = \frac{1.681}{1.333}$$

$$\gamma = \frac{\pi}{2} - i_1$$

由图中几何关系可知，在 $\triangle ABO$ 中，有

$$\theta + \left(\frac{\pi}{2} + \gamma\right) + \left(\frac{\pi}{2} - i_2\right) = \pi$$

即

$$\theta = i_2 - \gamma = i_2 - \left(\frac{\pi}{2} - i_1\right)$$

$$= \arctan 1.333 + \arctan\frac{1.681}{1.333} - \frac{\pi}{2}$$

$$= 14.71^\circ$$

自测题六

一、选择题

1. 测量单色光的波长时，下列方法中哪一种方法最为准确？(　　)

(A) 双缝干涉　　(B) 牛顿环　　(C) 单缝衍射　　(D) 光栅衍射

2. 在双缝干涉实验中，用单色自然光在屏幕上形成干涉条纹，若在两缝后放一个偏振片，则(　　).

(A) 无干涉条纹

(B) 干涉条纹的间距不变，但明纹的亮度加强

(C) 干涉条纹的间距变窄，且条纹的亮度减弱

(D) 干涉条纹的间距不变，但明纹的亮度减弱

3. 在双缝干涉实验中，为使屏上的干涉条纹间距变大，可以采取的方法是(　　).

(A) 使屏靠近双缝

(B) 使两缝的间距变小

(C) 把两个缝的宽度稍微调窄

(D) 改用波长较小的单色光源

4. 如图 6－1 所示，单色平行光垂直照射在薄膜上，薄膜的厚度为 e，折射率为 n，$n > \max(n_1, n_2)$，若 λ_1 为入射光在 n_1 中的波长，反射光的光程差为(　　).

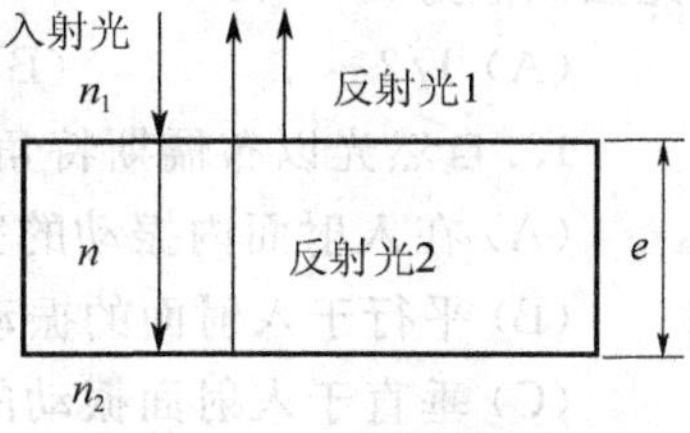

图 6－1　选择题 4 图

(A) $2ne$　　(B) $2ne - \dfrac{\lambda_1}{2n_1}$

(C) $2ne - n_1\dfrac{\lambda_1}{2}$　　(D) $2ne - n\dfrac{\lambda_1}{2}$

5. 用白光光源进行双缝实验，若用一个纯紫色的滤光片遮盖一条缝，用一个纯蓝色的滤光片遮盖另一条缝，则(　　).

(A) 不产生干涉条纹　　(B) 产生紫光和蓝光的两套彩色干涉条纹

(C) 干涉条纹的亮度将发生改变　　(D) 干涉条纹的宽度将发生改变

6. 在夫琅禾费单缝衍射实验中，对于给定的入射单色光，当缝宽度变小时，除中央亮纹的中心位置不变外，各级衍射条纹(　　).

(A) 对应的衍射角变小　　(B) 对应的衍射角变大

(C) 对应的衍射角不变　　(D) 光强不变

7. 波长 $\lambda = 500$ nm 的单色光垂直照射到宽度 $a = 0.25$ mm 的单缝上，单缝后面放一凸透镜，在凸透镜的焦平面上放置一屏幕，用以观察衍射条纹. 今测得屏幕上中央明条纹一侧第三个暗条纹和另一侧第三个暗条纹之间的距离为 $d = 12$ mm，则凸透镜的焦距是(　　).

(A) 2 m　　(B) 1 m　　(C) 0.5 m　　(D) 0.2 m

8. 在光栅光谱中，假如所有偶数级次的主极大都恰好在单缝衍射的暗纹方向上，因而实际上不出现，那么，此光栅每个透光缝宽度 a 和相邻两缝间不透光部分宽度 b 的关系为(　　).

(A) $a=b$　　(B) $a=0.5b$　　(C) $a=2b$　　(D) $a=3b$

9. 在如图 6-2 所示的单缝夫琅禾费衍射装置中，将单缝宽度 a 稍稍变宽，同时使单缝沿 y 轴正方向做微小位移，则屏幕C上的中央衍射条纹将(　　).

(A) 变窄，同时向上移　　(B) 变窄，同时向下移

(C) 变窄，不移动　　(D) 变宽，同时向上移

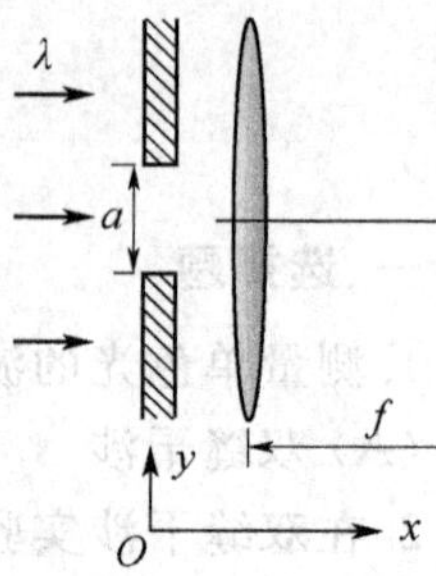

图 6-2　选择题 9 图

10. 一衍射光栅对某一定波长的垂直入射光，在屏幕上只能出现零级和一级主极大，欲使屏幕上出现更高级次的主极大，应该(　　).

(A) 换一个光栅常数较小的光栅

(B) 换一个光栅常数较大的光栅

(C) 将光栅向靠近屏幕的方向移动

(D) 将光栅向远离屏幕的方向移动

11. 一束光强为 I_0 的自然光，相继通过三个偏振片 P_1、P_2、P_3 后，出射光的光强为 $I=I_0/8$. 已知 P_1 和 P_3 的偏振化方向相互垂直，若以入射光线为轴，旋转 P_2，要使出射光的光强为零，P_2 最少要转过的角度是(　　).

(A) 30°　　(B) 45°　　(C) 60°　　(D) 90°

12. 一束光是自然光和线偏振光的混合光，让它垂直通过一偏振片. 若以此入射光束为轴旋转偏振片，测得透射光强度最大值是最小值的 5 倍，那么入射光束中，自然光与线偏振光的光强比值为(　　).

(A) 1/2　　(B) 1/5　　(C) 1/3　　(D) 2/3

13. 自然光以布儒斯特角由空气入射到一玻璃表面上，反射光是(　　).

(A) 在入射面内振动的完全偏振光

(B) 平行于入射面的振动占优势的部分偏振光

(C) 垂直于入射面振动的完全偏振光

(D) 垂直于入射面的振动占优势的部分偏振光

二、填空题

1. 光的干涉和衍射现象反映了光的__________性质，光的偏振现象说明光波是________波.

2. 波长为 λ 的平行单色光垂直照射到如图 6-3 所示的透明薄膜上，膜厚为 e，折射率为 n，透明薄膜放在折射率为 n_1 的介质中，$n_1<n$，则上、下两表面反射的两束反射光在相遇处的相位差 $\Delta\varphi=$________.

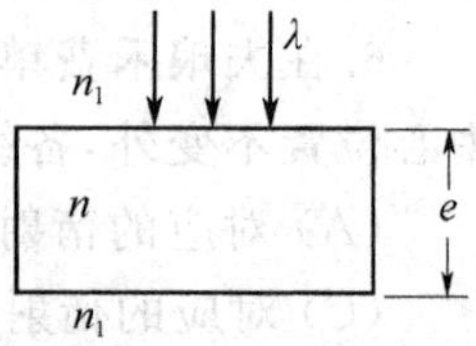

图 6-3　填空题 2 图

3. 一双缝干涉装置，在空气中观察时，干涉条纹间距为 1.00 mm. 若整个装置放在水中，干涉条纹的间距将为________mm(设水的折射率为 4/3).

4. 惠更斯引入________的概念提出了惠更斯原理，菲涅耳用________的思想补充了惠更斯原理，使之发展成为惠更斯-菲涅耳原理.

5. 平行单色光垂直入射于单缝上，观察夫琅禾费衍射. 若屏上 P 点处为第二级暗纹，则单缝处波面相应地可划分为________个半波带. 若将单缝宽度缩小一半，P 点将是________级________纹.

6. 用波长为 λ 的单色平行光垂直入射在一块多缝光栅上，其光栅常数 $d = 3\ \mu\text{m}$，缝宽 $a = 1\ \mu\text{m}$，则在单缝衍射的中央明条纹中共有________条谱线(主极大).

7. 一束自然光从空气投射到玻璃表面上(空气折射率为 1)，当折射角为 30° 时，反射光是完全偏振光，则此玻璃板的折射率等于________.

8. 要使一束线偏振光通过偏振片之后振动方向转过 90°，至少需要让这束光通过________块理想偏振片. 在此情况下，透射光强最大是原来光强的________倍.

三、计算题

1. 在杨氏双缝实验中，设两缝之间的距离为 0.2 mm. 在距双缝 1 m 远的屏上观察干涉条纹，若入射光是波长为 400 ～ 760 nm 的白光，问屏上离零级明纹 20 mm 处哪些波长的光最大限度地加强($1\ \text{nm} = 10^{-9}\ \text{m}$)?

2. 用波长 $\lambda = 500$ nm 的单色光垂直照射在由两块玻璃板(一端刚好接触成为劈棱)构成的空气劈尖上. 劈尖角 $\theta = 2\times10^{-4}$ rad. 如果劈尖内充满折射率为 $n = 1.40$ 的液体. 求从劈棱数第 5 条明条纹在充入液体前后移动的距离.

3. 在如图 6－4 所示的牛顿环装置中，把玻璃平凸透镜和平面玻璃(设玻璃折射率 $n_1 = 1.50$)之间的空气($n_2 = 1.00$)改换成水($n'_2 = 1.33$)，求第 k 个暗环半径的相对改变量$(r_k - r'_k)/r_k$.

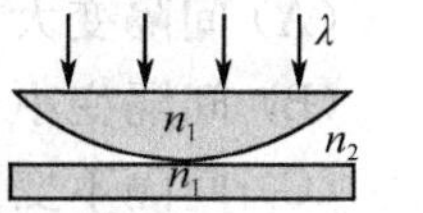

图 6－4　计算题 3 图

4. 在夫琅禾费单缝衍射实验中，用波长 $\lambda = 600$ nm 的单色平行光垂直入射，测得第一级暗纹中心对应的衍射角为 5×10^{-3} rad. 试问：

(1) 单缝的宽度为多少?

(2) 第二级暗纹中心对应的衍射角是多少弧度?

5. 在垂直入射于光栅的平行光中，有 λ_1 和 λ_2 两种波长. 已知 λ_1 的第三级明纹与 λ_2 的第四级明纹恰好重合在离中央明纹 5 mm 处，而 $\lambda_2 = 486.1$ nm，并发现 λ_1 的第五级明纹缺级. 透镜的焦距为 0.5 m. 试问：

(1) λ_1 和光栅常数$(a+b)$为多少?

(2) 光栅的最小缝宽 a 为多少?

(3) 能观察到 λ_1 的多少条明纹?

自 测 题 七

一、选择题

1. 如图 7－1 所示，在双缝干涉实验中，若单色光源 S 到两缝 S_1 和 S_2 距离相等，而观察屏上中央明条纹位于图中 O 处. 现将光源 S 向下移动到 S′ 位置，则(　　).

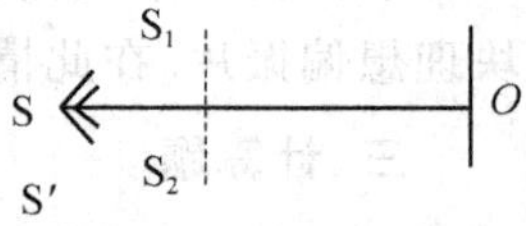

图 7－1　选择题 1 图

(A) 中央明条纹向上移动，且条纹间距不变

(B) 中央明条纹也向下移动，且条纹间距离不变

(C) 中央明条纹向上移动，且条纹间距增大

(D) 中央明条纹向下移动，且条纹间距增大

2. 两块平板玻璃构成空气劈尖，左边为棱边，用单色平行光垂直入射. 若上面的平板玻璃以棱边为轴，沿逆时针方向做微小转动，则干涉条纹的(　　).

(A) 间隔变大，并向远离棱边方向平移

(B) 间隔变小，并向棱边方向平移

(C) 间隔不变，向棱边方向平移

(D) 间隔变小，并向远离棱边方向平移

3. 一束波长为 λ 的单色光由空气垂直入射到折射率为 n 的透明薄膜上，透明薄膜放在空气中，要使反射光得到干涉加强，则薄膜最小的厚度为(　　).

(A) $\dfrac{\lambda}{4}$　　(B) $\dfrac{\lambda}{4n}$　　(C) $\dfrac{\lambda}{2}$　　(D) $\dfrac{\lambda}{2n}$

4. 如图 7－2 所示，在双缝干涉实验中，屏幕 E 上的 P 点处是明条纹. 若将缝 S_2 盖住，并在 S_1、S_2 连线的垂直平分面处放一反射镜 M，则此时(　　).

(A) P 点处仍为明条纹　　(B) 无干涉条纹

(C) P 点处为暗条纹　　(D) 不能确定 P 点处是明条纹还是暗条纹

5. 如图 7－3 所示，用单色光垂直照射在观察牛顿环的装置上. 当平凸透镜垂直向上缓慢平移而远离平面玻璃时，可以观察到这些环状干涉条纹(　　).

(A) 向右平移　　(B) 向中心收缩

(C) 向外扩张　　(D) 向左平移

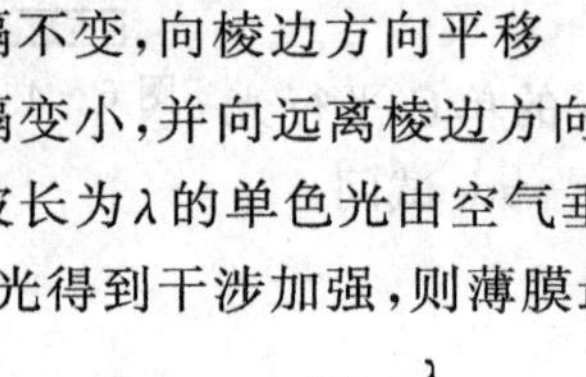

图 7－2　选择题 4 图

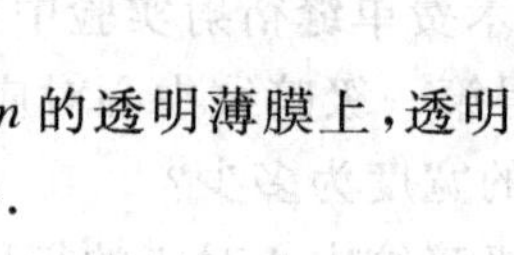

图 7－3　选择题 5 图

6. 用劈尖干涉法可检测工件表面缺陷，当波长为 λ 的单色平行光垂直入射时，若观察到的

干涉条纹如图 7－4 所示，每一条纹弯曲部分的顶点恰好与其左边条纹的直线部分的连线相切，则工件表面与条纹弯曲处对应的部分（　　）.

(A) 凸起且高度为$\frac{\lambda}{4}$　　(B) 凸起且高度为$\frac{\lambda}{2}$

(C) 凹陷且深度为$\frac{\lambda}{2}$　　(D) 凹陷且深度为$\frac{\lambda}{4}$

7. 在如图 7－5 所示的夫琅禾费单缝衍射装置中，设中央明纹的衍射角范围很小. 若使单缝宽度 a 变为原来的$\frac{3}{2}$，同时使入射的单色光的波长 λ 变为原来的$\frac{3}{4}$，则屏幕 C 上的单缝衍射条纹中央明纹的宽度 Δx 将为原来的（　　）.

(A) 3/4　　(B) 2/3　　(C) 9/8　　(D) 1/2

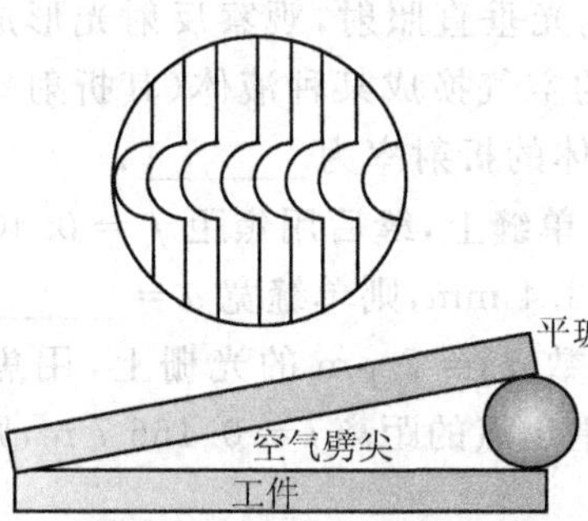

图 7－4　选择题 6 图

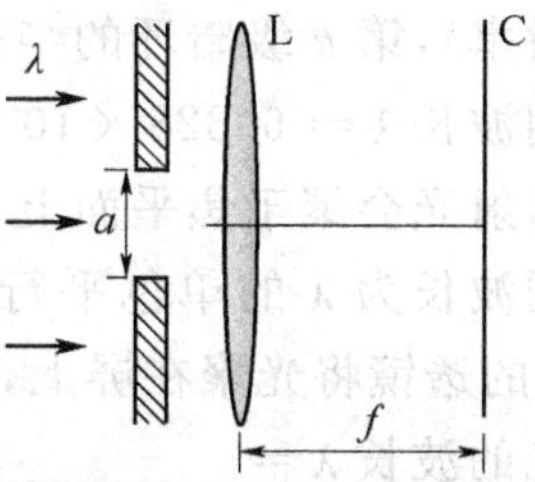

图 7－5　选择题 7 图

8. 在夫琅禾费单缝衍射实验中，波长为 λ 的单色光垂直入射到单缝上. 对应于衍射角为 30° 的方向上，若单缝处波面可分成三个半波带，则缝宽度 a 等于（　　）.

(A) λ　　(B) 1.5λ　　(C) 2λ　　(D) 3λ

9. 某元素的特征光谱线中，含有 $\lambda_1 = 4.5\times10^{-7}$ m 和 $\lambda_2 = 7.5\times10^{-7}$ m 的光谱线，在光栅光谱中，这两种波长的谱线有重叠现象，重叠处 λ_2 的谱线级数将是（　　）.

(A) 3,6,9,…　　(B) 2,5,8 …　　(C) 2,4,6 …　　(D) 2,3,4…

10. 一束波长为 λ 的单色平行光垂直照射在光栅上，光栅常数 $d = 20.8\lambda$，则衍射光谱中，衍射级次 k 的最大值为（　　）.

(A) 40　　(B) 21　　(C) 20　　(D) 4

11. 光强为 I_0 的自然光依次通过两个偏振片 P_1 和 P_2. 若 P_1 和 P_2 的偏振化方向的夹角 $\alpha = 30°$，则透射偏振光的强度 I 是（　　）.

(A) $3I_0/8$　　(B) $3I_0/4$　　(C) $3I_0/2$　　(D) $I_0/8$

12. 自然光以 60° 的入射角照射到不知其折射率的某一透明介质表面时，反射光为线偏振光，则（　　）.

(A) 折射光为线偏振光，折射角不能确定

(B) 折射光为部分偏振光，折射角不能确定

(C) 折射光为线偏振光，折射角为 30°

(D) 折射光为部分偏振光，折射角为 30°

二、填空题

1. 在玻璃（折射率 $n_3 = 1.60$）表面镀一层 MgF_2（折射率 $n_2 = 1.38$）薄膜作为增透膜. 为

了使波长为500 nm的光从空气($n_1=1.00$)正入射时尽可能少反射,MgF_2薄膜的最小厚度应是________.

2. 如图7-6所示,假设有两个同相的相干点光源S_1和S_2,发出波长为λ的光. A是它们连线的中垂线上的一点. 若在S_1与A之间插入厚度为e、折射率为n的薄玻璃片,则两光源发出的光在A点的相位差$\Delta\varphi=$________. 若已知$\lambda=500$ nm,$n=1.5$,A点恰为第四级明纹中心,则$e=$________ nm.

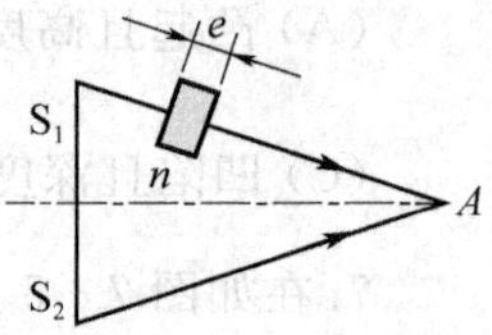

图7-6 填空题2图

3. 在空气中有一劈尖形透明物,其劈尖角$\theta=1.0\times10^{-4}$ rad,在波长$\lambda=700$ nm的单色光垂直照射下,测得两相邻干涉明条纹间距$l=0.25$ cm,此透明材料的折射率$n=$________.

4. 一个平凸透镜的顶点和一平板玻璃接触,用单色光垂直照射,观察反射光形成的牛顿环,测得第k级暗环半径为r_1. 现将透镜和玻璃板之间的空气换成某种液体(其折射率小于玻璃的折射率),第k级暗环的半径变为r_2,由此可知该液体的折射率为________.

5. 用波长$\lambda=6.328\times10^{-7}$ m的平行光垂直入射于单缝上,缝后用焦距$f=0.40$ m的凸透镜将衍射光会聚于焦平面上,测得中央明纹的宽度为3.4 mm,则单缝宽$a=$________.

6. 用波长为λ的单色平行红光垂直照射在光栅常数$d=2$ μm的光栅上,用焦距$f=0.500$ m的透镜将光聚在屏上,测得第一级谱线与透镜主焦点的距离$l=0.1667$ m,则可知该入射红光的波长$\lambda=$________ nm.

7. 用白光(400 ~ 760 nm)垂直照射每毫米有200条刻痕的光栅,光栅后放一焦距为200 cm的凸透镜,则第一级光谱的宽度为________.

8. 如图7-7所示,从一池静水($n=1.33$)的表面反射出来的太阳光是完全偏振的,那么太阳的仰角大致等于________,在这反射光中,$\boldsymbol{E}$矢量的方向应________.

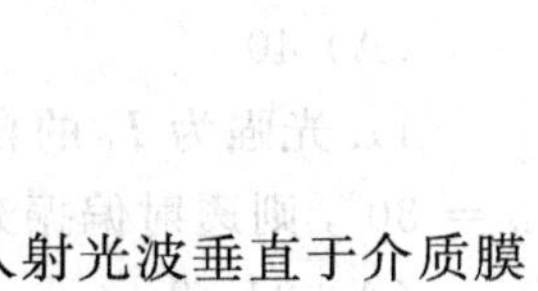

图7-7 填空题8图

9. 两个偏振片堆叠在一起,其偏振化方向相互垂直,若一束强度为I_0的线偏振光入射,其光矢量振动方向与第一偏振片偏振化方向的夹角为$\frac{\pi}{4}$,则穿过第一偏振片后的光强为________,穿过两个偏振片后的光强为________.

三、计算题

1. 在折射率$n=1.50$的玻璃上,镀上$n'=1.35$的透明介质薄膜. 入射光波垂直于介质膜表面照射,观察反射光的干涉,发现对$\lambda_1=600$ nm的光波干涉相消,对$\lambda_2=700$ nm的光波干涉相长,且在600 nm到700 nm之间没有别的波长是最大限度相消或相长的情形. 求所镀介质膜的厚度.

2. 薄钢片上有两条紧靠的平行细缝,用波长$\lambda=546.1$ nm的平面光波正入射到钢片上. 屏幕距双缝的距离为$D=2.00$ m,测得中央明条纹两侧的第五级明条纹间的距离为$\Delta x=12.0$ mm.

(1) 求两缝间的距离;

(2) 从任一明条纹(记作零级明纹)向一边数到第20条明条纹,共经过多大距离?

(3) 如果使光波斜入射到钢片上,条纹间距将如何改变?

3. 由两块玻璃片构成一空气劈尖，其夹角为 $\theta = 5\times10^{-5}$ rad，用波长 $\lambda = 0.5\ \mu$m 的平行单色光垂直照射，在空气劈尖的上方观察劈尖表面上的等厚条纹.

(1) 若将下面的玻璃片向下平移，看到有 15 条明纹移过，求玻璃片下移的距离；

(2) 若向劈尖中注入某种液体，看到第 5 条明纹在劈尖上移动了 0.5 cm，求液体的折射率.

4. (1) 在单缝夫琅禾费衍射实验中，垂直入射的光有两种波长，$\lambda_1 = 400$ nm，$\lambda_2 = 760$ nm. 已知单缝宽度 $a = 1.0\times10^{-2}$ cm，透镜焦距 $f = 50$ cm. 求两种光第一级衍射明纹中心之间的距离. (2) 若用光栅常数 $d = 1.0\times10^{-3}$ cm 的光栅替换单缝，其他条件和上一问相同，求两种光第一级主极大之间的距离.

5. 波长为 500 nm 和 520 nm 的两种单色光同时垂直入射到光栅常数为 0.002 cm 的光栅上，紧靠光栅后，用焦距为 2 m 的透镜把光线聚焦在屏幕上. 求这两束光的第三级谱线之间的距离.

热　学　篇

第9章　气体动理论基础

基本要求

1. 掌握系统、平衡态、温度、状态方程、准静态过程等概念.
2. 理解并掌握理想气体的压强公式、温度的统计解释.
3. 理解能量均分定理,掌握理想气体内能的计算.
4. 掌握分子速率分布率的简单应用,麦克斯韦速率分布和玻尔兹曼分布律的物理意义.
5. 掌握平均自由程和平均碰撞频率等概念.

内容提要

气体动理论是从物质的微观结构出发,依据每个粒子所遵循的力学规律,用统计的观点和统计平均的方法,寻求宏观量与微观量之间的关系,研究气体的性质.

本章从气体分子微观模型出发,揭示理想气体压强产生的原因和实质,然后用压强的微观表示式与理想气体状态方程进行比较,得到平均平动动能与温度的关系式,从而说明温度的微观本质. 接着介绍理想气体平衡状态下的几个统计规律:能量均分定理、麦克斯韦速率分布律和波耳兹曼分布率、平均碰撞频率和平均自由程等.

1. 热力学系统的微观量、宏观量、平衡态及准静态过程

热力学系统由大量做无规则运动的粒子组成,简称系统,系统之外称为外界.

描写系统中单个粒子运动状态的物理量称为微观量,描述系统整体特性的物理量称为宏观量.

一个与外界没有联系的孤立系统,不管它开始时处于何种状态,经过一段时间以后,都会达到一个宏观性质不随时间变化的状态,这样的状态称为平衡态. 平衡态的气体常用压强 p、体积 V 和温度 T 等状态参量描述.

如果过程进行得十分缓慢,使其中的每一步所经历的时间均比弛豫时间长得多,则每一步都有充分的时间来建立新的平衡态,使过程中的每一中间状态均可以近似看作平衡态,这样的过程称为准静态过程.

2. 理想气体的状态方程

$$pV = \frac{M}{M_{\text{mol}}}RT$$

其中 M 为物质的质量，M_{mol} 为物质的摩尔质量，R 为普适气体常数.

$$p = nkT$$

其中 $n = \frac{N}{V}$ 为分子数密度.

3. 理想气体的压强和温度公式

$$p = \frac{1}{3}nm\bar{v}^2 = \frac{2}{3}n\bar{\varepsilon}_t$$

$$\bar{\varepsilon}_t = \frac{3}{2}kT$$

其中 $\bar{\varepsilon}_t = \frac{1}{2}m\bar{v}^2$ 为分子平均平动动能.

4. 理想气体的能量

能量按自由度均分定理：在温度为 T 的平衡态下，分子在任一个自由度的平均动能都为 $\frac{1}{2}kT$.

分子平均平动动能（温度公式）　　$\bar{\varepsilon}_t = \frac{3}{2}kT$

分子平均动能　　$\bar{\varepsilon}_k = \frac{i}{2}kT$

对于理想气体，分子间的相互作用势能可忽略不计，即势能为零. 因此，理想气体的内能仅是其所有分子热运动动能的总和.

理想气体的内能　　$U = \nu\frac{i}{2}RT$

其中 $\nu = \frac{M}{M_{\text{mol}}}$ 表示气体的摩尔数，i 为自由度数.

5. 统计规律和速率分布函数

统计规律存在于大量无规行为或偶然事件中的群体规律. 统计规律随条件变化而变化. 速率分布函数为

$$f(v) = \frac{\mathrm{d}N}{N\mathrm{d}v}$$

其物理意义是：在平衡态下，速率在 v 值附近单位速率区间内的分子数占总分子数的比率，也表示一个分子的速率出现在 v 值附近单位速率区间的概率. 速率分布函数必须满足归一化条件

$$\int_0^{\infty} f(v)\mathrm{d}v = 1$$

由速率分布函数 $f(v)$ 和总分子数 N，可得

$\mathrm{d}v$ 速率区间的分子数　　$\mathrm{d}N = Nf(v)\mathrm{d}v$

$\mathrm{d}v$ 速率区间的分子数比率 $\dfrac{\mathrm{d}N}{N}=f(v)\mathrm{d}v$

$v_1\sim v_2$ 速率区间的分子数 $\Delta N=\int_{v_1}^{v_2}Nf(v)\mathrm{d}v$

$v_1\sim v_2$ 速率区间的分子数比率 $\dfrac{\Delta N}{N}=\int_{v_1}^{v_2}f(v)\mathrm{d}v$

6. 各种速率的统计平均值

平均速率 $\bar{v}=\int_0^{\infty}vf(v)\mathrm{d}v$

方均根速率 $\sqrt{\overline{v^2}}=\int_0^{\infty}v^2f(v)\mathrm{d}v$

7. 理想气体的麦克斯韦速率分布函数

$$f(v)=4\pi\left(\frac{m}{2\pi kT}\right)^{\frac{3}{2}}v^2\mathrm{e}^{\frac{-mv^2}{2kT}}$$

麦克斯韦分布的最概然速率 $v_p=\sqrt{\dfrac{2kT}{m}}=\sqrt{\dfrac{2RT}{M_{\mathrm{mol}}}}\approx1.41\sqrt{\dfrac{RT}{M_{\mathrm{mol}}}}$

麦克斯韦分布的平均速率 $\bar{v}=\sqrt{\dfrac{8kT}{\pi m}}=\sqrt{\dfrac{8RT}{\pi M_{\mathrm{mol}}}}\approx1.60\sqrt{\dfrac{RT}{M_{\mathrm{mol}}}}$

麦克斯韦分布的方均根速率 $\sqrt{\overline{v^2}}=\sqrt{\dfrac{3kT}{m}}=\sqrt{\dfrac{3RT}{M_{\mathrm{mol}}}}\approx1.73\sqrt{\dfrac{RT}{M_{\mathrm{mol}}}}$

8. 玻尔兹曼分布

$$n=A\mathrm{e}^{-\frac{E_p}{kT}}$$

式中,A 为待定常量,大小由气体的温度、气体的总分子数及分子本身的属性决定;$\mathrm{e}^{-\frac{E_p}{kT}}$ 称为玻尔兹曼因子,它是决定分子按能量分布的关键因素.

9. 平均碰撞频率和平均自由程

平均碰撞频率 $\bar{Z}=\sqrt{2}n\pi d^2\bar{v}$

平均自由程 $\bar{\lambda}=\dfrac{kT}{\sqrt{2}\pi d^2p}$

重难点分析

1. 理想气体状态方程

系统处于平衡状态时,具有一些可确定的宏观属性,这样的属性可以用相应的物理量来表示,从这些物理量中选取一些相互独立的、由系统本身性质决定的物理量来描述系统的平衡态,这些物理量称状态参量.状态参量之间的关系式叫系统的状态方程.

在任意平衡态下,理想气体可以用压强 p、体积 V 和温度 T 三个状态参量来描述,它们之间的关系式称为理想气体状态方程.

$$pV = \frac{M}{M_{mol}}RT$$

上式还可以改写为

$$p = nkT$$

n 为单位体积内气体分子数.

对于一定质量的理想气体，从一个平衡态(p_1, V_1, T_1) 变化到另一个平衡态(p_2, V_2, T_2)时，其状态参量之间的关系是

$$\frac{p_1V_1}{T_1} = \frac{p_2V_2}{T_2}$$

若在状态变化过程中，质量发生变化，上式不成立.

对于实际气体，在压强不太大，温度不太低的情况下，可近似地当作理想气体来计算.

2. 理想气体的压强

为了推导理想气体的压强公式，首先在一定实验事实的基础上，提出了理想气体分子的微观模型：把理想气体分子看成是弹性小球并能自由运动的质点，然后根据力学规律计算单个分子对器壁碰撞的平均冲力；利用统计平均的方法，计算大量气体分子对器壁的平均冲力的总和. 最后用气体压强的定义 —— 容器壁单位面积上所受气体的作用力，导出理想气体压强公式.

$$p = \frac{2}{3}n\bar{\varepsilon}_t$$

从压强公式的导出可以看出，上式表明了宏观量 p 与微观量 $\bar{\varepsilon}_t$、n 之间是一个统计规律的关系. 注意，统计规律中未考虑外场的作用，忽略了重力.

从微观上看，个别分子对器壁的碰撞是断续的，作用在容器壁上的冲力的大小是不确定的、有起伏的，只有当所取容器壁单位面积足够大，观测时间足够长时，大量气体分子连续不断地作用在器壁单位面积上的平均冲力才有确定的值. 气体压强应该是大量分子对容器壁不断碰撞的统计平均结果，p 是一个统计平均值.

3. 温度的统计解释

温度是一个直接表征系统热平衡状态的宏观物理量，气体分子平均平动动能与温度的关系式为

$$\bar{\varepsilon}_t = \frac{1}{2}m\overline{v^2} = \frac{3}{2}kT$$

上式表明，温度是分子平均平动动能的量度. 而分子平均平动动能是大量分子热运动的一个统计平均值，因而温度也是一个统计平均值. 分子平均平动动能不包括气体有规则运动提供的分子平动动能，只有分子无规则热运动的平均平动动能才对温度有贡献. 气体分子永不停息做无规则热运动，平均平动动能不可能为零，因此，热力学温度不能达到零度. 处于平衡状态下不同的热力学系统，只要温度相同，则分子平均平动动能相同，与分子种类无关.

4. 能量按自由度均分定理

气体分子的自由度需要根据其结构进行具体分析才能确定. 对刚性分子的自由度 i 可分为平动和转动，即 $i = t + r$，单原子分子 $t = 3, r = 0, i = 3$；双原子分子 $t = 3, r = 2, i = 5$；多原子分子 $t = 3, r = 3, i = 6$.

能量均分定理可用来计算理想气体的内能. 在平衡态下,每一个自由度的平均动能均为 $\frac{1}{2}kT$. 一个自由度为 i 的气体分子,平均动能为 $\bar{\varepsilon}_k = \frac{i}{2}kT$.

对于理想气体,不计分子间相互作用力,分子间的势能可忽略. 内能为气体分子平均能量之总和,即

$$U = N_A\frac{i}{2}kT = \nu\frac{i}{2}RT$$

5. 气体分子速率分布规律

在平衡态下,因大量气体分子做无规则热运动,每个分子的速度、能量都在不断地发生变化,在任一时刻,每个分子的速度、能量大小完全是偶然的,但对大量分子整体而言,气体分子热运动的速率、速度和能量等都遵循着一定的统计规律.

在某一平衡态下,气体分子具有向各个方向从零到无限大的各种可能速率. 然而,气体分子在各个速率区间的分子数 ΔN 占总分组数 N 的百分比是存在确定的统计分布规律的,是速率 v 的确定函数,用 $f(v)$ 表示,则

$$f(v) = \lim_{\Delta v\to 0}\frac{\Delta N}{N\Delta v} = \frac{\mathrm{d}N}{N\mathrm{d}v}$$

其物理意义是:气体分子在速率 v 附近,处于单位速率区间内的分子数占总分子数的百分比.

表示速率 v 附近 $\mathrm{d}v$ 区间内的分子数占总分子数的比率为

$$f(v)\mathrm{d}v = \frac{\mathrm{d}N}{N\mathrm{d}v}\mathrm{d}v = \frac{\mathrm{d}N}{N}$$

分布曲线下的总面积表示分布在 $0\sim\infty$ 的速率区间内,所有分子与总分子数的比率,其值等于 1,即 $f(v)$ 满足 $\int_0^\infty f(v)\mathrm{d}v = 1$ 的归一化条件.

6. 平均碰撞频率和平均自由程

在任一时刻,大量分子的无规则运动,使得分子在连续两次碰撞之间所经过的自由路程是无规则的,真正意义上的规则是这些自由路程的统计平均值. 同样,大量分子的无规则热运动,使得分子在单位时间内与其他分子碰撞的次数不确定,具有偶然性,有意义的是其平均碰撞频率. 平均碰撞频率、平均自由程和平均速度三者之间的关系式为

$$\bar{v} = \bar{\lambda}\cdot\bar{Z}$$

示例解析

例 9.1 目前实验室中所能获得的真空,其压强约为 1.33×10^{-8} Pa,问在 27 ℃ 的条件下,在真空中每立方厘米内有多少个气体分子?

解 由 $p = nkT$,可得

$$n = \frac{p}{kT} = \frac{1.33\times10^{-8}}{1.38\times10^{-23}\times(273+27)} = 3.21\times10^{12}\ \mathrm{m^{-3}} = 3.21\times10^{6}\ \mathrm{cm^{-3}}$$

例 9.2 质量为 50.0 g,温度为 18.0 ℃ 的氦气装在容积为 10.0 L 的封闭容器内,容器以 $v = 200$ m/s 的速率做匀速直线运动. 若容器突然停止,定向运动的动能全部转化为分子热运

动的动能，则平衡后氦气的温度将增加多少？压强将增加多少？

解　气体定向运动的动能全部转化为气体分子的热运动动能，即

$$\frac{1}{2}mv^2 = \Delta U = \frac{m}{M}\frac{i}{2}R\Delta T$$

解得

$$\Delta T = \frac{Mv^2}{iR} = 6.42\ \text{K}$$

$$\Delta p = \frac{mR\Delta T}{MV} = 0.67 \times 10^5\ \text{Pa}$$

例 9.3　用总分子数 N，气体分子速率 v 和速率分布函数 $f(v)$ 表示下列各量：

(1) 速率大于 v_0 的分子数；

(2) 速率大于 v_0 的那些分子的平均速率；

(3) 多次观察某一分子的速率，发现其速率大于 v_0 的概率.

解　(1) 速率大于 v_0 的分子数为

$$\int_{v_0}^{\infty} \mathrm{d}N = \int_{v_0}^{\infty} Nf(v)\mathrm{d}v$$

(2) 速率大于 v_0 的那些分子的平均速率为

$$\bar{v} = \frac{\int_{v_0}^{\infty} vNf(v)\mathrm{d}v}{\int_{v_0}^{\infty} Nf(v)\mathrm{d}v}$$

(3) 多次观察某一分子的速率，发现其速率大于 v_0 的概率为

$$\frac{\Delta N}{N} = \int_{v_0}^{\infty} f(v)\mathrm{d}v$$

例 9.4　设有 N 个粒子，其速率分布函数为

$$f(v) = \begin{cases} \dfrac{a}{v_0}v & (0 < v < v_0) \\ 2a - \dfrac{a}{v_0}v & (v_0 < v < 2v_0) \\ 0 & (2v_0 < v) \end{cases}$$

(1) 作出速率分布曲线；(2) 由 N 和 v_0 求 a 的值；(3) 求 v_p；(4) 求 N 个粒子的平均速率 $\bar{v}$；(5) 求速率介于 $0 \sim \dfrac{v_0}{2}$ 之间的粒子数；(6) 求 $\dfrac{v_0}{2} \sim v_0$ 区间内粒子的平均速率 $\bar{v}$.

解　(1) 速率分布曲线如图 9－1 所示.

(2) 由分布函数必须满足归一化条件，即

$$\int_0^{\infty} f(v)\mathrm{d}v = 1$$

有

$$\int_0^{\infty} f(v)\mathrm{d}v = \frac{1}{2}a \times 2v_0 = 1$$

所以

$$a = \frac{1}{v_0}$$

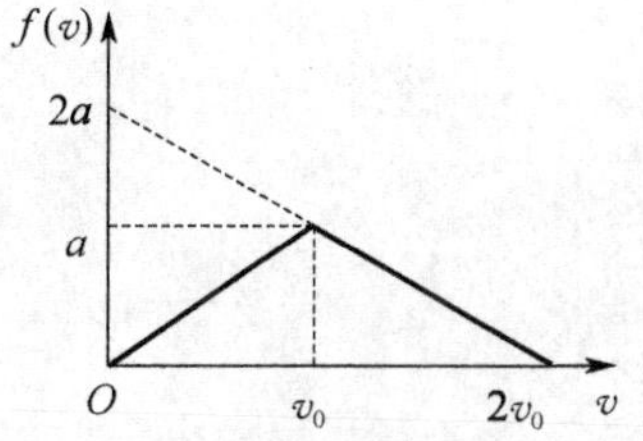

图 9－1　例 9.4 图

(3) 由 v_p 的物理意义知 $v_p = v_0$.

(4)N 个粒子的平均速率

$$\bar{v} = \int_0^{\infty} \frac{v\mathrm{d}N}{N} = \int_0^{\infty} vf(v)\mathrm{d}v = \int_0^{v_0} v(\frac{a}{v_0}v)\mathrm{d}v + \int_{v_0}^{2v_0} v(2a - \frac{a}{v_0}v)\mathrm{d}v = v_0$$

(5)$0 \sim \frac{v_0}{2}$ 内的粒子数

$$\Delta N = \int_0^{\frac{v_0}{2}} \mathrm{d}N = \int_0^{\frac{v_0}{2}} Nf(v)\mathrm{d}v = \int_0^{\frac{v_0}{2}} N(\frac{a}{v_0}v)\mathrm{d}v = N\int_0^{\frac{v_0}{2}} \frac{a}{v_0}v\mathrm{d}v = \frac{N}{8}$$

(6) $\frac{v_0}{2} \sim v_0$ 内粒子的平均速率 $\bar{v}$:

$$\bar{v} = \frac{\int_{\frac{v_0}{2}}^{v_0} v\mathrm{d}N}{\Delta N} = \frac{\int_{\frac{v_0}{2}}^{v_0} vNf(v)\mathrm{d}v}{\int_{\frac{v_0}{2}}^{v_0} Nf(v)\mathrm{d}v} = \frac{\int_{\frac{v_0}{2}}^{v_0} v\left(\frac{a}{v_0}v\right)\mathrm{d}v}{\int_{\frac{v_0}{2}}^{v_0} \frac{a}{v_0}v\mathrm{d}v} = 0.778v_0$$

例 9.5 某种气体分子的平均自由程为 5×10^{-4} cm,方均根速率为 500 $\mathrm{m}\cdot\mathrm{s}^{-1}$,求分子的平均碰撞频率.

解

因为
$$\frac{\bar{v}}{\sqrt{\overline{v^2}}} = \frac{\sqrt{\frac{8RT}{\pi M_{\mathrm{mol}}}}}{\sqrt{\frac{3RT}{M_{\mathrm{mol}}}}} = \sqrt{\frac{8}{3\pi}}$$

$$\bar{v} = \sqrt{\frac{8}{3\pi}}\sqrt{\overline{v^2}}$$

所以
$$\bar{Z} = \frac{\bar{v}}{\bar{\lambda}} = \frac{\sqrt{\frac{8}{3\pi}}}{\bar{\lambda}}\sqrt{\overline{v^2}} = \sqrt{\frac{8}{3\pi}} \times \frac{500}{5\times10^{-6}} = 9.2\times10^{7}\ \mathrm{s}^{-1}$$

第 10 章　热力学基础

基本要求

1. 掌握热力学准静态过程、功、内能、热量的概念.
2. 掌握热力学第一定律,并熟练运用于理想气体各等值变化过程的分析计算.
3. 掌握循环效率的特征,并能计算热机、制冷循环的效率和制冷系数.
4. 掌握卡诺循环公式和意义.
5. 理解热力学第二定律的意义,理解实际的宏观过程的不可逆性的意义.
6. 理解熵的概念和熵增加原理,能进行熵变的计算.

内容提要

热力学是根据实验和观察总结出来的热现象规律.它从能量的观点出发,研究物质状态变化过程中有关热功转换的关系以及过程进行的方向等.

本章引入内能、体积功和热量的概念,给出了描绘状态变化过程中功、热量、内能三者之间能量守恒关系的热力学第一定律;介绍了循环的特征和卡诺循环;阐述了描绘热系统进行方向的热力学第二定律;介绍了熵的概念以及熵增加原理.

1. 基本概念

(1) 气体分子内能

$$U = U(V, T)$$

理想气体内能

$$U = U(T) = \frac{M}{M_{\mathrm{mol}}}\frac{i}{2}RT$$

(2) 准静态过程的功

$$\mathrm{d}A = p\mathrm{d}V$$

或

$$A = \int_{V_1}^{V_2} p\mathrm{d}V$$

也等于 p-V 图上 $V_1 \sim V_2$ 之间过程曲线下面的面积.

(3) 热量的计算

$$\mathrm{d}Q = \frac{M}{M_{\mathrm{mol}}}C_{\mathrm{m}}\mathrm{d}T$$

其中 C_{m} 为摩尔热容量.等体摩尔热容量 $C_{V,\mathrm{m}}$ 和等压摩尔热容量 $C_{p,\mathrm{m}}$ 关系为迈耶公式:

$$C_{p,\mathrm{m}} = C_{V,\mathrm{m}} + R$$

2. 热力学第一定律

热力学第一定律是热学范围内的能量守恒定律. 系统吸收的热量 Q 等于系统内能的增量 $\Delta U = U_2 - U_1$ 及系统对外做的功 A 之和,即

$$Q = \Delta U + A$$

3. 热力学第一定律在理想气体等值过程中的应用

表 10.1

过程	过程方程	系统做功	吸收热量	内能增加	摩尔热容量
等体	$V=$ 恒量	0	$\frac{M}{M_\mathrm{m}}C_{V,\mathrm{m}}(T_2-T_1)$	$\frac{M}{M_\mathrm{m}}C_{V,\mathrm{m}}(T_2-T_1)$	$C_{V,\mathrm{m}}=\frac{i}{2}R$
等压	$p=$ 恒量	$p(V_2-V_1)$ 或 $\frac{M}{M_\mathrm{mol}}R(T_2-T_1)$	$\frac{M}{M_\mathrm{m}}C_{p,\mathrm{m}}(T_2-T_1)$	$\frac{M}{M_\mathrm{m}}C_{V,\mathrm{m}}(T_2-T_1)$	$C_{p,\mathrm{m}}=C_{V,\mathrm{m}}+R$
等温	$T=$ 恒量	$\frac{M}{M_\mathrm{mol}}RT\ln\frac{V_2}{V_1}$ 或 $\frac{M}{M_\mathrm{mol}}RT\ln\frac{p_1}{p_2}$	$\frac{M}{M_\mathrm{mol}}RT\ln\frac{V_2}{V_1}$ 或 $\frac{M}{M_\mathrm{mol}}RT\ln\frac{p_1}{p_2}$	0	∞
绝热	$pV^\gamma=$ 恒量	$-\frac{M}{M_\mathrm{m}}C_{V,\mathrm{m}}(T_2-T_1)$ 或 $\frac{p_1V_1-p_2V_2}{\gamma-1}$	0	$\frac{M}{M_\mathrm{m}}C_{V,\mathrm{m}}(T_2-T_1)$	0

4. 循环过程

循环过程特征 $\Delta U=0$, $A_{净}=\Delta Q=Q_1-Q_2$, $|A_{净}|$ 等于 p-V 图上循环曲线所包围的面积.

(1) 热机

从高温热源吸热 Q_1,向低温热源放热 Q_2,对外做净功 $A=Q_1-Q_2$,热机效率为

$$\eta = \frac{A}{Q_1} = 1 - \frac{Q_2}{Q_1}$$

(2) 制冷机

通过外界做功 A,从低温热源吸热 Q_2,向高温热源放热 $Q_1=Q_2-A$,制冷系数为

$$e = \frac{Q_2}{A} = \frac{Q_2}{Q_1-Q_2}$$

(3) 卡诺循环

卡诺循环是由两个等温过程和两个绝热过程组成的准静态循环.

卡诺热机效率为
$$\eta = 1 - \frac{T_2}{T_1}$$

上式说明,卡诺循环的效率只与它所接触的两个热源的温度有关,且高温热源温度 T_1 越高,低温热源温度 T_2 越低,其效率就越大,但总是小于 1.

卡诺制冷机制冷系数为　$e=\frac{T_2}{T_1-T_2}$

5. 热力学第二定律

(1) 热力学第二定律的两种表述

开尔文表述:不可能从单一热源吸热使之完全变为有用功而不产生任何其他影响.

克劳修斯表述:热量不可能自动从低温热源传到高温热源而不产生其他任何影响.

(2) 热力学第二定律的意义

一切与热有关的自然过程都具有方向性,朝无序程度增加的方向进行.

(3) 熵

玻尔兹曼熵公式　$S=k\ln\Omega$

克劳修斯熵公式　$\Delta S=S_2-S_1=\int_1^2\frac{\mathrm{d}Q}{T}$

熵增加原理　$\Delta S\geqslant 0$

孤立(或绝热)系统内部所发生的过程是不可逆时,其熵增加;所发生的过程可逆时,其熵不变,这就是熵增加原理.

重难点分析

1. 内能、功、热量

物体的内能是组成物体的所有分子的动能和势能之总和. 气体分子的动能与气体温度 T 有关,分子间的势能与分子间的相对位置有关. 对于一定质量的气体,分子间的相对位置决定气体的体积 V. 由此可见,实际气体的内能是温度和体积决定的单值函数,即 $U=U(T,V)$. 理想气体忽略分子间的相互作用,即不考虑势能,所以它的内能仅是温度的单值函数.

$U=U(T)$,即 $U=\frac{M}{M_{\text{mol}}}\frac{i}{2}RT$. 在实际计算中,只需计算内能的变化量

$$\Delta U=\frac{M}{M_{\text{mol}}}C_{V,\text{m}}(T_2-T_1)=\frac{M}{M_{\text{mol}}}\frac{i}{2}R(T_2-T_1)$$

系统的内能变化可以通过两种方式实现:一是对系统做功;二是向系统传递热量. 做功与热传递对内能的改变是等效的,但它们具有本质的区别. "做功"过程是系统热能与外界的机械能或其他形式能量的转换,是外界有序运动的能量与系统分子无序热运动能量之间的转换;"热传递"过程是系统与外界热能之间的转换,是外界分子无序运动的能量与系统内分子的无序热运动能量之间的传递.

2. 热力学第一定律

热力学第一定律是包含热现象在内的能量守恒与转换定律. 其数学表达式为

$$Q=\Delta U+A$$

要明确公式中的符号规定:吸热 Q 为正,放热 Q 为负;系统对外做功 A 为正,外界对系统做功 A 为负. 公式中各物理量的单位统一用国际单位制.

将热力学第一定律应用到理想气体各等值变化过程的计算中,首先要熟悉理想气体各等

值过程的特征，然后运用四个基本公式：

①$Q = \Delta U + A$；

②$\Delta U = \dfrac{M}{M_{\mathrm{mol}}} \dfrac{i}{2} R\Delta T$；

③$A = \int_{V_1}^{V_2} p\mathrm{d}V$；

④$Q = \dfrac{M}{M_{\mathrm{mol}}} C_{\mathrm{m}} (T_2 - T_1)$（$C_{\mathrm{m}}$ 等体为 $C_{V,\mathrm{m}}$，等压为 $C_{p,\mathrm{m}}$）.

最后与气体的过程方程和理想气体状态方程联立求解.

3. 循环过程

系统从某一状态出发，经过一系列状态变化过程后，又回到原来出发时的状态，这样的过程叫循环过程. 其特征是：工作物质经一循环过程变化 $\Delta U = 0$，所有准静态循环过程的状态变化过程在 p-V 图上形成一条闭合曲线，系统循环一次所做净功就等于循环过程曲线所围面积.

在正循环中，由热力学第一定律有

$$Q_1 - Q_2 = A_{净}$$

即系统从高温热源吸收的热量 Q_1 减去向低温热源放出的热量 Q_2 就是系统所做的净功. 于是热机的效率为

$$\eta = \frac{A_{净}}{Q_1} = 1 - \frac{Q_2}{Q_1}$$

由于 $A_{净}$、Q_1、Q_2 与过程有关，所以效率 η 与过程有关. 因此，人们力求寻找一种最佳的循环过程来提高热机效率. 理论证明，卡诺可逆热机效率最高，其循环效率为

$$\eta = 1 - \frac{T_2}{T_1}$$

而要完成一个卡诺循环，必须有高、低两个热源. 提高热机效率最有效的途径是提高高温热源的温度.

4. 热力学第二定律

热力学第一定律的实质是能量转化和守恒定律，任何物理过程中，能量必须守恒，但它不能反映热力学过程进行的方向和条件. 而热力学第二定律是独立于第一定律的另一条基本规律，它是反映物理过程进行方向的规律. 这说明，满足能量守恒的过程不一定能实现，自然界自发发生的物理过程是有一定方向的，即一切与热现象有关的实际宏观过程是不可逆的.

一般来说，一个不受外界影响的孤立系统，其内部发生的过程总是由概率小的宏观状态向概率大的宏观状态进行，即由包含微观态数少的宏观状态向包含微观态数多的宏观状态进行.

5. 熵

热力学第二定律是有关过程进行方向的规律. 因此，我们可以引入一个新的物理量，用它来判断和确定在一定条件下过程进行的方向. 由热力学第一定律确定了态函数内能，同样由热力学第二定律可确定态函数熵，其与热力学概率 Ω 的关系为

$$S = k\ln \Omega \quad （k 为玻尔兹曼常数）$$

若系统所含微观态数目越多，则其熵就越大. 因此，我们可以将熵 S 看成是系统无序性大小的量度，这就是熵的微观意义. 熵是态函数，其变化只与系统宏观态的变化有关，而与具体过程

无关.

设计一可逆过程,其微小过程的熵变表示为

$$\mathrm{d}S = \frac{\mathrm{d}Q}{T}$$

式中 $\mathrm{d}Q$ 代表系统在任意微小的可逆过程中吸收的热量. 注意到热力学第一定律的微分形式 $\mathrm{d}Q = \mathrm{d}E + p\mathrm{d}V$,上式又可写为

$$\mathrm{d}S = \frac{\mathrm{d}U + p\mathrm{d}V}{T}$$

所以整个过程的熵变为

$$\Delta S = S_2 - S_1 = \int_1^2 \frac{\mathrm{d}U + p\mathrm{d}V}{T}$$

对于不可逆过程,可以设计一个可逆过程,将始末两个状态连接起来,然后,沿此可逆过程来计算熵变.

孤立系统中的可逆过程,其熵不变;孤立系统中的不可逆过程,其熵变要增加,这就是熵增加原理.

示例解析

例 10.1　有 1 mol 刚性多原子分子的理想气体,原来的压强为 1.0 atm,温度为 27 ℃,若经过一绝热过程,使其压强增加到 16 atm,试求:

(1) 气体内能的增量;

(2) 在该过程中气体所做的功.

[$1\ \mathrm{atm} = 1.013\times10^5\ \mathrm{Pa}$,玻尔兹曼常量 $k = 1.38\times10^{-23}\ \mathrm{J/K}$,普适气体常量 $R = 8.31\ \mathrm{J/(mol\cdot K)}$]

解　(1) 刚性多原子分子

$$i = 6,\quad \gamma = \frac{i+2}{i} = 4/3$$

$$T_2 = T_1\,(p_2/p_1)^{\frac{\gamma-1}{\gamma}} = 600\ \mathrm{K}$$

$$\Delta U = \nu\frac{i}{2}R\Delta T = 7.48\times10^3\ \mathrm{J}$$

(2) 绝热过程　$A = -\Delta U = -7.48\times10^3\ \mathrm{J}$

例 10.2　压强为 1.0×10^5 Pa,体积为 0.008 2 m^3 的氮气,从初始温度 300 K 加热到 400 K,若加热时,(1) 体积不变;(2) 压强不变,问各需热量多少?哪一个过程所需热量大?为什么?

解

$$(1)Q_V = \frac{M}{M_{\mathrm{mol}}}C_{V,\mathrm{m}}(T_2 - T_1) = \frac{p_1V_1}{RT_1}C_{V,\mathrm{m}}(T_2 - T_1) = p_1V_1\frac{C_{V,\mathrm{m}}}{R}\left(\frac{T_2}{T_1} - 1\right)$$

$$= 1.0\times10^5\times0.008\,2\times\frac{5}{2}\left(\frac{400}{300} - 1\right) = 683\ \mathrm{J}$$

$$Q_p = \frac{M}{M_{\mathrm{mol}}}C_{p,\mathrm{m}}(T_2 - T_1) = \frac{p_1V_1}{RT_1}C_{p,\mathrm{m}}(T_2 - T_1) = p_1V_1\frac{C_{p,\mathrm{m}}}{R}\left(\frac{T_2}{T_1} - 1\right)$$

$$= 1.0 \times 10^5 \times 0.008\,2 \times \frac{7}{2}\left(\frac{400}{300} - 1\right) = 956 \text{ J}$$

等压过程需要的热量大. 因为等压过程除使系统内能提高外还需要对外做功.

例 10.3 1 mol 的氢气，在压强为 1.0×10^5 Pa，温度为 20 ℃ 时，其体积为 V_0. 现使它经以下两种过程达到同一状态：

(1) 先保持体积不变，加热使其温度升高到 80 ℃，然后令它作等温膨胀，体积变为原体积的 2 倍；

(2) 先使它作等温膨胀至原体积的 2 倍，然后保持体积不变，加热使其温度升到 80 ℃. 试分别计算以上两种过程中吸收的热量，气体对外做的功和内能的增量.

解

(1)
$$\Delta U = C_{V,\text{m}}\Delta T = \frac{5}{2}R\Delta T = \frac{5}{2}\times 8.31\times 60 = 1\,246.5 \text{ J}$$
$$A = RT\ln\frac{V_2}{V_1} = 8.31\times(273+80)\ln 2 = 2\,033.3 \text{ J}$$
$$Q = A + \Delta U = 3\,279.8 \text{ J}$$

(2)
$$A = RT\ln\frac{V_2}{V_1} = 8.31\times(273+20)\ln 2 = 1\,687.7 \text{ J}$$
$$\Delta U = C_{V,\text{m}}\Delta T = \frac{5}{2}R\Delta T = \frac{5}{2}\times 8.31\times 60 = 1\,246.5 \text{ J}$$
$$Q = A + \Delta U = 2\,934.2 \text{ J}$$

例 10.4 一卡诺热机在 1 000 K 和 300 K 的两热源之间工作. 如果：(1) 高温热源提高到 1 100 K；(2) 低温热源降到 200 K，求理论上的热机效率各增加多少？为了提高热机效率，哪一种方案更好？

解 (1) 效率 $\eta = 1 - \frac{T_2}{T_1} = 1 - \frac{300}{1\,000} = 70\%$

效率 $\eta' = 1 - \frac{T_2}{T_1} = 1 - \frac{300}{1\,100} = 72.7\%$

效率增加 $\Delta\eta' = \eta' - \eta = 72.7\% - 70\% = 2.7\%$

(2) 效率 $\eta'' = 1 - \frac{T_2}{T_1} = 1 - \frac{200}{1\,000} = 80\%$

效率增加 $\Delta\eta'' = \eta'' - \eta = 80\% - 70\% = 10\%$

由于 $\Delta\eta' < \Delta\eta''$，所以第(2) 种方案，即降低低温热源温度可以更好地提高热机效率.

例 10.5 1 mol 单原子分子的理想气体，经历如图 10－1 所示的可逆循环，连接 ac 两点的曲线 Ⅲ 的方程为 $p = p_0V^2/V_0^2$，a 点的温度为 T_0.

(1) 试以 T_0，普适气体常量 R 表示 Ⅰ、Ⅱ、Ⅲ 过程中气体吸收的热量；

(2) 求此循环的效率.

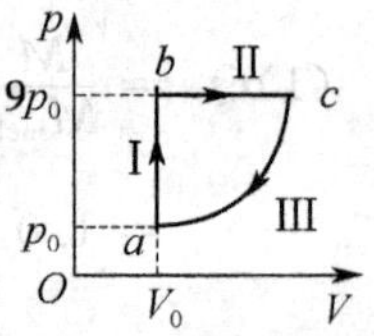

图 10－1 例 10.5 图

解 设 a 状态的状态参量为 p_0, V_0, T_0，则 $p_b = p_c = 9p_0$，$V_b = V_0$，

$T_b=(p_b/p_a)T_a=9T_0$. 由题意知

$$p_c=\frac{p_0V_c^2}{V_0^2}\quad V_c=\sqrt{\frac{p_c}{p_0}}V_0=3V_0$$

$$p_cV_c=RT_c\quad T_c=27T_0$$

(1) 过程 Ⅰ　$Q_V=C_{V,m}(T_b-T_a)=\frac{3}{2}R(9T_0-T_0)=12RT_0$

过程 Ⅱ　$Q_p=C_{p,m}(T_c-T_b)=45\ RT_0$

过程 Ⅲ　
$$Q=C_{V,m}(T_a-T_c)+\int_{V_c}^{V_a}(p_0V^2)dV/V_0^2$$
$$=\frac{3}{2}R(T_0-27T_0)+\frac{p_0}{3V_0^2}(V_a^3-V_c^3)$$
$$=-39RT_0+\frac{p_0(V_0^3-27V_0^3)}{3V_0^2}=-47.7RT_0$$

(2) $\eta=1-\frac{|Q|}{Q_V+Q_p}=1-\frac{47.7RT_0}{12RT_0+45RT_0}=16.3\%$

例 10.6　用一块隔板把两个容器隔开,两个容器内分别盛有不同种类的理想气体,温度为室温 T,压强为 p,一个容器的体积为 V_1,另一个容器的体积为 V_2. 把隔板移去,求两种气体均匀混合后的总熵变. 设两种气体混合不发生化学变化.

解　气体混合前后的温度均不变,都等于室温 T. 对 V_1 内的气体用等温可逆过程代替,其熵变为

$$dS_1=\frac{dU+pdV}{T}=\frac{pdV}{T}=\gamma_1R\frac{dV}{V}$$

$$\Delta S_1=\gamma_1R\int_{V_1}^{V_1+V_2}\frac{dV}{V}=\gamma_1R\ln\frac{V_1+V_2}{V_1}=\frac{pV_1}{T}\ln\frac{V_1+V_2}{V_1}$$

对 V_2 内的气体也用等温可逆过程代替,用同样的方法求得

$$\Delta S_2=\gamma_2R\ln\frac{V_1+V_2}{V_2}=\frac{pV_2}{T}\ln\frac{V_1+V_2}{V_2}$$

故总熵变为

$$\Delta S=\Delta S_1+\Delta S_2=\frac{pV_1}{T}\ln\frac{V_1+V_2}{V_1}+\frac{pV_2}{T}\ln\frac{V_1+V_2}{V_2}$$

自 测 题 八

一、选择题

1. 一定量理想气体，经历某过程后，它的温度升高了，则根据热力学定理可以断定：

① 该理想气体系统在此过程中做了功；

② 在此过程中，外界对该理想气体系统做了正功；

③ 该理想气体系统的内能增加了；

④ 在此过程中，理想气体系统既从外界吸了热，又对外做了正功.

以上正确的是(　　).

(A)①③　　(B)②③　　(C)③　　(D)③④

2. 一定量某理想气体按 $pV^2=$ 恒量的规律膨胀，则膨胀后理想气体的温度(　　).

(A) 将升高　　(B) 将降低

(C) 不变　　(D) 升高还是降低，不能确定

3. 若理想气体的体积为 V，压强为 p，温度为 T，一个分子的质量为 m，k 为玻尔兹曼常量，R 为普适常量，则该理想气体的分子数为(　　).

(A) pV/m　　(B) $pV/(kT)$　　(C) $pV/(RT)$　　(D) $pV/(mT)$

4. 如图 8-1 所示，一定量理想气体从体积为 V_1 膨胀到 V_2，AB 为等压过程，AC 为等温过程，AD 为绝热过程. 则吸热最多的是(　　).

(A) AB 过程

(B) AC 过程

(C) AD 过程

(D) 不能确定

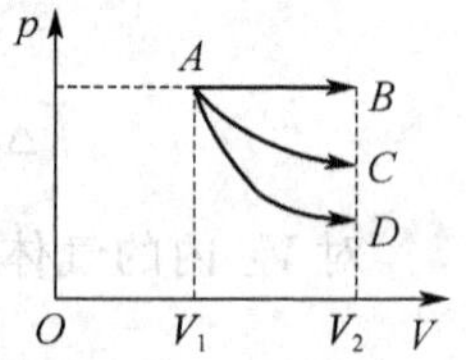

图 8-1　选择题 4 图

5. 一绝热容器被隔板分成两半，一半是真空，另一半是理想气体. 若把隔板抽出，气体将进行自由膨胀，达到平衡后(　　).

(A) 温度不变，熵增加　　(B) 温度升高，熵增加

(C) 温度降低，熵增加　　(D) 温度不变，熵不变

6. 一定量的理想气体，在容积不变的条件下，当温度升高时，分子的平均碰撞次数 $\overline{Z}$ 和平均自由程 $\overline{\lambda}$ 的变化情况是(　　).

(A) $\overline{Z}$ 增大，$\overline{\lambda}$ 不变　　(B) $\overline{Z}$ 不变，$\overline{\lambda}$ 增大

(C) $\overline{Z}$ 和 $\overline{\lambda}$ 都增大　　(D) $\overline{Z}$ 和 $\overline{\lambda}$ 都不变

7. 一定量的理想气体，从 a 态出发经过 ① 或 ② 过程到达 b 态，acb 为等温线(见图 8-2)，且 $S_1<S_2$，则 ①、② 两过程中，外界对系统传递的热量 Q_1、Q_2 是(　　).

(A) $Q_1>0, Q_2>0$　　(B) $Q_1<0, Q_2<0$

(C) $Q_1>0, Q_2<0$　　(D) $Q_1<0, Q_2>0$

8. 如图 8-3 所示，一定量的理想气体经历 acb 过程时吸热 800 J. 则经历 $acbda$ 过程时，吸

热为(   ).

(A) $-1\ 200$ J　(B) -400 J　(C) -700 J　(D) $1\ 000$ J

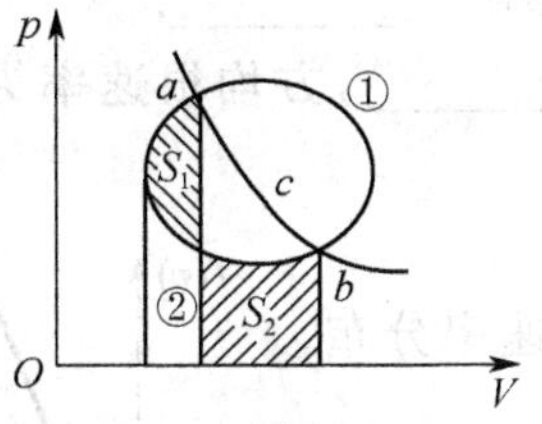

图 8-2　选择题 7 图

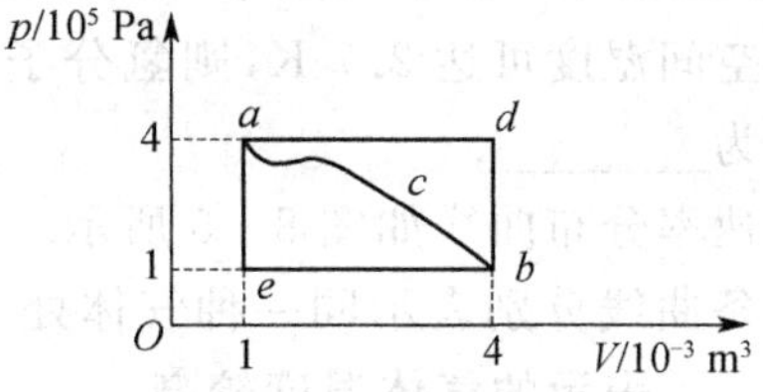

图 8-3　选择题 8 图

9. 有人设计一台卡诺热机(可逆的),每循环一次可从 400 K 的高温热源吸热 1 800 J,向 300 K 的低温热源放热 800 J,同时对外做功 1 000 J,这样的设计是(   ).

(A) 可以的,符合热力学第一定律

(B) 可以的,符合热力学第二定律

(C) 不行的,卡诺循环所做的功不能大于向低温热源放出的热量

(D) 不行的,这个热机的效率超过理论值

10. 一定量的理想气体,分别进行如图 8-4 所示的两个卡诺循环.若在 p-V 图上,这两个循环曲线所围面积相等,则可以由此得知这两个循环(   ).

(A) 效率相等

(B) 由高温热源处吸收的热量相等

(C) 在低温热源处放出的热量相等

(D) 在每次循环中对外做的净功相等

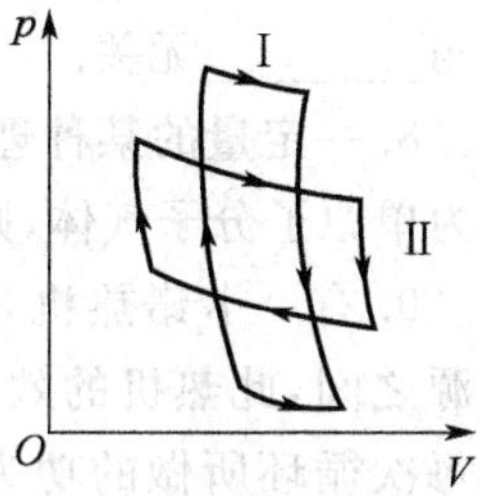

图 8-4　选择题 10 图

11. 关于可逆过程,下列说法中正确的是(   ).

(A) 可逆过程就是可以反向进行的过程

(B) 凡可反向进行的过程均为可逆过程

(C) 可逆过程一定是准静态过程

(D) 准静态过程一定是可逆过程

12. "理想气体和单一热源接触做等温膨胀时,吸收的热量全部用来对外做功."对此说法,有如下几种评论,哪种是正确的?(   )

(A) 不违反热力学第一定律,但违反热力学第二定律

(B) 不违反热力学第二定律,但违反热力学第一定律

(C) 不违反热力学第一定律,也不违反热力学第二定律

(D) 违反热力学第一定律,也违反热力学第二定律

二、填空题

1. 一容器内储有氧气,其压强为 $p_0=1.01\times10^5$ Pa,温度为 27.0 ℃,则气体的分子数密度为________;氧气的密度为________;分子的平均平动动能为________.

2. 在相同的温度和压强下,单位体积的氢气(视为刚性双原子分子气体)与单位体积的氦气的内能之比为________,单位质量的氢气与单位质量的氦气的内能之比为________.

3. 用总分子数 N,气体分子速率 v 和速率分布函数 $f(v)$ 表示下列各量:

(1) 速率大于 v_0 的分子数 = ________；

(2) 速率大于 v_0 的那些分子的平均速率 = ________；

(3) 多次观察某一分子的速率，发现其速率大于 v_0 的概率 = ________.

4. 星际空间温度可达 2.7 K，则氢分子的平均速率为________，方均根速率为________，最概然速率为________.

5. 气体速率分布曲线如图 8－5 所示.

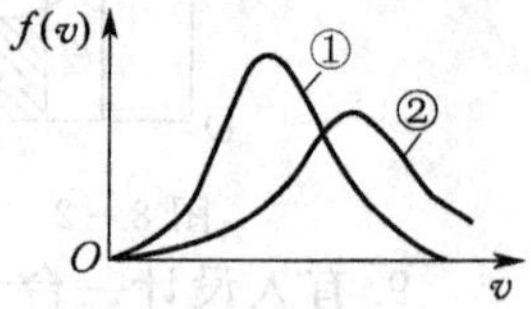

图 8－5　填空题 5 图

a、若两条曲线分别表示同一种气体处于不同温度下的速率分布，则曲线________表示的气体温度较高.

b、若两条曲线分别表示同一温度下的氢气和氧气的速率分析，则曲线________表示氧气的速率分布曲线.

6. 一定量理想气体，从 A 状态($2p_1, V_1$)经历如图 8－6 所示的直线过程变化到 B 状态($p_1, 2V_1$)，则 AB 过程中，系统做功为 A = ________；内能改变 ΔU = ________.

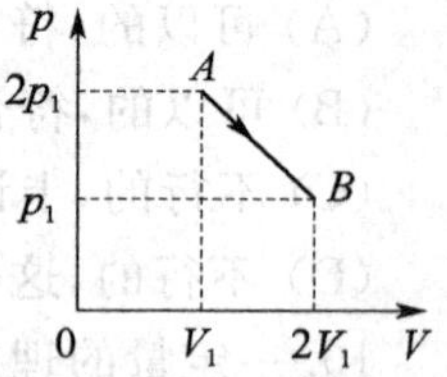

图 8－6　填空题 6 图

7. 要使一热力学系统的内能变化，可以通过一种或两种方式来完成. 热力学系统的状态发生变化时，其内能的改变量只决定于________，而与________无关.

8. 一定量的某种理想气体在等压过程中对外做功为 200 J. 若此种气体为单原子分子气体，则该过程中要吸热________J；若为双原子分子气体，则需吸热________J.

9. 有一卡诺热机，用 29 kg 空气作为工作物质，工作在 27 ℃ 的高温热源与 －73 ℃ 的低温热源之间，此热机的效率 η = ________. 若在等温膨胀过程中，气缸体积增大 2.718 倍，则此热机每次循环所做的功为________.(空气的摩尔质量为 $29\times10^{-3}\ \mathrm{kg\cdot mol^{-1}}$)

10. 将 1 kg 温度为 10 ℃ 的水置于 20 ℃ 的恒温热源内，最后水的温度与热源的温度相同，则水的熵变为________，热源的熵变为________. [水的比热容为 $4.18\times10^3\ \mathrm{J/(kg\cdot K)}$，$\ln 1.0353 = 0.035$]

三、计算题

1. 已知某理想气体的定压摩尔热容量为 $29.1\ \mathrm{J\cdot mol^{-1}}$，求它在 0 ℃ 时的分子平均转动动能.

2. 有 N 个粒子，其速率分布函数为

$$f(v)=\begin{cases} av/v_0 & (0\leqslant v\leqslant v_0)\\ a & (0\leqslant v\leqslant 2v_0)\\ 0 & (v>2v_0)\end{cases}$$

(1) 作速率分布曲线并求常数 a；

(2) 求速率区间在($1.5v_0, 2v_0$)内的粒子数；

(3) 求粒子平均速率 $\bar{v}$.

3. 若 1 mol 单原子理想气体从 300 K 加热到 350 K，则在下列两过程中吸收了多少热量？增加了多少内能？对外做了多少功？

(1) 体积保持不变；

(2) 压强保持不变.

4. 若 8 g 氧气从状态 1(V_1 = 0.1 m³，T_1 = 353 K) 过渡到状态 2(V_2 = 0.4 m³，T_2 = 575 K)，求熵变(氧气可视为理想气体).

自 测 题 九

一、选择题

1. 如图 9－1 所示，两个大小不同的容器用均匀的细管相连，管中有一水银作活塞，大容器装有氧气，小容器装有氢气，当温度相同时，水银滴静止于细管中央，试问此时这两种气体的密度哪个大？（　　）

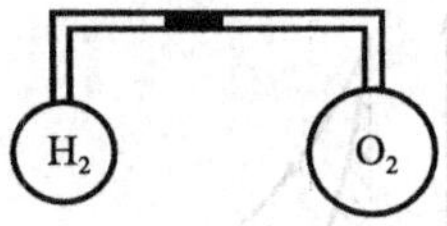

图 9－1　选择题 1 图

(A) 氧气的密度大　(B) 氢气的密度大　(C) 密度一样大　(D) 无法判断

2. 在标准状态下，若氧气和氦气的体积比 $V_1/V_2 = 1/2$，则其内能之比 U_1/U_2 为（　　）

(A)1/2　(B)5/3　(C)5/6　(D)3/10

3. 已知某气体的速率分布曲线如图 9－2 所示，且曲线下方 A、B 两部分面积相等，则 v_0 表示（　　）.

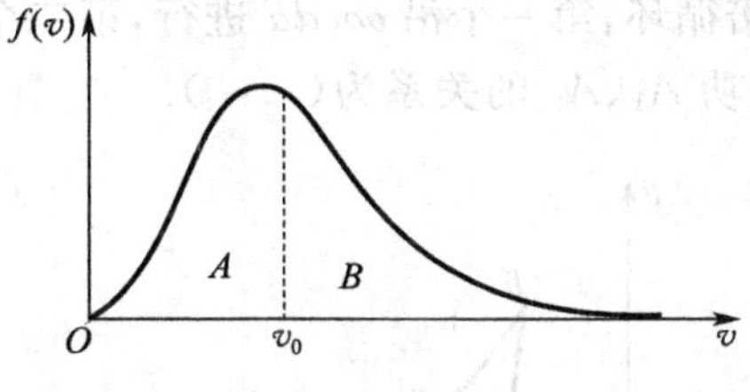

图 9－2　选择题 3 图

(A) 最概然速率　(B) 平均速率

(C) 方均根速率　(D) 大于或小于该速率的分子各占一半

4. 若两种理想气体的温度相等，则其能量关系为（　　）.

(A) 内能必然相等　(B) 分子的平均总能量必然相等

(C) 分子的平均动能必然相等　(D) 分子的平均平动动能必然相等

5. 两种气体的最概然速率 v_P 具有相同的值，这两种气体中，一种是氧气，一种是氢气. 那么它们之间：(1) 温度相同；(2) 温度不同；(3) 方均根速率不同；　(4) 平均速率相同；(5) 麦克斯韦速率分布函数不同. 这些说法中正确的是（　　）.

(A)(1) 和(3)　(B)(2) 和(4)

(C)(1) 和(4)　(D)(2) 和(5)

6. 在一容积不变的容器中储有一定量的理想气体，温度为 T_0 时，气体分子的平均速率为

$\overline{v}_0$，平均碰撞频率为 $\overline{Z}_0$，平均自由程为 $\overline{\lambda}_0$. 当气体温度升高到 $4T_0$ 时，其分子的平均速率 $\overline{v}$、平均碰撞频率 $\overline{Z}$ 和平均自由程 $\overline{\lambda}$ 分别为（　　）.

(A) $\overline{v}=4\overline{v}_0, \overline{Z}=4\overline{Z}_0, \overline{\lambda}=4\overline{\lambda}_0$　　(B) $\overline{v}=2\overline{v}_0, \overline{Z}=2\overline{Z}_0, \overline{\lambda}=\overline{\lambda}_0$

(C) $\overline{v}=2\overline{v}_0, \overline{Z}=2\overline{Z}_0, \overline{\lambda}=4\overline{\lambda}_0$　　(D) $\overline{v}=4\overline{v}_0, \overline{Z}=2\overline{Z}_0, \overline{\lambda}=\overline{\lambda}_0$

7. 质量一定的理想气体，从相同状态出发，分别经历等温过程、等压过程和绝热过程，使其体积增加一倍. 那么气体温度的改变(绝对值) 在（　　）.

(A) 绝热过程中最大，等压过程中最小　　(B) 绝热过程中最大，等温过程中最小

(C) 等压过程中最大，绝热过程中最小　　(D) 等压过程中最大，等温过程中最小

8. 理想气体卡诺循环过程的两条绝热线下面的面积大小(图 9 - 3 中阴影部分) 分别为 A_1 和 A_2，则两者大小的关系是（　　）.

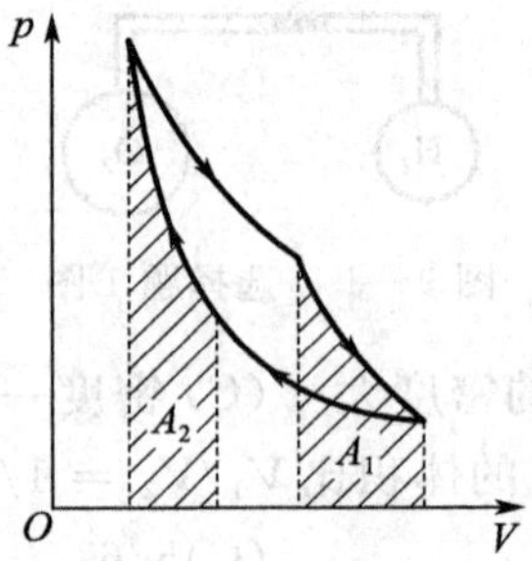

图 9 - 3　选择题 8 图

(A) $A_1>A_2$　　(B) $A_1=A_2$　　(C) $A_1<A_2$　　(D) 无法确定

9. 如图 9 - 4 所示的两卡诺循环，第一个沿 $abcda$ 进行，第二个沿 $abc'd'a$ 进行. 则两循环的效率 η_1 和 η_2 以及两循环的净功 A_1、A_2 的关系为（　　）.

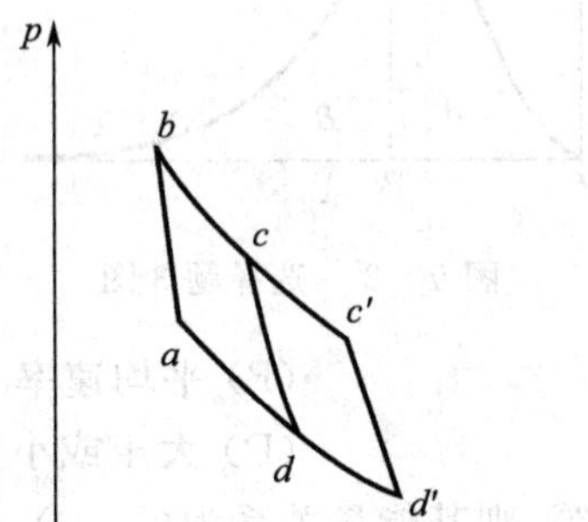

图 9 - 4　选择题 9 图

(A) $\eta_1=\eta_2, A_1=A_2$　　(B) $\eta_1>\eta_2, A_1=A_2$

(C) $\eta_1=\eta_2, A_1>A_2$　　(D) $\eta_1=\eta_2, A_1<A_2$

10. 定量的理想气体，其初始温度为 T，体积为 V. 设该气体的循环由下列三个过程组成：(1) 绝热膨胀到体积 $2V$；(2) 等容变化，使温度恢复到 T；(3) 等温压缩，使体积变为 V. 由此循环必定（　　）.

(A) 气体向外界放热　　(B) 气体对外界做正功

(C) 气体内能增加　　　　　　　　(D) 气体内能减少

11. 对于室温下的双原子分子理想气体，在等压膨胀的情况下，系统对外所做的功与从外界吸收的热量之比 A/Q 等于(　)

(A)1/3　　　　(B)1/4　　　　(C)2/5　　　　(D)2/7

12. 根据热力学第一定律，下列说法中正确的是(　　).

(A) 系统对外做的功不可能大于它从外界吸收的热量

(B) 效率为 100% 的热机是不可能造成的

(C) 不可能存在有这样的循环过程，在该过程中，外界对系统做的功不等于系统传给外界的热量

(D) 系统内能的增量等于它从外界吸收的热量

13. 从热力学第二定律来看，下列说法中正确的是(　　).

(A) 热量只能从高温物体传向低温物体

(B) 热量从低温物体传到高温物体必须借助于外界的帮助

(C) 功可以完全转变为热；但热不能完全转变为功

(D) 满足能量守恒的过程一定能实现

二、填空题

1. 在定压下加热一定量的理想气体. 若使其温度升高 1 K 时，它的体积增加了 0.5%，则气体原来的温度是________.

2. 若盛气体的容器固定，则当理想气体分子速率提高到原来的 2 倍时，气体的温度降提高到原来的________倍，压强将提高到原来的________倍.

3. 一瓶氢气，其温度为 T，则氢分子的平均平动动能为________，氢分子的平均动能为________.

4. 常温常压下，一定量的某种理想气体(可视为刚性分子、自由度为 i)，在等压过程中吸热为 Q，对外做功为 A，内能增加为 ΔU，则 $\dfrac{A}{Q}=$________，$\dfrac{\Delta U}{Q}=$________.

5. 某容器储有 10 mol 单原子理想气体，在压缩过程中外界做功 200 J，气体升温 1 K. 此过程中气体的内能的增量为________，外界传给气体的热量为________.

6. 某气体分子的速率分布曲线如图 9－5 所示，其中 v_P 为最概然速率，n_P 为处于 $v_P \to v_P+\Delta v$ 速率区间的分子数占总分子数的百分比. 若气体温度升高，则 v_P________，n_P________.(填“增加”或“减少”)

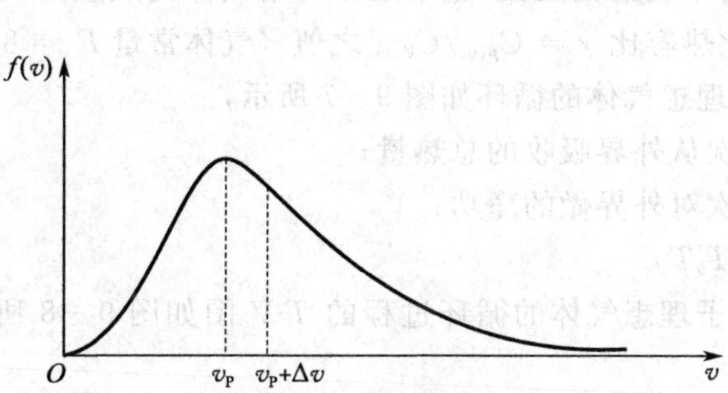

图 9－5　填空题 6 图

7. 卡诺制冷机的低温热源温度为 300 K，高温热源温度为 450 K，每循环一次从低温热源吸收的热量为 400 J，其制冷系数为________；循环一次对外做功为________.

8. 两卡诺循环在 $p-V$ 图 9-6 上的过程曲线 $abcda$ 及 $a'b'c'd'a'$ 所围面积相等，则：(填"相等"或"不等")

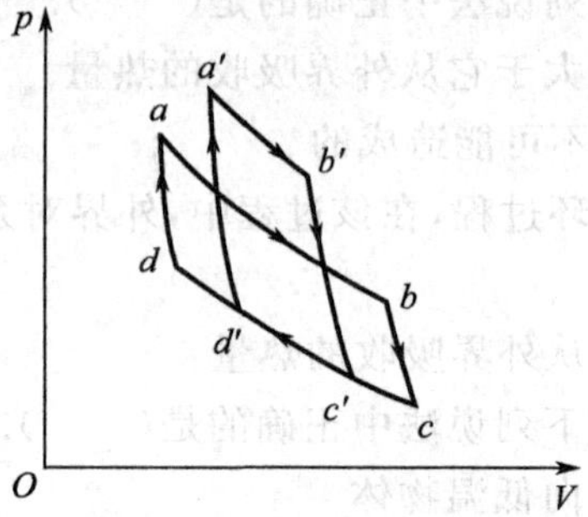

图 9－6　填空题 8 图

(1) 它们的效率________；它们从高温热源吸收的热量________；

(2) 它们向低温热源放出的热量________；它们的净功________.

9. 若某循环由两个绝热过程和一个等温过程组成，则此循环____________实现，因为它________________________________.

10. 从统计的意义来说，不可逆过程实际上是________________________转变的过程.

三、计算题

1. 1 mol 的水蒸气分解成同温度的氢气和氧气，求分解前后的平均平动动能比和内能比. 设分解前后的气体均为刚性理想气体分子.

2. 由 N 个粒子组成的热力学系统，其速率分布函数为 $f(v)=\begin{cases}C(v-v_0)v, & 0<v<v_0\\ 0, & v>v_0\end{cases}$，求：(1) 常数 C；(2) 作出速率分布示意图；(3) 速率 v_1 $(v_1<v_0)$ 附近单位速率范围内的粒子数；(4) 速率在 $\frac{v_0}{3}\to v_0$ 间隔内的粒子数及粒子的平均速率；(5) 粒子的最概然速率、平均速率、方均根速率.

3. 3 mol 温度为 273 K 的理想气体，先经等温过程使体积膨胀到原来的 5 倍，然后等体加热，使其末态压强恰好等于初态的压强，整个过程传给气体的热量为 8×10^4 J. 画出此过程的 p-V 图，并求出气体的比热容比 $\gamma=C_{p,\mathrm{m}}/C_{V,\mathrm{m}}$ 之值.（气体常量 $R=8.31\ \mathrm{J\cdot mol\cdot K^{-1}}$）

4. 1 mol 的单原子理想气体的循环如图 9－7 所示，

(1) 求气体循环一次从外界吸收的总热量；

(2) 求气体循环一次对外界做的净功；

(3) 证明：$T_aT_c=T_bT_d$.

5. 1 mol 单原子分子理想气体的循环过程的 T-V 图如图 9－8 所示，其中 $T_c=600$ K. 试求：

(1) $a\to b$, $b\to c$, $c\to a$ 各个过程系统吸收的热量；

(2) 经一个循环过程系统所做的净功；

(3) 循环的效率.

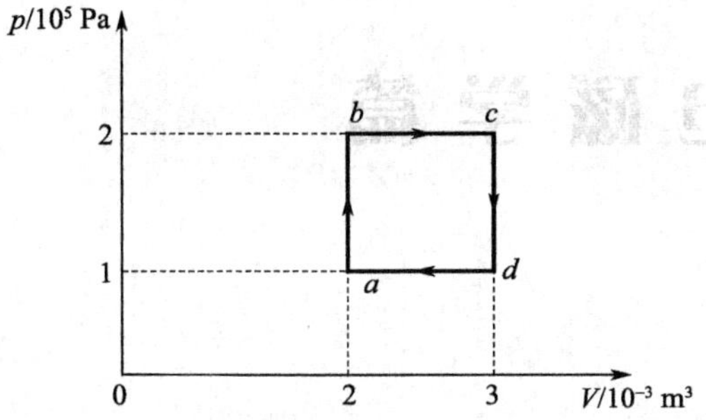

图 9－7 计算题 4 图

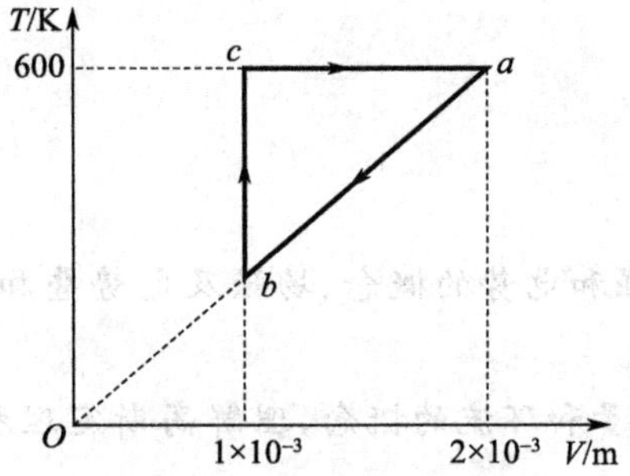

图 9－8 计算题 5 图

电磁学篇

第 11 章　真空中的静电场

基本要求

1. 理解库仑定律，掌握场强和电势的概念、场强及电势叠加原理，掌握由叠加原理求解某些带电体的电场分布.

2. 理解电场强度矢量的通量和环流的概念，理解高斯定理和环路定理以及这两个定理所揭示的电场性质.

3. 理解电势引入的条件和意义，电势与场强的关系和内在联系.

内容提要

本章主要介绍静电场的基本性质，所谓静电场就是与观察者相对静止的电荷所产生的电场. 本章的讨论限于真空之中，这是学习电磁场基本性质和基本规律的基础.

本章的实验基础主要是库仑定律和电场叠加原理，要注意，库仑定律是关于点电荷相互作用力测定的实验定律. 在此基础上，首先给出描述静电场的基本物理量 —— 电场强度的定义. 由库仑定律直接可以得到点电荷的电场强度，由电场叠加原理知，电场强度也满足叠加原理(矢量叠加). 但实际的电荷分布往往是有线度的，这时候，我们就可以应用库仑定律(点电荷的电场) 和场强叠加原理，在数学上对电荷分布的区域进行积分即可得到实际电荷分布所产生的电场强度，但是只有规则几何形状的电荷分布才比较容易求解.

静电场的基本性质主要由高斯定理和环路定理给出，它们分别考察了电场强度矢量的通量和环流，其结果揭示了静电场的有源性和无旋性.

由于静电场的无旋性(静电场是保守场)，我们还可以引入标势的概念来描述这个场. 也就是说，我们仍然可以用基本物理量 —— 电场强度来描述静电场，但由于静电场的保守特性，我们还可以引入更简单的物理量来描述，即为电势. 同样的，由库仑定律，我们很容易得到点电荷的电势；由叠加原理，我们也可以得到一定规则形状的电荷分布的电势. 但是，注意到电势的标量性质，所以电势的叠加要比电场强度的叠加更容易从数学上进行计算.

对电场的描述还可以借助法拉第提出的力线的概念获得形象化的认知，这就是电场线. 定义好力线的画法，我们很容易获得电场分布的基本特性，也更容易理解高斯定理和环路定理所给出的静电场的基本性质. 同样的，当我们用电势来描述电场时，我们可以画等势面来获得形象的认知.

由于电场强度和电势都是对静电场的描述，因此，它们之间必然存在有某种联系. 这既可以用力线来形象说明，即电场线和等势面处处正交；也可以从数学上得到严格的数学关系，即电场强度就是电势的梯度. 电势就是电场强度沿任意路径从考察点到电势零点的线积分.

1. 库仑定律

真空中两个静止的点电荷之间的相互作用力，其大小与点电荷电量的乘积成正比，与两点电荷距离的平方成反比，作用力在两点电荷的连线上，同号电荷相斥，异号电荷相吸，即

$$\boldsymbol{F} = \frac{1}{4\pi\varepsilon_0}\frac{q_1 q_2}{r^3}\boldsymbol{r}$$

式中 q_1、q_2 为两点电荷所带电量，r 为两点电荷的距离，$\boldsymbol{r}$ 为施力电荷指向受力电荷的位置矢量. 库仑定律只适用于点电荷的情况.

2. 电场强度

试验电荷 q_0 所受到的电场力 $\boldsymbol{F}$ 与 q_0 之比为一常矢量，与 q_0 大小无关；不同的场点，比值不同. 它是描述电场力学性质的物理量.

$$\boldsymbol{E} = \frac{\boldsymbol{F}}{q_0}$$

3. 场强叠加原理

在点电荷系所产生的电场中，任一场点处的场强等于各个点电荷单独存在时在该点各自产生的场强的矢量和，即

$$\boldsymbol{E} = \boldsymbol{E}_1 + \boldsymbol{E}_2 + \cdots + \boldsymbol{E}_n = \sum_i \boldsymbol{E}_i$$

如果电荷连续分布，则上述求和用积分代替为

$$\boldsymbol{E} = \int \mathrm{d}\boldsymbol{E} = \int_Q \frac{1}{4\pi\varepsilon_0}\frac{\mathrm{d}q}{r^3}\boldsymbol{r}$$

4. 电通量

穿过电场中某一曲面的电场线的条数叫作通过这个面的电场强度通量.

$$\Phi_e = \int_S \mathrm{d}\Phi = \int_S \boldsymbol{E}\cdot \mathrm{d}\boldsymbol{S}$$

电通量是标量，其正负取决于 $\boldsymbol{E}$ 与 $\mathrm{d}\boldsymbol{S}$ 之间的夹角.

5. 真空中的静电场的高斯定理

在真空中的静电场内，通过任意闭合曲面的电通量等于该闭合曲面所包围的净电荷（电量的代数和）除以 ε_0，即

$$\Phi_e = \oint_S \boldsymbol{E}\cdot \mathrm{d}\boldsymbol{S} = \frac{1}{\varepsilon_0}\sum_i q_i$$

高斯定理表明，静电场是有源场，电荷是电场的源.

6. 静电场的环路定理

在静电场中，沿任意闭合路径，电场强度的环流都恒为零. 这表明静电场是保守场，电场力

做功与路径无关，只与始末位置有关，即

$$\oint_L \boldsymbol{E}\cdot d\boldsymbol{l}=0$$

7. 电势能

试验电荷 q_0 在电场中 a 点的电势能，等于将试验电荷由 a 点沿任意路径移至电势能为零处的过程中，电场力做的功，即

$$W_a=\int_a^{p(0)} q_0\boldsymbol{E}\cdot d\boldsymbol{l}$$

式中 $p(0)$ 为电势能零点. 电势能是电荷与电场组成的系统共有的能量，是空间位置坐标的函数，大小具有相对性.

8. 电势

电场中某点 a 的电势能与该点试验电荷电量之比，即

$$V_a=\frac{W_a}{q_0}=\int_a^{p(0)}\boldsymbol{E}\cdot d\boldsymbol{l}$$

9. 电势差

电场中两点的电势之差为

$$U_{ab}=V_a-V_b=\frac{W_a-W_b}{q_0}=\int_a^b\boldsymbol{E}\cdot d\boldsymbol{l}$$

上式表明，静电场中任意两点的电势差与电势零点的选择无关，其数值等于单位正电荷从一点沿任意路径移至另一点的过程中，电场力所做的功.

10. 电势叠加原理

任意电荷体系在空间任意一点所产生的电势，等于带电体系各部分单独存在时在该点产生电势的代数和. 即

$$V_a=\int_q\frac{dq}{4\pi\varepsilon_0 r}$$

重难点分析

1. 库仑定律的适用范围

库仑定律是真空中的两个静止点电荷之间相互作用的静电力的规律. 如果两个带电体不能看作点电荷，则静电力不能用库仑定律直接表示，应当先求出一个带电体产生的电场，再求另一带电体受此电场的作用力.

2. 关于高斯定理

对高斯定理的理解要注意：

① 高斯定理表达式左边的场强 $\boldsymbol{E}$ 是曲面上各点的场强，它是由全部电荷(包括闭合曲面内外) 共同产生的总电场，并非只由闭合曲面内的电荷产生.

② 通过闭合曲面的总电通量只与该曲面内部的电荷有关，闭合曲面外的电荷对总电通量

没有贡献，但对曲面上的场强 $\boldsymbol{E}$ 有贡献.

③ 静电场的高斯定理给出了静电场的重要性质：静电场是有源场. 正负电荷就是静电场的源. 也就是说一个闭合曲面若围住了正电荷，则曲面上的电通量为正，即有电力线从曲面上穿出；若围住了负电荷，则曲面上的电通量为负，即有电力线从曲面上穿入. 这意味着电力线确实是发出于正电荷，终止于负电荷的. 静电场的高斯定理实际上是静电场有源性的数学表达.

应用高斯定理求电场强度要理解以下两点：

① 该方法只能求解某些具有对称性的场强，并不是所有对称性的场强都能通过高斯定理求解. 因此，利用此法时，首先要判断电荷分布或电场是否具有对称性，其次要选好高斯面：要使待求的场点位于高斯面上.

② 使高斯面上的场强处处相等；或者高斯面上某些部分的场强或场强的通量为零，另一些部分的场强相等，且各面的方向与场强成恒定角（如 0° 或 90°），以利于计算通量时，能把 E 从积分号里提出来.

3. 场强与电势的关系

① 场强与电势不是点点对应关系. 场强为零的点，电势不一定为零，电势为零的点，场强不一定为零.

② 不可能由某点的场强求出该点的电势. 必须先求出场强的空间分布函数的表达式，才可以通过积分求得某点相对电势零点的电势值.

4. 场强的两种计算方法

① 根据点电荷的场强公式，利用叠加原理，通过求和（场源为点电荷系）或者积分（场源为带电体）求场强. 在应用此法时，应尽量采用投影式，将矢量积分化成标量积分.

② 利用高斯定理计算.

5. 电势的两种计算方法

① 根据点电荷的电势公式，利用叠加原理，通过求和（场源为点电荷系）或者积分（场源为带电体）求电势.

② 利用电势的定义式计算，即先求场强分布，再根据场强和电势的积分关系求解.

示例解析

例 11.1　图 11-1 所示为一沿 x 轴放置的长度为 l 的不均匀带电细棒，其电荷线密度为 $\lambda=\lambda_0(x-a)$，λ_0 为一常量. 取无穷远处为电势零点，求坐标原点 O 处的电场强度和电势.

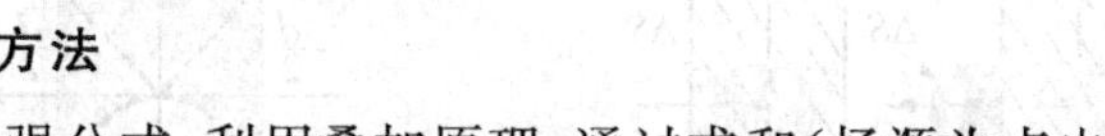

图 11-1　例 11.1 图

解　(1) 在导线上离原点距离为 x 处取电荷元 $\lambda \mathrm{d}x$，注意此处 λ 并不是常量，但是这并不影响我们的求解. 则电荷元 $\lambda \mathrm{d}x$ 在 O 点所激发的场强大小为

$$\mathrm{d}E_O=\frac{1}{4\pi\varepsilon_0}\frac{\lambda \mathrm{d}x}{x^2}$$

方向沿 x 轴负方向，所以导线上所有电荷在 O 点所激发的总场强大小为

$$E_O=\int \mathrm{d}E_O=\int_a^{a+l}\frac{1}{4\pi\varepsilon_0}\frac{\lambda \mathrm{d}x}{x^2}=\int_a^{a+l}\frac{1}{4\pi\varepsilon_0}\frac{\lambda_0(x-a)\mathrm{d}x}{x^2}$$

$$=\frac{\lambda_0}{4\pi\varepsilon_0}\left(\ln\frac{a+l}{a}+\frac{a}{a+l}-1\right)$$

(2) 同理,电荷元在 O 点产生的电势为

$$\mathrm{d}U=\frac{\lambda\mathrm{d}x}{4\pi\varepsilon_0 x}=\frac{1}{4\pi\varepsilon_0}\frac{\lambda_0(x-a)\mathrm{d}x}{x}$$

则导线上所有电荷在 O 点产生的电势为

$$U=\int_q \mathrm{d}U=\int_a^{a+l}\frac{\lambda\mathrm{d}x}{4\pi\varepsilon_0 x}=\frac{\lambda_0 l}{4\pi\varepsilon_0}-\frac{\lambda_0 a}{4\pi\varepsilon_0}\ln\frac{a+l}{a}$$

注意:本题求电势不能用(1)中求得的电场强度 E 通过积分求得.因为(1)中求得的 E 是 O 这一定点的电场强度.通过对电场强度积分求电势需要知道从求解点一直到电势零点(一般为无穷远处)的电场强度分布.

例 11.2 在一厚度为 d 的无限大带电平板内,均匀地分布着正电荷,已知体电荷密度为 ρ,求其 $\boldsymbol{E}$ 分布和 U 分布.

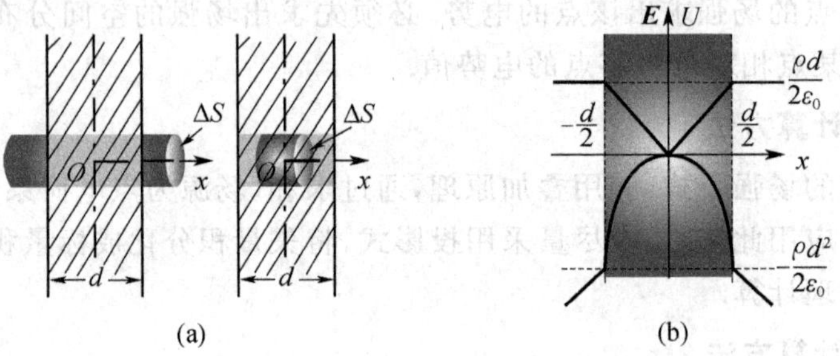

图 11-2 例 11.2 图

解 (1) 先考虑 $\boldsymbol{E}$ 分布,如图 11-2(a) 所示,取坐标系和高斯面.

① 由图 11-2(a) 左图知 $|x|>\dfrac{d}{2}$ 时,电通量为

$$\oint_S \boldsymbol{E}\cdot\mathrm{d}\boldsymbol{S}=\int_{左}+\int_{右}+\int_{侧}=2E\Delta S+0=2E\Delta S$$

又因为
$$\oint_S \boldsymbol{E}\cdot\mathrm{d}\boldsymbol{S}=\frac{\rho}{\varepsilon_0}\Delta S\cdot d$$

所以
$$E=\frac{\rho d}{2\varepsilon_0}$$

方向垂直平板向外.

② 由图 11-2(a) 右图知 $|x|\leqslant\dfrac{d}{2}$ 时,电通量为

$$\oint_S \boldsymbol{E}\cdot\mathrm{d}\boldsymbol{S}=2E\Delta S=\frac{\rho}{\varepsilon_0}\cdot 2|x|\Delta S$$

所以
$$E=\frac{\rho}{\varepsilon_0}|x|$$

方向垂直平板向外.

(2) 再考虑电势分布,因为本题为无限带电体,所以不能取无穷远处为电势零点. 取板层中心的电势为零电势,则有

①$|x|\leqslant\dfrac{d}{2}$ 时,

$$U=\int_x^0 \boldsymbol{E}\cdot d\boldsymbol{l}=\int_x^0 -E dl=\int_x^0 E dx$$

$$=\int_x^0 \frac{\rho}{\varepsilon_0}x dx=-\frac{\rho}{2\varepsilon_0}x^2$$

②$|x|>\dfrac{d}{2}$ 时,

$$U=\int_x^0 \boldsymbol{E}\cdot d\boldsymbol{l}=\int_x^0 E dx=\int_x^{\frac{d}{2}}\frac{\rho d}{2\varepsilon_0}dx+\int_{\frac{d}{2}}^0 \frac{\rho}{\varepsilon_0}x dx=\frac{\rho d}{2\varepsilon_0}\left(\frac{d}{4}-x\right)$$

电场和电势的分布见图 11-2(b),x 轴上部曲线为 E 分布线,x 轴下部曲线为 U 分布线.

例 11.3　半径为 R 的均匀带电球体内的电荷体密度为 ρ,若在球内挖去一块半径为 $r<R$ 的小球体,如图 11-3(a) 所示. 试求:两球心 O 与 O' 点的场强大小,并证明小球空腔内的电场是均匀的.

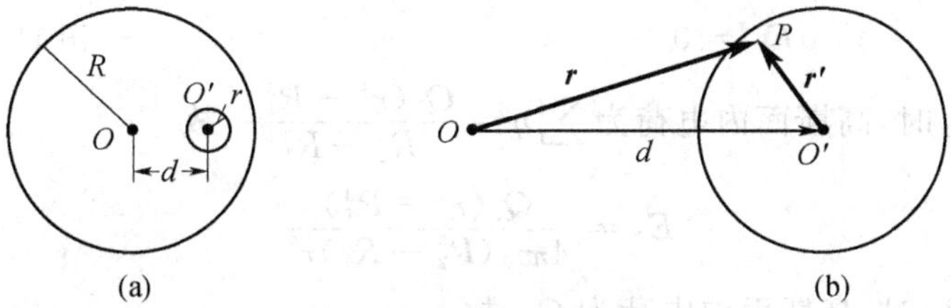

图 11-3　例 11.3 图

解　将挖去的部分看作半径为 r 的带正电 $+\rho$ 的均匀小球与带负电 $-\rho$ 的均匀小球的叠加.

则题中整个带电体可看作带正电 ρ 的半径为 R 的球体与带负电 $-\rho$ 的半径为 r 的小球的组合,如图 11-3(a) 所示.

(1) $+\rho$ 球在 O 点产生电场,　　$E_{1o}=0$

$-\rho$ 球在 O 点产生电场 $E_{2o}=\dfrac{\frac{4}{3}\pi r^3\rho}{4\pi\varepsilon_0 d^2}$(此步暗含应用高斯定理求解)

所以 O 点的电场为　　$E_o=\dfrac{r^3\rho}{3\varepsilon_0 d^2}$

(2) $+\rho$ 球在 O' 产生电场　$E_{1o}=\dfrac{\frac{4}{3}\pi d^3\rho}{4\pi\varepsilon_0 d^2}$(此步暗含应用高斯定理求解)

$-\rho$ 球在 O' 产生电场　$E_{2o'}=0$

所以 O' 点的电场为　　$E_{o'}=\dfrac{\rho d}{3\varepsilon_0}$

(3) 小球空腔放大如图 11-3(b) 所示,设空腔任一点 P 相对 O' 的位矢为 $\boldsymbol{r}'$,相对 O 点位矢为 $\boldsymbol{r}$.

注意:P 点既在 $+\rho$ 大球内,也在 $-\rho$ 小球内. 因此,利用(2) 的结果,两球在点 P 产生的场强分别为

$$\boldsymbol{E}_{1P}=\frac{\rho\boldsymbol{r}}{3\varepsilon_0},\quad \boldsymbol{E}_{2P}=-\frac{\rho\boldsymbol{r}'}{3\varepsilon_0}$$

所以 $$\boldsymbol{E}_P=\boldsymbol{E}_{1P}+\boldsymbol{E}_{2P}=\frac{\rho(\boldsymbol{r}-\boldsymbol{r}')}{3\varepsilon_0}=\frac{\rho}{3\varepsilon_0}\overrightarrow{OO'}$$

与 P 点位置无关.因此,腔内场强是均匀的.

对这一类型的题目我们的求解法可称为补偿法.

例 11.4 一个内、外半径分别为 R_1 和 R_2 的均匀带电球壳,总电荷为 Q_1,球壳外同心罩一个半径为 R_3 的均匀带电球面,球面带电荷为 Q_2,求电场分布.

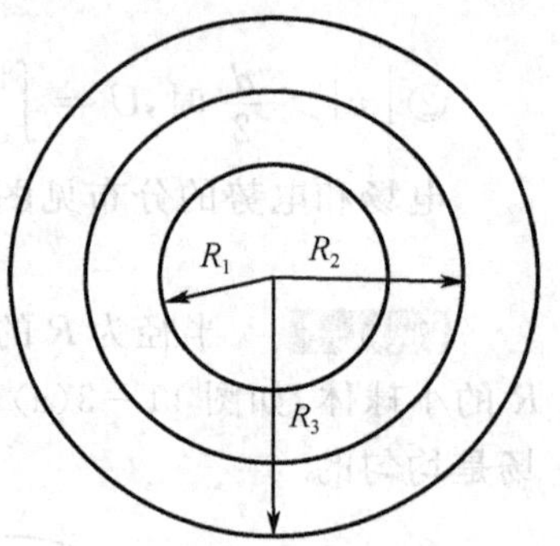

图 11-4 例 11.4 图

解 以 O 点为圆心,球心至场点的距离 r 为半径,作同心球面为高斯面.由高斯定理有

$$\Phi_e=\oint_S\boldsymbol{E}\cdot\mathrm{d}\boldsymbol{S}=4\pi r^2E=\frac{1}{\varepsilon_0}\sum q$$

当 $r<R_1$ 时,$\sum q=0$,故

$$E_1=0$$

当 $R_1<r<R_2$ 时,高斯面内电荷为 $\sum q=\dfrac{Q_1(r^3-R_1^3)}{R_2^3-R_1^3}$,故

$$E_2=\frac{Q_1(r^3-R_1^3)}{4\pi\varepsilon_0(R_2^3-R_1^3)r^2}$$

当 $R_2<r<R_3$ 时,高斯面内电荷为 Q_1,故

$$E_3=\frac{Q_1}{4\pi\varepsilon_0 r^2}$$

当 $r>R_3$ 时,高斯面内电荷为 Q_1+Q_2,故

$$E_4=\frac{Q_1+Q_2}{4\pi\varepsilon_0 r^2}$$

电场强度的方向均沿矢径方向.

说明:本题是应用高斯定理求解电场分布的典型例题.只要判断电场分布具有球对称,确定所求场点,再通过此场点作高斯面,应用高斯定理求得的电场强度是整个高斯面上所有点处的电场强度大小,自然也就是所求场点的电场强度大小了.

例 11.5 如图 11-5 所示的绝缘细线上均匀分布着线密度为 λ 的正电荷,两直导线的长度和半圆环的半径都等于 R.试求环中心 O 点处的场强和电势.

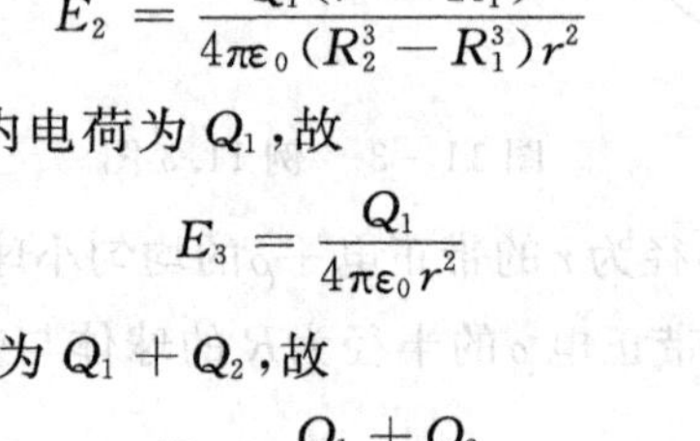

图 11-5 例 11.5 图

解 (1) 根据电荷均匀分布的对称性,AB 段和 CD 段电荷在 O 点产生的场强互相抵消.

在半圆形上取 $dl = R d\theta$，则 $dq = \lambda R d\theta$，dl 在 O 点产生的 $d\boldsymbol{E}$ 如图 11－5 所示，根据对称性，O 点场强沿 y 轴负方向，大小为

$$E = \int dE_y = \int_{-\frac{\pi}{2}}^{\frac{\pi}{2}} \frac{\lambda R d\theta}{4\pi\varepsilon_0 R^2}\cos\theta$$

$$= \frac{\lambda}{4\pi\varepsilon_0 R}\left[\sin\left(-\frac{\pi}{2}\right) - \sin\frac{\pi}{2}\right]$$

$$= \frac{-\lambda}{2\pi\varepsilon_0 R}$$

(2) 设 $U_\infty = 0$，则 AB 段在 O 点产生的电势为

$$U_1 = \int_B^A \frac{\lambda dx}{4\pi\varepsilon_0 x} = \int_R^{2R} \frac{\lambda dx}{4\pi\varepsilon_0 x} = \frac{\lambda}{4\pi\varepsilon_0}\ln 2$$

同理，CD 段在 O 点产生的电势为 $U_2 = \frac{\lambda}{4\pi\varepsilon_0}\ln 2$

半圆环在 O 点产生的电势为　$U_3 = \frac{\pi R\lambda}{4\pi\varepsilon_0 R} = \frac{\lambda}{4\varepsilon_0}$

所以　$U_O = U_1 + U_2 + U_3 = \frac{\lambda}{2\pi\varepsilon_0}\ln 2 + \frac{\lambda}{4\varepsilon_0}$

注意：本题的电荷分布是组合形状，因此，应用叠加法时，分段进行处理. 每一段有特定的几何形状，适合进行数学积分，再对各段的电场和电势进行叠加. 因此，电场和电势的叠加既满足对点电荷进行叠加，也满足对不同形状的有实际线度的电荷进行叠加.

第 12 章 导体和电介质

基本要求

1. 理解导体静电感应原理和静电平衡概念，掌握导体静电平衡条件，会计算同心导体球壳和平行导体组合存在时带电体上的电荷分布以及空间的静电场分布.

2. 理解电容的概念，掌握几种常见电容器电容的计算.

3. 理解电流密度概念，并由电荷守恒定律、稳恒电流条件等，理解欧姆定律的微分形式.

4. 理解电介质极化概念和有介质时的高斯定理，会计算某些有均匀介质存在时静电场的电位移和场强分布.

5. 理解电场能量密度的概念，会计算一些简单的均匀对称情况下电场储存的能量.

内容提要

按导电性能可将物质区分为导体和电介质，在电场作用下，这两类物质有着不同的性质及对电场分布的影响. 本章首先介绍导体在静电场中的静电感应现象；其次介绍导体在电场中的基本特性之一 —— 电容特性，导体中存在有稳恒电流时导体的电导和电场之间的关系 —— 欧姆定律等等；再次介绍电介质在静电场中的极化现象，即电介质极化后，空间或介质中的电场分布等；最后讨论了静电场的能量.

1. 导体的静电平衡条件

导体的静电平衡就是指导体中的电荷与外电场相互作用、最终达到平衡的现象. 导体达到静电平衡时必须满足：

① 导体内部的场强处处为零；

② 导体表面的场强处处与导体表面垂直；

③ 整个导体是一个等势体，导体表面是等势面.

2. 导体静电平衡时的电荷分布

① 电荷只分布在导体表面；导体本身的内部处处没有净电荷存在.

② 空腔导体，当腔内空间无带电体时，电荷只分布在导体的外表面. 当腔内空间有带电体 $+q$ 时，空腔内表面感应电荷的电量为 $-q$，外表面感应电荷电量为 $+q$.

③ 静电平衡时，电荷在导体外表面上的分布情况与表面形状以及周围有无其他带电体、导体和电介质均有关系，比较复杂. 对于孤立导体，表面曲率大处，电荷面密度大；曲率小处，电荷面密度小；曲率为负值时，电荷面密度最小. 但导体表面附近的场强与导体表面的面电荷密

度总是满足关系 $E=\dfrac{\sigma}{\varepsilon_0}$.

④ 空腔形导体由于其内部没有电场，因此对腔外空间和腔内空间的电场有分隔作用，一定条件下会形成静电屏蔽效果.

3. 电容

表征导体容纳电荷能力的物理量. 导体所带电量与电势的比值称为孤立导体的电容，即

$$C=\frac{q}{V}$$

两个互相靠近的导体形成电容器，此时上式中的电势即演变为两个导体（对电容器，这两个导体通常称为极板）之间的电势差. 所以，电容器的电容为

$$C=\frac{q}{\Delta V}=\frac{q}{V_1-V_2}$$

电容只与电容器的几何形状及极板间的介质性质有关，与电容器是否带电及带电的多少无关.

4. 电流密度矢量

导体是可以导电的物质，导体中常有电流存在. 电流密度矢量定义为垂直通过单位面积上的电流，方向即为电流的方向，即 $\boldsymbol{j}=\dfrac{\mathrm{d}I}{\mathrm{d}S_{\perp}}\boldsymbol{n}_0$. 电流密度矢量可以更精细地描述导体中电流的特征，其与电流的关系为 $I=\int_S \boldsymbol{j}\cdot\mathrm{d}\boldsymbol{S}$.

① 对导体中的任意闭合曲面，若 $\oint_S \boldsymbol{j}\cdot\mathrm{d}\boldsymbol{S}=-\dfrac{\mathrm{d}q}{\mathrm{d}t}$，表明通过任意闭合曲面的电流密度矢量的通量等于曲面所包围体积里电荷量对时间的变化率，所以，此式也是电荷守恒定律的数学形式.

② 当导体中处处有 $\oint_S \boldsymbol{j}\cdot\mathrm{d}\boldsymbol{S}=0$ 时，此时电流线处处连续，且导体中任意曲面内的电荷分布不随时间变化，我们称之为稳恒电流.

③ 导体中存在稳恒电流时，导体中的电场称之为稳恒电场. 因为稳恒电场不随时间变化，因此其性质类似于静电场.

④ 要维持导体中有稳恒电流，则必须在导体回路中维持一定的电动势. 能提供这种电动势的装置称为电源，其电动势定义为 $\varepsilon=\int_-^+ \boldsymbol{E}_k\cdot\mathrm{d}\boldsymbol{l}$

5. 电介质的极化

处于电场中的电介质，会被电场极化，其表面会出现束缚电荷. 此时，介质中的电场为外场 $\boldsymbol{E}_0$ 与束缚电荷产生的附加电场 $\boldsymbol{E}'$ 的矢量和，即

$$\boldsymbol{E}=\boldsymbol{E}_0+\boldsymbol{E}'$$

衡量电介质极化程度的物理量称为极化强度，定义为 $\boldsymbol{P}=\dfrac{\sum \boldsymbol{p}_i}{\Delta V}$，其与介质中总电场强度的关系为 $\boldsymbol{P}=\chi_e\varepsilon_0\boldsymbol{E}$（对大多数各向同性均匀介质）.

引进一个辅助性的物理量 $\boldsymbol{D}$，定义为 $\boldsymbol{D}=\varepsilon_0\boldsymbol{E}+\boldsymbol{P}$，则介质中的高斯定理表达式为 $\oint_S \boldsymbol{D}\cdot\mathrm{d}\boldsymbol{S}=\sum\limits_{(S内)} q_0$.

注意，此式的右边只与自由电荷有关，与极化电荷无关. 而这正是我们引入电位移矢量的目的所在. 利用介质中的高斯定理可以简便地求解具有一定对称性的介质中的电场分布问题.

6. 静电场的能量

$$W_e = \iiint_V \mathrm{d}W_e = \iiint_V \frac{1}{2}\boldsymbol{D} \cdot \boldsymbol{E}\mathrm{d}V$$

从上式可知，电场的能量存在于有电场分布的空间之中.

重难点分析

1. 关于静电平衡条件

把场强叠加原理应用到有导体存在的问题时，特别要注意，由于静电感应，各导体单独存在时的电荷分布会发生变化，应根据变化后的电荷分布来计算各导体的电场并把它们叠加起来，而不是各带电体单独存在时所产生电场的叠加.

2. 导体接地问题

① 所谓导体接地是将地球看作一个大导体球，导体接地表示导体与地球等势.

② 只有孤立导体接地时，导体上的电荷全部流入地下而不带电. 对于非孤立导体，接地导体上的感应电荷一般不为零，导体上的电荷分布由静电平衡条件决定.

3. 有电介质时的电容器问题

① 电容器的两极板之间存在均匀电介质时，无论电介质是不是充满两极板之间的空间，电容器的电容值都会增大. 当极板空间充满电介质时，$C = \varepsilon_r C_0$；没充满时，必须先计算两极板的电势差，再根据电容的定义 $C = \dfrac{q}{\Delta V} = \dfrac{q}{V_1 - V_2}$ 计算.

② 当电介质没有充满两极板间的空间时，插入的电介质的形状不同，两极板间电介质和其他空间中的场强和电位移的分布也不同.

示例解析

例 12.1 两块很大且靠得很近的平行导体板 A 和 B 的面积均为 S，且分别带有等量正电荷 Q，如图 12-1 所示. 求：(1) 两导体板的电荷分布；(2) 如果 B 板接地，此时两板的电荷分布.

解 (1) 设两板的四个面的面电荷密度分别为 σ_1、σ_2、σ_3、σ_4，根据电荷守恒定律有

$$\sigma_1 S + \sigma_2 S = Q$$
$$\sigma_3 S + \sigma_4 S = Q$$

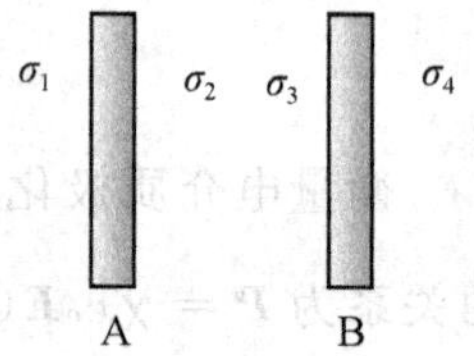

图 12-1 例 12.1 图

根据静电平衡条件，A 板内的任一点的场强为零，即有

$$\frac{\sigma_1}{2\varepsilon_0} - \frac{\sigma_2}{2\varepsilon_0} - \frac{\sigma_3}{2\varepsilon_0} - \frac{\sigma_4}{2\varepsilon_0} = 0$$

同理，对于 B 板内的任一点有

$$\frac{\sigma_1}{2\varepsilon_0} + \frac{\sigma_2}{2\varepsilon_0} + \frac{\sigma_3}{2\varepsilon_0} - \frac{\sigma_4}{2\varepsilon_0} = 0$$

联立求解得

$$\sigma_1 = \sigma_4 = \frac{Q}{S}$$

$$\sigma_2 = \sigma_3 = 0$$

(2) 当 B 板接地时，其电势为零，同时，它由原先的带正电变化为带与 A 板等量的负电，且 A、B 板的电荷都分布在内表面.

例 12.2　如图 12 - 2 所示，一平行板电容器两极板面积都是 S，相距为 d，分别维持电势 $U_A = U$，$U_B = 0$ 不变. 现把一块带有电量 q 的导体薄片平行地放在两极板的正中间，薄片的面积也是 S，薄片的厚度略去不计，求导体薄片的电势.

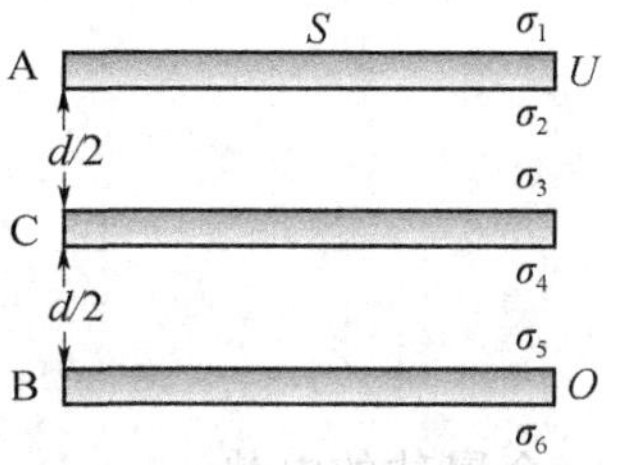

图 12 - 2　例 12.2 图

解　依次设 A、C、B 板从上到下的 6 个表面的面电荷密度分别为 σ_1、σ_2、σ_3、σ_4、σ_5、σ_6，如图 12 - 2 所示. 由静电平衡条件，电荷守恒定律及维持 $U_{AB} = U$ 可得以下 6 个方程

$$\begin{cases} \sigma_1 + \sigma_2 = \dfrac{q_A}{S} = \dfrac{1}{S}C_0 U = \dfrac{\varepsilon_0 U}{d} \\ \sigma_3 + \sigma_4 = \dfrac{q}{S} \\ \sigma_5 + \sigma_6 = \dfrac{q_B}{S} = -\dfrac{\varepsilon_0 U}{d} \\ \sigma_2 + \sigma_3 = 0 \\ \sigma_4 + \sigma_5 = 0 \\ \sigma_1 = \sigma_2 + \sigma_3 + \sigma_4 + \sigma_5 + \sigma_6 \end{cases}$$

解得

$$\sigma_1 = \sigma_6 = \frac{q}{2S}$$

$$\sigma_2 = -\sigma_3 = \frac{\varepsilon_0 U}{d} - \frac{q}{2S}$$

$$\sigma_4 = -\sigma_5 = \frac{\varepsilon_0 U}{d} + \frac{q}{2S}$$

所以 C、B 间电场

$$E_2 = \frac{\sigma_4}{\varepsilon_0} = \frac{U}{d} + \frac{q}{2\varepsilon_0 S}$$

$$U_C = U_{CB} = E_2 \frac{d}{2} = \frac{1}{2}\left(U + \frac{q\mathrm{d}}{2\varepsilon_0 S}\right)$$

注意：因为 C 板带电，所以 $U_C \neq \dfrac{U}{2}$，若 C 板不带电，显然 $U_C = \dfrac{U}{2}$.

例 12.3　在半径为 R_1 的金属球之外包有一层外半径为 R_2 的均匀电介质球壳，介质相对介电常数为 ε_r，金属球带电 Q. 试求：(1) 电介质内、外的场强；(2) 电介质内、外的电势.

解　利用有介质时的高斯定理　$\oint_S \boldsymbol{D} \cdot \mathrm{d}\boldsymbol{S} = \sum_{(S内)} q_0$

(1) 介质内($R_1 < r < R_2$) 场强

$$\boldsymbol{D} = \frac{Q\boldsymbol{r}}{4\pi r^3},\quad \boldsymbol{E}_内 = \frac{Q\boldsymbol{r}}{4\pi\varepsilon_0\varepsilon_r r^3}$$

介质外($r > R_2$) 场强

$$D = \frac{Qr}{4\pi r^3}, \quad E_{外} = \frac{Qr}{4\pi\varepsilon_0 r^3}$$

金属球内($r < R_1$) 场强为 0.

(2) 介质外($r > R_2$) 电势

$$U = \int_r^{\infty} E_{外} \cdot dr = \frac{Q}{4\pi\varepsilon_0 r}$$

介质内($R_1 < r < R_2$) 电势

$$\begin{aligned} U &= \int_r^{R_2} E_{内} \cdot dr + \int_{R_2}^{\infty} E_{外} \cdot dr \\ &= \frac{q}{4\pi\varepsilon_0\varepsilon_r}\left(\frac{1}{r} - \frac{1}{R_2}\right) + \frac{Q}{4\pi\varepsilon_0 R_2} \\ &= \frac{Q}{4\pi\varepsilon_0\varepsilon_r}\left(\frac{1}{r} + \frac{\varepsilon_r - 1}{R_2}\right) \end{aligned}$$

金属球的电势

$$\begin{aligned} U &= \int_{R_1}^{R_2} E_{内} \cdot dr + \int_{R_2}^{\infty} E_{外} \cdot dr \\ &= \int_R^{R_2} \frac{Q dr}{4\pi\varepsilon_0\varepsilon_r r^2} + \int_{R_2}^{\infty} \frac{Q dr}{4\pi\varepsilon_0 r^2} \\ &= \frac{Q}{4\pi\varepsilon_0\varepsilon_r}\left(\frac{1}{R_1} + \frac{\varepsilon_r - 1}{R_2}\right) \end{aligned}$$

例 12.4 两个同轴的圆柱面,长度均为 l,半径分别为 R_1 和 R_2($R_2 > R_1$),且 $l \gg R_2 - R_1$,两柱面之间充有介电常数 ε 的均匀电介质.当两圆柱面分别带等量异号电荷 Q 和 $-Q$ 时,求:

(1) 在半径 r 处($R_1 < r < R_2$),厚度为 dr,长为 l 的圆柱薄壳中,任一点的电场能量密度和整个薄壳中的电场能量;

(2) 电介质中的总电场能量;

(3) 圆柱形电容器的电容.

解 取半径为 r 的同轴圆柱面(S),则

$$\oint_S D \cdot dS = 2\pi r l D$$

当 $R_1 < r < R_2$ 时,$\sum q = Q$,所以

$$D = \frac{Q}{2\pi r l}$$

(1) 电场能量密度 $w = \dfrac{D^2}{2\varepsilon} = \dfrac{Q^2}{8\pi^2 \varepsilon r^2 l^2}$

薄壳中 $dW = w dV = \dfrac{Q^2}{8\pi^2 \varepsilon r^2 l^2} 2\pi r dr l = \dfrac{Q^2 dr}{4\pi\varepsilon r l}$

(2) 电介质中总电场能量

$$W = \int_V dW = \int_{R_1}^{R_2} \frac{Q^2 dr}{4\pi\varepsilon r l} = \frac{Q^2}{4\pi\varepsilon l} \ln\frac{R_2}{R_1}$$

(3) 由电容器的能量表达式 $W = \dfrac{Q^2}{2C}$

得

$$C = \frac{Q^2}{2W} = \frac{2\pi\varepsilon l}{\ln(R_2/R_1)}$$

第 13 章　稳恒磁场

基本要求

1. 理解磁感应强度的概念，掌握用毕奥-萨伐尔定律计算磁感应强度的方法.

2. 理解磁场中的高斯定理，了解磁场的性质，并可计算通过任意曲面的磁通量.

3. 掌握安培环路定理，能熟练应用安培环路定理计算对称性的磁场分布.

4. 掌握洛伦兹力公式，并由此分析带电粒子在均匀电场和均匀磁场中的受力和运动.

5. 能够用安培定律计算载流导线所受的安培力，能计算载流线圈的磁矩和其在磁场中受到的磁力矩.

6. 了解顺磁质、抗磁质和铁磁质的特点及磁化机理.

7. 掌握磁介质中的安培环路定理，并利用其求解有磁介质时的对称性的磁场分布.

内容提要

1. 基本概念

① 磁感应强度 $\boldsymbol{B}$：描述磁场的强弱和方向.

$$B=\frac{M_{\max}}{P_{\mathrm{m}}}$$

P_{m} 是线圈的磁矩，$M_{\max}$ 是试验线圈受到的最大磁力矩. 磁场中某点处磁感应强度的方向与该点处试验线圈在稳定平衡位置时的法线方向相同；磁感应强度的量值等于具有单位磁矩的试验线圈所受到的最大磁力矩.

② 载流线圈的磁矩：

$$\boldsymbol{P}_{\mathrm{m}}=IS\boldsymbol{n}$$

其中 $\boldsymbol{n}$ 为载流线圈正法线方向的单位矢量.

③ 磁通量：通过磁场中任一曲面的磁感应线（$\boldsymbol{B}$ 线）总条数，称为通过该曲面的磁通量，简称 $\boldsymbol{B}$ 通量，用 Φ_{m} 表示.

$$\Phi_{\mathrm{m}}=\int_S \mathrm{d}\Phi_{\mathrm{m}}=\int_S \boldsymbol{B}\cdot\mathrm{d}\boldsymbol{S}=\int_S B\cos\theta\mathrm{d}S$$

2. 磁场的产生

① 运动电荷的磁场　$\boldsymbol{B}=\dfrac{\mu_0}{4\pi}\cdot\dfrac{q\boldsymbol{v}\times\boldsymbol{r}}{r^3}$

② 毕奥-萨伐尔定律：载流导线上的电流元 $I\mathrm{d}\boldsymbol{l}$ 在真空中某点 P 的磁感应强度 $\mathrm{d}\boldsymbol{B}$ 的大小

与电流元的大小 Idl 成正比，与电流元 $Id\boldsymbol{l}$ 和从电流元到 P 点的位矢 $\boldsymbol{r}$ 之间的夹角 θ 的正弦成正比，与位矢 $\boldsymbol{r}$ 的大小的平方成反比，即

$$\mathrm{d}\boldsymbol{B}=\frac{\mu_0}{4\pi}\frac{I\mathrm{d}\boldsymbol{l}\times\boldsymbol{r}}{r^3}$$

方向满足右手螺旋法则.

③ 磁感应强度叠加原理 $\boldsymbol{B}=\int_L \mathrm{d}\boldsymbol{B}=\int_L \frac{\mu_0}{4\pi}\frac{I\mathrm{d}\boldsymbol{l}\times\boldsymbol{r}}{r^3}$

3. 稳恒磁场的基本性质

① 高斯定理：通过任意闭合曲面的磁通量恒等于零. 即

$$\oint_S \boldsymbol{B}\cdot\mathrm{d}\boldsymbol{S}=0$$

② 安培环路定理：在真空中的稳恒磁场，磁感应强度沿任意闭合路径 L 的线积分（也称为 $\boldsymbol{B}$ 矢量的环流），等于穿过以该闭合路径为边界的任意曲面的各电流的代数和与真空磁导率 μ_0 的乘积，而与未穿过该曲面的电流无关. 其数学表达式为

$$\oint_L \boldsymbol{B}\cdot\mathrm{d}\boldsymbol{l}=\mu_0\sum I_i$$

4. 几种典型磁场

① 载流直导线的磁场 $B=\frac{\mu_0 I}{4\pi a}(\cos\theta_1-\cos\theta_2)$

② 无限长载流直导线的磁场 $B=\frac{\mu_0 I}{2\pi r}$

③ 圆电流中心的磁场 $B=\frac{\mu_0 I}{2R}$

④ 圆弧电流圆心处磁场 $B=\frac{\mu_0 I}{2R}\cdot\frac{\theta}{2\pi}$

⑤ 长直载流螺线管内的磁场 $B=\mu_0 nI$

⑥ 载流螺绕环内的磁场 $B=\frac{\mu_0 NI}{2\pi r}$

5. 磁场力

① 洛伦兹力 $\boldsymbol{f}=q\boldsymbol{v}\times\boldsymbol{B}$

② 安培力公式：放在磁场中某点处的电流元 $Id\boldsymbol{l}$，所受到的磁场作用力 $\mathrm{d}\boldsymbol{F}$ 的大小和该点处的磁感应强度 $\boldsymbol{B}$ 的大小、电流元的大小以及电流元 $Id\boldsymbol{l}$ 和磁感强度 $\boldsymbol{B}$ 所成的角 θ［或用（$Id\boldsymbol{l}$，$\boldsymbol{B}$）表示］的正弦成正比，即

$$\mathrm{d}F=BI\mathrm{d}l\sin\theta,\quad \mathrm{d}\boldsymbol{F}=I\mathrm{d}\boldsymbol{l}\times\boldsymbol{B}$$

$$\boldsymbol{F}=\int\mathrm{d}\boldsymbol{F}=\int_L I\mathrm{d}\boldsymbol{L}\times\boldsymbol{B}$$

③ 载流平面线圈在均匀磁场中受到的磁力矩 $\boldsymbol{M}=\boldsymbol{P}_{\mathrm{m}}\times\boldsymbol{B}$

④ 霍尔效应：将通有电流 I 的金属板（或半导体板）置于磁感应强度为 $\boldsymbol{B}$ 的均匀磁场中，磁场的方向和电流方向垂直，在金属板的上、下表面间会产生横向电势差 U_{H}（霍尔电势差）.

$$U_{\mathrm{H}}=\frac{1}{nq}\frac{IB}{d}=R_{\mathrm{H}}\frac{IB}{d}$$

6. 磁介质的分类

① 顺磁质：μ_r 略微大于 1 的磁介质，磁介质磁化后产生的附加磁场与外磁场方向相同.

② 抗磁质：μ_r 略微小于 1 的磁介质，磁介质磁化后产生的附加磁场与外磁场方向相反.

③ 铁磁质：$\mu_r \gg 1$ 的磁介质，磁介质磁化后能产生很强的与外磁场同方向的附加磁场.

7. 有磁介质时的高斯定理和安培环路定理

① 磁场中的高斯定理　　$\oint_S \boldsymbol{B} \cdot \mathrm{d}\boldsymbol{S} = 0$

② 有磁介质时的安培环路定理：在任何磁场中，磁场强度矢量 $\boldsymbol{H}$ 沿任何闭合路径 L 的线积分（$\boldsymbol{H}$ 的环流），等于该闭合回路环绕的传导电流的代数和 $\sum I_i$，即

$$\oint_L \boldsymbol{H} \cdot \mathrm{d}\boldsymbol{l} = \sum I_i$$

8. $\boldsymbol{B}$、$\boldsymbol{H}$、$\boldsymbol{M}$ 三者的关系

$$\boldsymbol{M} = \chi_m \boldsymbol{H}$$

$$\boldsymbol{H} = \frac{\boldsymbol{B}}{\mu_0} - \boldsymbol{M}$$

$$\boldsymbol{B} = \mu_0 \mu_r \boldsymbol{H} = \mu \boldsymbol{H}$$

重难点分析

1. 毕奥-萨伐尔定律

在真空中，载流导线上的电流元 $I\mathrm{d}\boldsymbol{l}$ 在相对该电流元位矢为 $\boldsymbol{r}$ 的某点 P 的磁感应强度 $\mathrm{d}\boldsymbol{B}$ 为

$$\mathrm{d}\boldsymbol{B} = \frac{\mu_0}{4\pi} \frac{I\mathrm{d}\boldsymbol{l} \times \boldsymbol{r}}{r^3}$$

毕奥-萨伐尔定律为我们提供了一个直接计算载流导线产生磁场的方法. 其具体步骤如下：

① 选择适当的坐标系，在载流导线上选择一个电流元 $I\mathrm{d}\boldsymbol{l}$；

② 根据毕奥-萨伐尔定律求出该电流元在场点产生的磁感应强度 $\mathrm{d}\boldsymbol{B}$；

③ 根据矢量叠加原理求整个导线的磁感应强度 $\boldsymbol{B} = \int_L \mathrm{d}\boldsymbol{B}$；

④ 具体计算时，一般是先分析 $\mathrm{d}\boldsymbol{B}$ 的方向，如果方向不同，先给出 $\mathrm{d}\boldsymbol{B}$ 在坐标轴上的各个分量，再对各分量分别积分（$B_x = \int_L \mathrm{d}B_x$，$B_y = \int_L \mathrm{d}B_y$，$B_z = \int_L \mathrm{d}B_z$），最后再求出 $\boldsymbol{B}$ 矢量（$\boldsymbol{B} = B_x\boldsymbol{i} + B_y\boldsymbol{j} + B_z\boldsymbol{k}$）. 如果方向相同，则可直接进行标量叠加：

$$B = \int_L \mathrm{d}B = \int_L \frac{\mu_0}{4\pi} \frac{I\mathrm{d}l\sin\theta}{r^2}$$

2. 安培环路定理

在真空中，磁感强度沿任意闭合路径的环流等于穿过以该闭合路径为边界的任意曲面的

各电流的代数和与真空磁导率 μ_0 的乘积，而与未穿过该曲面的电流无关. 其数学表达式为

$$\oint_L \boldsymbol{B} \cdot \mathrm{d}\boldsymbol{l} = \mu_0 \sum I_i$$

对于安培环路定理的理解，应注意下面几点：

① 环 L 内电流的正负：I_i 与 L 的绕行方向符合右手螺旋法则. $\sum I_i$ 表示穿过以闭合路径 L 为边界的任意曲面的所有电流的代数和.

② 磁感应强度 $\boldsymbol{B}$ 是由空间中所有电流共同产生的. I_i 不穿过 L，对环流 $\oint_L \boldsymbol{B} \cdot \mathrm{d}\boldsymbol{l}$ 的贡献为零，并非对 $\boldsymbol{B}$ 本身无贡献. 不能误认为沿回路 L 上各点的磁感应强度 $\boldsymbol{B}$ 仅由 L 内所包围的那部分电流所产生. 如 L 中有两根电流，其大小相等、方向相反，则环流为零，但不能说 L 上各点的 $\boldsymbol{B}$ 一定为零.

③ 磁场环流不等于零说明磁场是有旋场（涡流场），是非保守力场，在磁场中不能引入势能的概念.

④ 安培环路定理是一个普遍定理，但要用它直接计算磁感应强度，只限于电流分布具有某种对称性的情况. 关键是要能够把磁感应强度 $\boldsymbol{B}$ 提到积分号外面.

3. 洛伦兹力

一个电量为 q，质量为 m 的粒子，以速度 $\boldsymbol{v}$ 进入磁感应强度为 $\boldsymbol{B}$ 的磁场中，粒子受的洛伦兹力为

$$\boldsymbol{f} = q\boldsymbol{v} \times \boldsymbol{B}$$

对于洛伦兹力，应注意下面几点：

① 洛伦兹力 $\boldsymbol{f}$ 的大小为 $f = qvB\sin\theta$，洛伦兹力 $\boldsymbol{f}$ 的方向垂直于 $\boldsymbol{v}$ 和 $\boldsymbol{B}$ 构成的平面，其指向按右手螺旋法则，由矢积 $\boldsymbol{v} \times \boldsymbol{B}$ 的方向以及 q 的正负来确定.

② 由于洛伦兹力总是与运动电荷的速度方向垂直，所以洛伦兹力永远不对运动电荷做功，它只改变电荷速度的方向，不改变速度的大小. 这是洛伦兹力的一个重要特性.

③ 洛伦兹力是载流直导线上安培力的微观体现.

由洛伦兹力可以分析带电粒子在磁场中的运动. 当质量为 m，带电量为 q 的带电粒子以速度 $\boldsymbol{v}$ 进入磁场时：

① 当 $\boldsymbol{v}$ 与 $\boldsymbol{B}$ 平行或反平行时，$f = 0$，v 不变，粒子不受磁场影响，做匀速直线运动.

② 当 $\boldsymbol{v}$ 与 $\boldsymbol{B}$ 垂直时，带电粒子在匀强磁场中做匀速圆周运动，洛伦兹力提供向心力，其运动半径和周期分别为 $R = \dfrac{mv}{qB}$，$T = \dfrac{2\pi R}{v} = \dfrac{2\pi m}{qB}$.

③ 当 $\boldsymbol{v}$ 与 $\boldsymbol{B}$ 斜交成 θ 角时，可以将 $\boldsymbol{v}$ 分解成与 $\boldsymbol{B}$ 垂直的分量 $v_\perp = v\sin\theta$ 和与 $\boldsymbol{B}$ 平行的分量 $v_{//} = v\cos\theta$. 由上面的分析可知，在与 $\boldsymbol{B}$ 垂直的方向上，受到磁力 $f = qv_\perp B = qvB\sin\theta$，做匀速圆周运动；在与 $\boldsymbol{B}$ 平行的方向上，不受磁场作用力，做匀速直线运动；合成得，带电粒子做等螺距的螺旋运动.

半径 $$R = \frac{mv_\perp}{qB} = \frac{mv\sin\theta}{qB}$$

周期 $$T = \frac{2\pi R}{v_\perp} = \frac{2\pi m}{qB}$$ （和速度无关，只和荷质比有关）

螺距　$h = v_{//} T = v\cos\theta T = \dfrac{2\pi mv\cos\theta}{qB}$

4. 安培定律

放在磁场 $\boldsymbol{B}$ 中某点处的电流元 $I\mathrm{d}\boldsymbol{l}$，所受到的磁场作用力为

$$\mathrm{d}\boldsymbol{F} = I\mathrm{d}\boldsymbol{l} \times \boldsymbol{B}$$

任何有限长的载流导线 L 在磁场中所受的磁力 $\boldsymbol{F}$，应等于导线 L 上各个电流元所受磁力 $\mathrm{d}\boldsymbol{F}$ 的矢量和，即

$$\boldsymbol{F} = \int \mathrm{d}\boldsymbol{F} = \int_L I\mathrm{d}\boldsymbol{l} \times \boldsymbol{B}$$

如果导线上各个电流元所受的磁力 $\mathrm{d}\boldsymbol{F}$ 的方向都相同，则矢量积分可直接化为标量积分. 整个载流直导线所受的磁力 $\boldsymbol{F}$ 的大小为

$$F = \int \mathrm{d}F = \int_L IB\sin\theta \mathrm{d}l$$

其中 θ 为电流 I 的方向与磁场 $\boldsymbol{B}$ 的方向之间的夹角. $\boldsymbol{F}$ 的方向与 $\mathrm{d}\boldsymbol{F}$ 的方向相同.

如果载流导线上各个电流元所受磁力 $\mathrm{d}\boldsymbol{F}$ 的方向各不相同，矢量积分不能直接计算. 这时应选取适当的坐标系，先将 $\mathrm{d}\boldsymbol{F}$ 沿各坐标轴分解成分量，然后对各个分量进行标量积分：

$$F_x = \int_L \mathrm{d}F_x,\quad F_y = \int_L \mathrm{d}F_y,\quad F_z = \int_L \mathrm{d}F_z$$

最后再求出合力　$\boldsymbol{F} = F_x\boldsymbol{i} + F_y\boldsymbol{j} + F_z\boldsymbol{k}$

5. 载流线圈在磁场中的磁力矩

一个面积为 S，通有电流 I 的平面载流线圈，在均匀磁场 $\boldsymbol{B}$ 中受到的磁力矩为

$$\boldsymbol{M} = \boldsymbol{P}_\mathrm{m} \times \boldsymbol{B}$$

注意以下几点：

① 式中 $\boldsymbol{P}_\mathrm{m}$ 是载流平面线圈的磁矩，$P_\mathrm{m} = IS$ 为载流线圈磁矩的大小，$\boldsymbol{P}_\mathrm{m}$ 的方向就是载流线圈平面的法线 $\boldsymbol{n}$ 的方向，即 $\boldsymbol{P}_\mathrm{m} = IS\boldsymbol{n}$.

② 线圈所受磁力矩的大小为 $M = P_\mathrm{m}B\sin\varphi$. φ 是线圈平面的法线 $\boldsymbol{n}$ 的方向与磁感应强度 $\boldsymbol{B}$ 的方向所成的夹角.

③ 如果载流线圈处在非均匀磁场中，则线圈不但受到磁力矩作用，还将受到合力作用. 线圈既有转动，又有平动.

④ 对于带电粒子沿闭合回路的运动，以及带电粒子的自旋所具有的磁矩，带电粒子在磁场中所受的磁力矩作用，均可用 $\boldsymbol{M} = \boldsymbol{P}_\mathrm{m} \times \boldsymbol{B}$ 来描述.

6. 顺磁质和抗磁质的磁化机理

顺磁质和抗磁质的磁性都很弱，统称为弱磁质.

在无外磁场作用下，分子中的电子做绕核轨道运动和自旋运动，这两种运动都要产生磁效应. 相当于一个等效圆形电流所产生的磁场. 这一等效圆形电流叫作分子电流. 这种分子电流的磁矩 $\boldsymbol{P}_\mathrm{m}$ 具有确定的量值，叫作分子磁矩（固有磁矩）.

在顺磁质中，每个分子的分子磁矩 $\boldsymbol{P}_\mathrm{m}$ 不为零，当没有外磁场时，由于分子的热运动，每个分子磁矩的取向是无序的. 因此，在一个宏观的体积元中，所有分子磁矩的矢量和 $\sum \boldsymbol{P}_\mathrm{m} = 0$. 磁介质不显磁性. 当有外磁场时，各分子磁矩都要受到磁力矩的作用. 在磁力矩 $\boldsymbol{M} = \boldsymbol{P}_\mathrm{m} \times \boldsymbol{B}$ 作

用下，所有分子磁矩 $\boldsymbol{P}_{\mathrm{m}}$ 将力图转到外磁场方向，从而在磁介质内部出现总体分子磁矩的有序排列（被磁化），这些有序排列的分子磁矩产生沿外磁场方向的附加磁场 $\boldsymbol{B}'$，使磁场 $\boldsymbol{B}$ 增强. 但由于分子热运动的影响，分子磁矩沿外磁场方向的排列只是略占优势. 这就是顺磁质的磁化机理.

在抗磁质中，分子磁矩为零，即 $\boldsymbol{P}_{\mathrm{m}}=0$. 所以当无外磁场时，磁介质不显现磁性. 当抗磁质放入外磁场中时，介质中每个分子都产生一个与外磁场方向相反的附加磁矩 $\Delta\boldsymbol{P}_{\mathrm{m}}$，附加磁矩 $\Delta\boldsymbol{P}_{\mathrm{m}}$ 产生一个与外磁场方向相反的附加磁场 $\boldsymbol{B}'$. 由于所有分子产生的附加磁场 $\boldsymbol{B}'$ 与外磁场方向相反，于是抗磁质内的磁感应强度被减弱，这就是抗磁质的磁化效应.

实际上，在外磁场中，顺磁质分子也要产生一个与外磁场方向相反的附加磁矩，但附加磁矩的磁效应与由于分子磁矩沿外场方向排列的磁效应相比小得多，可以忽略不计.

7. 铁磁质的特性和磁化机理

①$\mu_{\mathrm{r}}\gg 1$，其数量级为 $10^2\sim 10^5$，属于强磁质.

② 其磁化曲线是磁滞回线，μ-H、B-H 间都是非线性变化，出现饱和磁化、剩磁和磁滞现象.

③ 当温度升高到某一温度时，铁磁性就完全消失，材料由铁磁转变为顺磁. 这个温度叫作居里温度或居里点.

④ 铁磁质的磁性起源于“磁畴”. 铁磁质中的电子自旋磁矩可以在小区域内自发地平行排列起来，形成一个小的自发磁化区，这种自发磁化的小区域叫作磁畴. 没有外磁场作用时，各磁畴的自发磁化磁矩的取向是无规则的，因而宏观上不显示磁性.

若在铁磁质中加上外磁场，当逐渐增大外磁场时，磁矩的方向与外磁场方向接近的那些磁畴的体积会逐渐增大，而那些磁矩方向与外磁场方向相反的磁畴体积则逐渐缩小，继而其他磁畴的磁矩方向也将在不同程度上转向外磁场方向. 这样，由于磁畴磁矩方向的有序程度提高了，因而铁磁质宏观上呈现出磁性. 最后，当外磁场增大到一定程度时，所有磁畴的磁矩都沿外磁场方向整齐排列，这时铁磁质的磁化就达到了饱和. 这种磁化状态建立后，由于存在原子间的相互作用，使这种状态不易被扰动，因此，即使外磁场撤销，介质也可以有剩磁. 磁滞现象也可以用磁畴的边界很难按原形状恢复来说明.

8. 有磁介质时的安培环路定理

有磁介质时的安培环路定理可表示为

$$\oint_L \boldsymbol{H}\cdot \mathrm{d}\boldsymbol{l}=\sum I_i$$

上式表明，在任何磁场中，磁场强度矢量 $\boldsymbol{H}$ 沿任何闭合路径 L 的线积分（$\oint_L \boldsymbol{H}\cdot\mathrm{d}\boldsymbol{l}$），等于此闭合路径 L 所围绕的传导电流的代数和 $\sum I_i$.

理解和应用有磁介质时的安培环路定理，应注意以下几点：

① 上式说明，磁场强度 $\boldsymbol{H}$ 的环流仅与穿过回路的传导电流有关，而与磁化电流无关. 但决不能说明 $\boldsymbol{H}$ 本身与磁化电流无关.

②$\boldsymbol{H}=\dfrac{\boldsymbol{B}}{\mu_0}-\boldsymbol{M}$ 普遍成立，适用于任何磁介质；$\boldsymbol{B}=\mu_0\mu_{\mathrm{r}}\boldsymbol{H}=\mu\boldsymbol{H}$ 仅适用于各向同性的弱磁性物质.

③ 可根据 $\oint_L \boldsymbol{H} \cdot \mathrm{d}\boldsymbol{l} = \sum I_i$ 先求出 $\boldsymbol{H}$，求解思路和真空中的安培环路定理的应用一样；然后根据 $\boldsymbol{B} = \mu_0\mu_r\boldsymbol{H} = \mu\boldsymbol{H}$ 求出磁感应强度 $\boldsymbol{B}$.

示例解析

例 13.1　在一半径为 R 的无限长半圆形金属薄片中，自上而下地有电流 I 通过，电流分布均匀，如图 13-1(a) 所示. 试求圆柱轴线上任一点 P 处的磁感应强度.

解　因为金属片无限长，所以圆柱轴线上任一点 P 处的磁感应强度方向都在圆柱截面上，取坐标系如图 13-1(b) 所示. 取宽为 $\mathrm{d}l$（其所对的圆心角为 $\mathrm{d}\theta$）的一无限长直线电流 $\mathrm{d}I = \frac{I}{\pi R}\mathrm{d}l$，$\mathrm{d}I$ 在轴线上 P 点处产生的磁感应强度方向与 R 垂直，大小为

$$\mathrm{d}B = \frac{\mu_0 \mathrm{d}I}{2\pi R} = \frac{\mu_0 \frac{I}{\pi R} R\,\mathrm{d}\theta}{2\pi R} = \frac{\mu_0 I \mathrm{d}\theta}{2\pi^2 R}$$

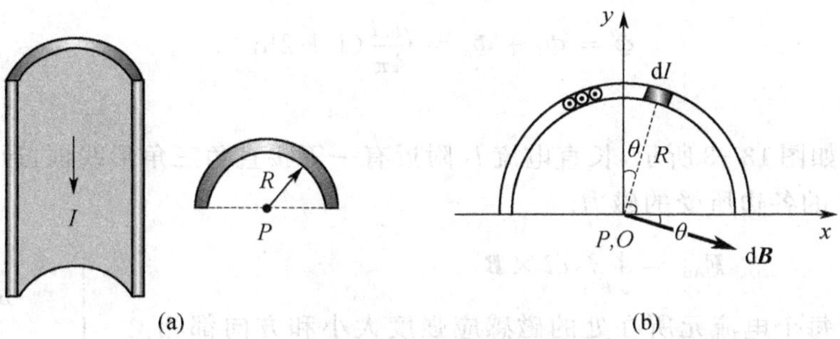

图 13-1　例 13.1 图

由电流的对称性可知，$B_y = 0$，P 点处的磁感应强度只有 x 分量，且

$$\mathrm{d}B_x = \mathrm{d}B\cos\theta = \frac{\mu_0 I\cos\theta\mathrm{d}\theta}{2\pi^2 R}$$

所以，圆柱轴线上任一点 P 处的磁感应强度大小为

$$B = B_x = \int_{-\frac{\pi}{2}}^{\frac{\pi}{2}} \frac{\mu_0 I\cos\theta\mathrm{d}\theta}{2\pi^2 R} = \frac{\mu_0 I}{\pi^2 R}$$

方向沿 x 轴正向.

例 13.2　一无限长圆柱形载流导线（磁导率为 μ_0），半径为 R，通有均匀分布的电流 I，今取一矩形平面 S（长为 1 m，宽为 $2R$），如图 13-2 所示，求通过该矩形平面的磁通量.

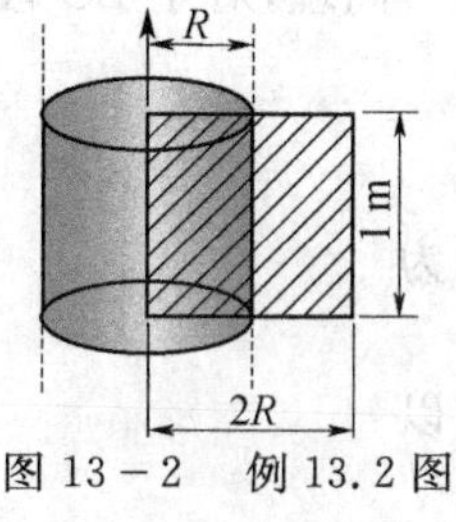

图 13-2　例 13.2 图

解　由于电流分布对圆柱轴线具有对称性，因而磁场分布对轴线也具有对称性，磁感应线是在垂直轴线平面内以轴线为中心的同心圆，方向绕电流的方向右旋，而且在同一圆周上，磁感应强度 $\boldsymbol{B}$ 的大小相等. 过任意场点 P，在垂直轴线的平面内取一中心在轴线上、半径为 r 的

圆周为安培环路 L,积分方向与磁感应线的方向相同. 应用安培环路定理可得

$$\oint_L \boldsymbol{B} \cdot \mathrm{d}\boldsymbol{l} = 2\pi rB = \mu_0 I' = \mu_0 \frac{I}{\pi R^2}\pi r^2$$

$$B = \frac{\mu_0 rI}{2\pi R^2} \quad (r < R)$$

$$\oint_L \boldsymbol{B} \cdot \mathrm{d}\boldsymbol{l} = 2\pi rB = \mu_0 I$$

$$B = \frac{\mu_0 I}{2\pi r} \quad (r > R)$$

因而穿过导体内画斜线部分平面的磁通量为

$$\Phi_1 = \int_{S_1} \boldsymbol{B}_1 \cdot \mathrm{d}\boldsymbol{S} = \int_{S_1} B_1 \mathrm{d}S = \int_0^R \frac{\mu_0 Ir}{2\pi R^2}\mathrm{d}r = \frac{\mu_0 I}{4\pi}$$

穿过导体外画斜线部分平面的磁通量为

$$\Phi_2 = \int_{S_2} \boldsymbol{B}_2 \cdot \mathrm{d}\boldsymbol{S} = \int_{S_2} B_2 \mathrm{d}S = \int_R^{2R} \frac{\mu_0 I}{2\pi r}\mathrm{d}r = \frac{\mu_0 I}{2\pi}\ln 2$$

通过矩形平面的磁通量为

$$\Phi = \Phi_1 + \Phi_2 = \frac{\mu_0 I}{4\pi}(1 + 2\ln 2)$$

例 13.3 如图 13-3 所示,长直电流 I_1 附近有一等腰直角三角形线框,通以电流 I_2,二者共面. 求 $\triangle ABC$ 的各边所受的磁力.

解

$$\boldsymbol{F}_{AB} = \int_B^A I_2 \mathrm{d}\boldsymbol{l} \times \boldsymbol{B}$$

因为 AB 上每个电流元所在处的磁感应强度大小和方向都相同,每个电流元受到的安培力方向相同,所以

$$F_{AB} = I_2 a \frac{\mu_0 I_1}{2\pi d} = \frac{\mu_0 I_1 I_2 a}{2\pi d}$$

方向垂直 AB 向左.

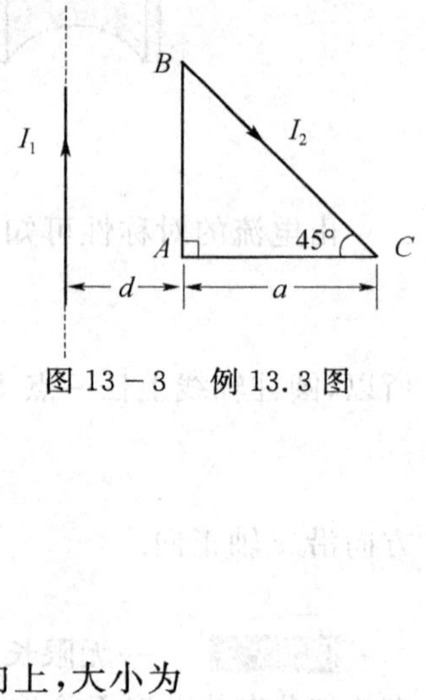

图 13-3 例 13.3 图

对于 AC 段,在距 I_1 为 r 处取线元 $\mathrm{d}\boldsymbol{r}$,有

$$\boldsymbol{F}_{AC} = \int_A^C I_2 \mathrm{d}\boldsymbol{r} \times \boldsymbol{B}$$

方向垂直 AC 向下,大小为

$$F_{AC} = \int_d^{d+a} I_2 \mathrm{d}r \frac{\mu_0 I_1}{2\pi r} = \frac{\mu_0 I_1 I_2}{2\pi}\ln\frac{d+a}{d}$$

同理,对于 BC 段,在距 I_1 为 r 处取线元 $\mathrm{d}\boldsymbol{l}$,$\boldsymbol{F}_{BC}$ 方向垂直 BC 向上,大小为

$$F_{BC} = \int_d^{d+a} I_2 \mathrm{d}l \frac{\mu_0 I_1}{2\pi r}$$

因为

$$\mathrm{d}l = \frac{\mathrm{d}r}{\cos 45^\circ}$$

所以

$$F_{BC} = \int_d^{d+a} \frac{\mu_0 I_2 I_1 \mathrm{d}r}{2\pi r\cos 45^\circ} = \frac{\mu_0 I_1 I_2}{\sqrt{2}\pi}\ln\frac{d+a}{d}$$

例 13.4　如图 13－4 所示，真空中一半径为 R 的均匀带电圆环，总电量为 $q(q>0)$，以角速度 ω 绕通过圆心 O 且垂直于圆环平面的轴线转动，求：

(1) 圆环的磁矩；

(2) 圆环圆心处 O 点的磁感应强度.

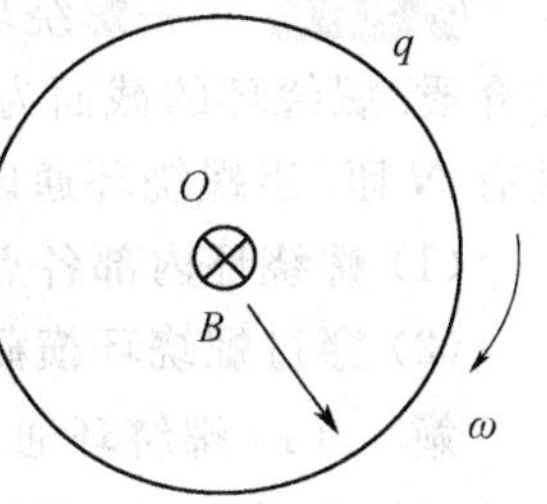

图 13－4　例 13.4 图

解　(1) 圆环转动的周期为

$$T=\frac{2\pi}{\omega}$$

所以等效圆电流的电流为

$$I=\frac{q}{T}=\frac{q\omega}{2\pi}$$

圆环的磁矩为

$$P_m=IS=\frac{q\omega S}{2\pi}=\frac{q\omega R^2}{2}$$

(2) 方法一：引用圆电流在圆心处的磁感应强度公式，O 点磁感应强度大小为

$$B=\frac{\mu_0 I}{2R}=\frac{\mu_0}{2R}\cdot\frac{q\omega}{2\pi}=\frac{\mu_0 q\omega}{4\pi R}$$

方向垂直纸面向里.

方法二：用运动电荷的磁场公式求解.

在圆环上取电荷元 dq，dq 的速度大小为 $R\omega$，电荷元在 O 产生的磁感应强度为

$$dB=\frac{\mu_0}{4\pi}\frac{v dq\sin\frac{\pi}{2}}{R^2}=\frac{\mu_0\omega dq}{4\pi R}$$

因为每个电流元在圆心处的磁感应强度方向相同，所以有

$$B=\int dB=\int\frac{\mu_0\omega dq}{4\pi R}=\frac{\mu_0\omega q}{4\pi R}$$

例 13.5　测定离子质量的质谱仪如图 13－5 所示，离子源产生质量为 m、电荷为 q 的离子，离子的初速很小，可看作静止，经电势差 U 加速后进入磁感应强度为 $\boldsymbol{B}$ 的均匀磁场，并沿一半圆轨道到达离入口处距离 x 的感光底片上. 试证明该离子的质量为 $m=\frac{B^2q}{8U}x^2$.

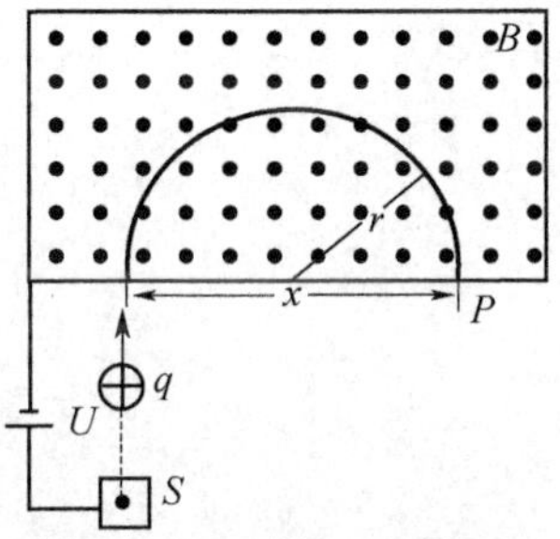

图 13－5　例 13.5 图

解　经过电场加速，离子获得的速度为

$$\frac{1}{2}mv^2=qU$$

$$v=\sqrt{\frac{2qU}{m}}$$

离子在磁场中做圆周运动的半径为

$$\frac{x}{2}=\frac{mv}{qB}=\frac{m}{qB}\sqrt{\frac{2qU}{m}}$$

由此可得

$$m=\frac{B^2q}{8U}x^2$$

例 13.6 一螺绕环内部填充了相对磁导率为 μ_r 的均匀磁介质. 螺绕环的截面为矩形，内径为 R_1、外径为 R_2，高为 h，共有 N 匝. 当螺绕环通以电流 I 时，试计算：

(1) 螺绕环内部各点的磁场强度和磁感应强度；

(2) 穿过螺绕环横截面的磁通量.

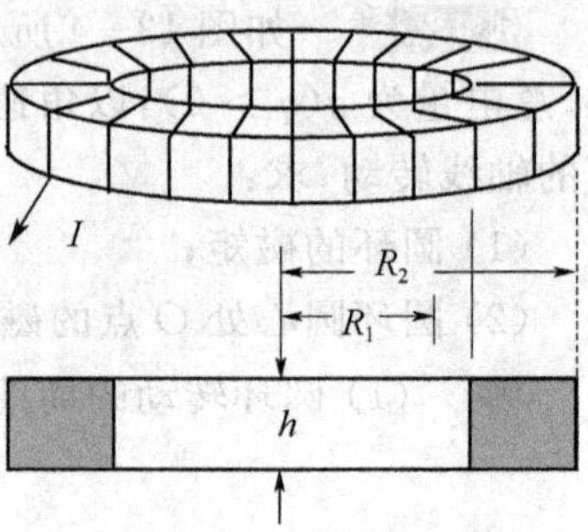

图 13-6 例 13.6 图

解 (1) 螺绕环通以电流时，磁场几乎全部集中在环内，环外磁场几乎为零. 根据电流分布的对称性可知，环内磁感应线为一系列同轴圆，同一圆上各点 $\boldsymbol{H}$ 大小相等，方向均沿圆的切线方向，与电流成右手螺旋方向. 下面用磁介质中的安培环路定理计算环内的磁场.

在环内任取一点 P，以 P 点到 O 点的距离 r 为半径作安培环路 L. 沿环路 L，$\boldsymbol{H}$ 的环流为

$$\oint_L \boldsymbol{H}\cdot \mathrm{d}\boldsymbol{l} = H\oint_L \mathrm{d}l = H\cdot 2\pi r = NI$$

$$H = \frac{NI}{2\pi r}$$

由此可得
$$B = \mu_0\mu_r H = \frac{\mu_0\mu_r NI}{2\pi r}$$

(2) 在距轴线距离为 r 处取高为 h，宽为 $\mathrm{d}r$ 的面积元

$$\mathrm{d}S = h\mathrm{d}r$$

则穿过横截面的磁通量为

$$\Phi_m = \int_S \boldsymbol{B}\cdot \mathrm{d}\boldsymbol{S} = \int_S B\,\mathrm{d}S = \int_{R_1}^{R_2}\frac{\mu_0\mu_r NIh}{2\pi r}\mathrm{d}r = \frac{\mu_0\mu_r NIh}{2\pi}\ln\frac{R_2}{R_1}$$

第14章　电磁感应

基本要求

1. 深刻理解法拉第电磁感应定律和楞次定律，并能熟练运用，计算感应电动势的大小和判断电动势的方向.

2. 理解感生电场的概念，了解动生电动势和感生电动势产生的根本原因. 掌握动生电动势和感生电动势的计算方法.

3. 了解自感和互感现象及其规律，掌握简单情形下自感和互感系数的计算.

4. 理解磁场具有能量，并能计算典型磁场的能量.

内容提要

1. 电磁感应的基本定律

(1) 法拉第电磁感应定律

不论任何原因，只要穿过闭合导体回路所包围面积的磁通量 Φ 是随时间 t 而变化的函数，在回路中都会出现感应电动势 ε，而且感应电动势的大小总是与磁通量对时间 t 的变化率 $\frac{\mathrm{d}\Phi}{\mathrm{d}t}$ 成正比，即 $\varepsilon=-\frac{\mathrm{d}\Phi}{\mathrm{d}t}$，负号是楞次定律的体现.

(2) 楞次定律

闭合回路中，感应电流的方向总是要使感应电流所激发的磁场去抵消或反抗引起感应电流的磁通量的变化.

2. 感应电动势

(1) 动生电动势

磁场不变，导体或导体回路在磁场中运动而产生的感应电动势.

$$\varepsilon=\int_L(\boldsymbol{v}\times\boldsymbol{B})\cdot\mathrm{d}\boldsymbol{l}$$

(2) 感生电动势

导体或导体回路不动，仅仅由于磁场随时间的改变而产生的感应电动势.

$$\varepsilon=\oint_L\boldsymbol{E}_{\mathrm{r}}\cdot\mathrm{d}\boldsymbol{l}=-\int_S\frac{\mathrm{d}\boldsymbol{B}}{\mathrm{d}t}\cdot\mathrm{d}\boldsymbol{S}$$

3. 自感与互感

① 自感系数：$L=\dfrac{\Psi}{I}$.

② 自感电动势：$\varepsilon_L=-\dfrac{\mathrm{d}\Psi}{\mathrm{d}t}=-L\dfrac{\mathrm{d}I}{\mathrm{d}t}$.

③ 互感系数：$M=\dfrac{\psi_{21}}{I_1}=\dfrac{\psi_{12}}{I_2}$.

④ 互感电动势：$\varepsilon_{21}=-\dfrac{\mathrm{d}\psi_{21}}{\mathrm{d}t}=-M\dfrac{\mathrm{d}I_1}{\mathrm{d}t}$，$\varepsilon_{12}=-\dfrac{\mathrm{d}\psi_{12}}{\mathrm{d}t}=-M\dfrac{\mathrm{d}I_2}{\mathrm{d}t}$.

4. 磁场的能量

① 自感磁能：一个自感系数为 L 的线圈通以电流 I 时，线圈中磁场的能量为 $W=\dfrac{1}{2}LI^2$.

② 磁能密度：单位体积磁场的能量 $w_m=\dfrac{W_m}{V}=\dfrac{1}{2}\boldsymbol{B}\cdot\boldsymbol{H}=\dfrac{1}{2}\dfrac{B^2}{\mu}=\dfrac{1}{2}\mu H^2$.

③ 磁场能量：体积为 V 的空间磁场的能量 $W_m=\int_V w_m\mathrm{d}V$.

重难点分析

1. 法拉第电磁感应定律

$$\varepsilon=-\frac{\mathrm{d}\Phi}{\mathrm{d}t}$$

式中 $\Phi=\Phi(t)=\iint_S\boldsymbol{B}\cdot\mathrm{d}\boldsymbol{S}$.

① 感应电动势的大小由$\dfrac{\mathrm{d}\Phi}{\mathrm{d}t}$决定，与磁通量 Φ 的大小无关，与引起 Φ 产生变化的原因无关.

② 引起磁通量 Φ 变化的原因包括：$\boldsymbol{B}$ 随时间的变化，$\boldsymbol{S}$ 随时间的变化，$\boldsymbol{B}$ 与 $\boldsymbol{S}$ 之间的夹角随时间的变化.

③ 电磁感应定律中的负号反映了感应电动势的方向与磁通量变化的关系，是楞次定律的数学表示.

④ 使用上式计算感应电动势时，先对闭合回路任意规定一个正绕向，并用右手螺旋法则确定回路所包围面积的正法线 $\boldsymbol{n}$ 的方向. 然后，根据 $\Phi=\int_S\boldsymbol{B}\cdot\mathrm{d}\boldsymbol{S}$ 求出磁通量，根据 $\varepsilon=-\dfrac{\mathrm{d}\Phi}{\mathrm{d}t}$ 求出电动势. 最后，要根据 ε 的符号来判断电动势的方向. 当 $\varepsilon>0$ 时，感应电动势的方向与规定的回路正绕向相同；当 $\varepsilon<0$ 时，感应电动势的方向与规定的回路正绕向相反.

⑤ 对于纯电阻 R 回路，感应电流为

$$I=\frac{\varepsilon}{R}=-\frac{1}{R}\frac{\mathrm{d}\Phi}{\mathrm{d}t}$$

2. 楞次定律

楞次定律可表述为：闭合回路中，感应电流的方向总是要使感应电流所激发的磁场去抵消

或反抗引起感应电流的磁通量的变化. 楞次定律表明,电磁感应的结果总是反抗引起电磁感应的原因.

判断闭合回路中感应电流的方向时,先确定原磁通量Φ的变化情况,然后用楞次定律确定感应电流所产生的磁场的方向. 如果原磁通量Φ随时间减小,感应电流所产生的磁场与原磁场同向;如果原磁通量Φ随时间增大,感应电流所产生的磁场与原磁场反向. 最后用右手定则来判断感应电流的方向.

楞次定律本质是能量守恒定律在电磁感应现象中的具体表现.

3. 动生电动势

磁场的分布不随时间变化,但导体回路相对于磁场运动,即导体在磁场中切割磁力线运动时产生的电动势,称为动生电动势.

导体中任一线元 d$\boldsymbol{l}$ 处的运动速度为$\boldsymbol{v}$,该处磁感应强度为$\boldsymbol{B}$,则其上产生的动生电动势为

$$\mathrm{d}\varepsilon = (\boldsymbol{v} \times \boldsymbol{B}) \cdot \mathrm{d}\boldsymbol{l}$$

整个导体上的动生电动势可以用积分表示为

$$\varepsilon = \int_{-}^{+} \boldsymbol{E}_{\mathrm{k}} \cdot \mathrm{d}\boldsymbol{l} = \int_{L} (\boldsymbol{v} \times \boldsymbol{B}) \cdot \mathrm{d}\boldsymbol{l}$$

① 上式揭示了产生动生电动势的根本原因是洛伦兹力.

② 上式中 d$\boldsymbol{l}$ 的方向与积分路径的指向一致. 如果由上式计算出$\varepsilon > 0$,则表示动生电动势的方向与积分路径一致,即由积分起点指向积分终点;反之$\varepsilon < 0$,表示动生电动势的方向与积分路径相反.

4. 感生电动势

导体或导体回路静止不动,磁场$\boldsymbol{B}$随时间变化,在这种情况下,产生的感应电动势称为感生电动势.

产生感生电动势的根本原因是:变化的磁场会在其周围空间激发一种电场,称之为感生电场,又叫涡旋电场,用$\boldsymbol{E}_{\mathrm{r}}$来表示. 在静止的导体中,产生感生电动势的非静电力是感生电场对电荷的作用力. 感生电场中,导线 ab 上产生的感生电动势为

$$\varepsilon = \int_{a}^{b} \boldsymbol{E}_{\mathrm{r}} \cdot \mathrm{d}\boldsymbol{l}$$

回路 L 中的感生电动势可表示为

$$\varepsilon = \oint_{L} \boldsymbol{E}_{\mathrm{r}} \cdot \mathrm{d}\boldsymbol{l}$$

5. 感生电场

感生电场由变化的磁场产生,其电场线是一条条闭合的曲线. 对任一闭合回路 L,感生电场的环流为

$$\oint_{L} \boldsymbol{E}_{\mathrm{r}} \cdot \mathrm{d}\boldsymbol{l} = -\frac{\mathrm{d}\Phi}{\mathrm{d}t} = -\frac{\mathrm{d}}{\mathrm{d}t}\int_{S} \boldsymbol{B} \cdot \mathrm{d}\boldsymbol{S} = -\int_{S} \frac{\partial \boldsymbol{B}}{\partial t} \cdot \mathrm{d}\boldsymbol{S}$$

上式表明,在感生电场中,对于任意的闭合环路,$\boldsymbol{E}_{\mathrm{r}}$的环流$\oint_{L} \boldsymbol{E}_{\mathrm{r}} \cdot \mathrm{d}\boldsymbol{l} \neq 0$,即感生电场是不同于静电场的非保守场. 公式中的负号指明了感生电场与变化的磁场在方向上形成左手螺旋关系. 若用左手大拇指指向$\frac{\partial \boldsymbol{B}}{\partial t}$的方向,则四指环绕的方向指向感生电场$\boldsymbol{E}_{\mathrm{r}}$的方向.

6. 自感

(1) 自感现象

当线圈中的电流 I 发生变化时，它所激发的磁场穿过该线圈自身的磁通链 Ψ 也随之变化，从而在该线圈自身产生感应电动势的现象，称为自感现象.

(2) 自感系数

磁通链 Ψ 与电流 I 成正比，比例系数称为自感系数，简称自感，用 L 表示，$L=\frac{\Psi}{I}$. L 与回路电流的大小无关，决定无铁磁质时线圈自感系数的因素是线圈回路的几何形状、大小及周围介质的磁导率和分布情况.

(3) 自感电动势

自感现象中产生的感应电动势，称为自感电动势，用 ε_L 表示.

$$\varepsilon_L=-\frac{\mathrm{d}\Psi}{\mathrm{d}t}=-L\frac{\mathrm{d}I}{\mathrm{d}t}$$

(4) 自感系数的计算

① 先设线圈中通有电流 I；

② 由毕奥-萨伐尔定律或安培环路定律得到线圈回路内的磁场 $\boldsymbol{B}$；

③ 求出穿过线圈回路所围面积的磁通链 Ψ；

④ 由 $L=\frac{\Psi}{I}$ 求出自感系数.

7. 互感

(1) 互感现象

由于两个载流线圈中电流的变化，相互引起对方回路中磁通量变化并激起感应电动势的现象称为互感现象.

(2) 互感系数

载流线圈 1 中的电流 I_1 发生变化时，在周围空间激发的磁场穿过线圈 2 所包围面积的磁通链 Ψ_{21} 也要变化，Ψ_{21} 与 I_1 成正比；载流线圈 2 中的电流 I_2 发生变化时，在周围空间激发的磁场穿过线圈 1 所包围面积的磁通链 Ψ_{12} 也要变化，Ψ_{12} 与 I_2 成正比. 两个比例系数相等，设为 M，$M=\frac{\Psi_{21}}{I_1}=\frac{\Psi_{12}}{I_2}$，称为两线圈之间的互感系数，简称互感.

(3) 互感电动势

互感现象中产生的电动势称为互感电动势.

$$\varepsilon_{21}=-\frac{\mathrm{d}\Psi_{21}}{\mathrm{d}t}=-M\frac{\mathrm{d}I_1}{\mathrm{d}t}$$

$$\varepsilon_{12}=-\frac{\mathrm{d}\Psi_{12}}{\mathrm{d}t}=-M\frac{\mathrm{d}I_2}{\mathrm{d}t}$$

8. 磁场能量

任一磁场中，只要知道了磁感应强度或磁场强度的分布，都可以用磁能密度

$$w_{\mathrm{m}}=\frac{1}{2}\boldsymbol{B}\cdot\boldsymbol{H}=\frac{1}{2}\frac{B^2}{\mu}=\frac{1}{2}\mu H^2$$

表示单位体积磁场具有的能量. 该式给出了磁能密度在空间的分布.

体积为 V 的整个磁场的能量利用积分计算：$W_m = \int_V w_m \mathrm{d}V$.

示例解析

例 14.1　如图 14-1 所示，在水平向右的均匀磁场 $\boldsymbol{B}$ 中，有一矩形线圈，共有 N 匝，其转轴 OO' 与 $\boldsymbol{B}$ 垂直，线圈面积为 S，磁场大小为 $B = B_0 \sin \omega t$. 线圈在磁场中围绕转轴以匀角速 ω 旋转. 初始时刻线圈平面的法向 $\boldsymbol{n}$ 与 $\boldsymbol{B}$ 之间的夹角为 0，求任意 t 时刻线圈中的感应电动势.

解　设 t 时刻 $\boldsymbol{n}$ 与 $\boldsymbol{B}$ 之间的夹角为 φ，则 $\varphi = \omega t$.

t 时刻穿过线圈平面的磁通链为

$$\begin{aligned}\Psi_m &= N\boldsymbol{B} \cdot \boldsymbol{S} = NBS\cos \varphi \\ &= NB_0 S\sin \omega t\cos \omega t \\ &= \frac{1}{2}NB_0 S\sin 2\omega t\end{aligned}$$

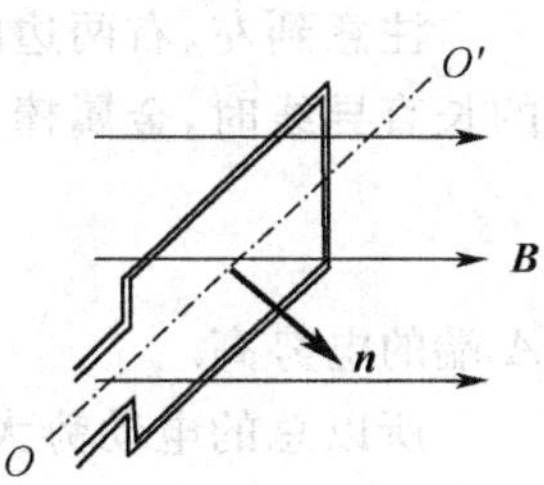

图 14-1　例 14.1 图

线圈中的感应电动势为

$$\varepsilon = -\frac{\mathrm{d}\Psi_m}{\mathrm{d}t} = -NB_0 S\omega\cos 2\omega t$$

感应电动势随时间 t 作周期性变化，当 $\varepsilon > 0$ 时，感应电动势的方向与 $\boldsymbol{n}$ 构成右手螺旋关系；当 $\varepsilon < 0$ 时，感应电动势的方向与 $\boldsymbol{n}$ 构成左手螺旋关系.

例 14.2　如图 14-2 所示，两根相距为 $2a$ 的长直导线中，通有等值反向的电流 I，在它们所在平面的正中间，有一长度为 $2L$ 的金属棒 AB，以恒定的速度 $\boldsymbol{v}$ 平行于两直导线运动. 求任意时刻金属棒中的感应电动势，并指出棒哪端的电势高.

解　方法一

如图 14-2 建立坐标系，设 x 轴正方向水平向右，在金属棒上坐标 x 处取一长度为 $\mathrm{d}x$ 的线元 $\mathrm{d}\boldsymbol{l}$，左边长直导线在该处产生的磁感应强度大小为 $\frac{\mu_0 I}{2\pi x}$，方向垂直纸面向里.

右边长直导线在该处产生的磁感应强度大小为 $\frac{\mu_0 I}{2\pi(2a-x)}$，方向垂直纸面向里.

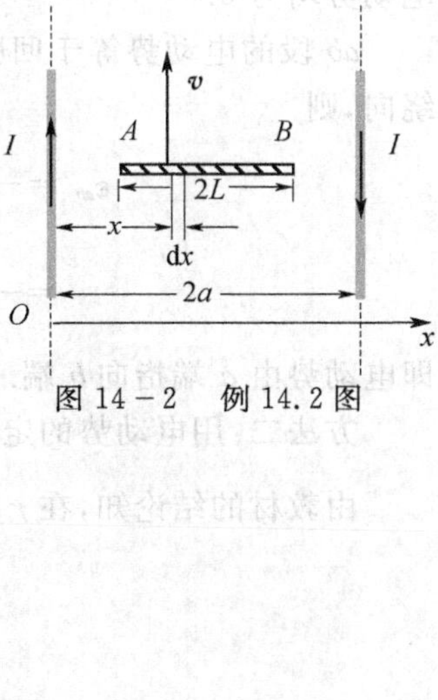

图 14-2　例 14.2 图

总磁场为 $B = \frac{\mu_0 I}{2\pi}\left(\frac{1}{2a-x} + \frac{1}{x}\right)$，方向垂直纸面向里.

$\mathrm{d}\boldsymbol{l}$ 上的动生电动势为

$$\mathrm{d}\varepsilon = (\boldsymbol{v} \times \boldsymbol{B}) \cdot \mathrm{d}\boldsymbol{l} = -\frac{\mu_0 I v}{2\pi}\left(\frac{1}{2a-x} + \frac{1}{x}\right)\mathrm{d}x$$

AB 上的动生电动势为

$$\begin{aligned}\varepsilon &= \int_A^B \mathrm{d}\varepsilon = -\frac{\mu_0 I v}{2\pi}\int_{a-L}^{a+L}\left(\frac{1}{2a-x} + \frac{1}{x}\right)\mathrm{d}x \\ &= -\frac{\mu_0 I v}{\pi}\ln\frac{a+L}{a-L}\end{aligned}$$

金属棒上电动势的大小为

$$\frac{\mu_0 Iv}{\pi}\ln\frac{a+L}{a-L}$$

因为 $\varepsilon<0$,电动势的方向与积分路径相反,从 B 指向 A,A 端电势高.

方法二

只有左边的长直导线时,金属棒上的动生电动势大小为

$$\varepsilon_1=\int_A^B(\boldsymbol{v}\times\boldsymbol{B})\cdot d\boldsymbol{l}=-\int_{a+L}^{a-L}vB\,dx=-\int_{a+L}^{a-L}\frac{\mu_0 Iv}{2\pi}dx=\frac{\mu_0 Iv}{2\pi}\ln\frac{a+L}{a-L}$$

A 端的电势高.

注意到左、右两边的直导线在金属棒处产生的磁场方向相同,由对称性可知,当只有右边的长直导线时,金属棒上的动生电动势大小同样为

$$\varepsilon_2=\frac{\mu_0 Iv}{2\pi}\ln\frac{a+L}{a-L}$$

A 端的电势高.

所以总的电动势大小为

$$\varepsilon=\varepsilon_1+\varepsilon_2=\frac{\mu_0 Iv}{\pi}\ln\frac{a+L}{a-L}$$

A 端的电势高.

例 14.3 磁感应强度为 $\boldsymbol{B}$ 的均匀磁场充满一半径为 R 的圆柱形空间,方向垂直纸面向里.一金属杆 ab 放在如图 14-3 所示位置,杆长为 R.当 $\frac{dB}{dt}=k$ 时(k 为正常数),求:(1) 杆两端感应电动势的大小和方向;(2) 如果金属杆放在 cd 所示的直径位置,杆两端感应电动势的大小和方向又是怎样的?

解 (1) 由磁场的对称性可知,感生电场的电场线是以管中心轴上的点 O 为圆心,圆面垂直于中心轴的同心圆.在同一圆周上,各点的感生电场大小相等,方向沿各点的切线方向.

方法一:用法拉第电磁感应定律求解.

作辅助线连接 Oa 和 Ob,由感生电场的分布可知 Oa、Ob 上的感生电动势均为 0.

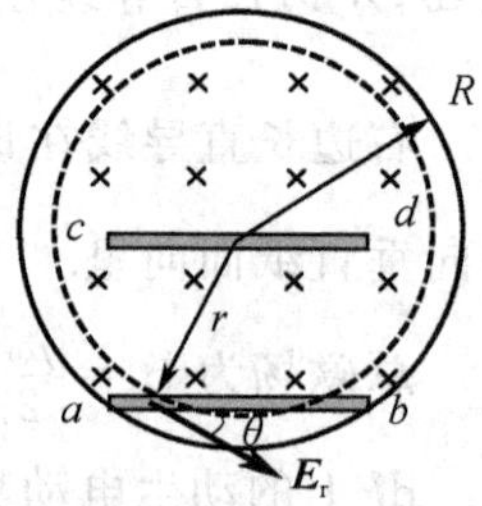

图 14-3 例 14.3 图

ab 段的电动势等于回路 $OabO$ 的电动势.以逆时针方向为回路正绕向,则

$$\varepsilon_{ab}=-\frac{d\Phi}{dt}=-\frac{d}{dt}(-BS_{OabO})$$

$$=-\frac{d}{dt}\left(-\frac{\sqrt{3}}{4}R^2B\right)=\frac{\sqrt{3}}{4}R^2k>0$$

即电动势由 a 端指向 b 端.

方法二:用电动势的定义求解.

由教材的结论知,在 $r<R$ 的区域内,$E_r=-\frac{r}{2}\frac{dB}{dt}$.当 $\frac{dB}{dt}>0$ 时,$\boldsymbol{E}_r$ 沿逆时针方向,所以

$$\varepsilon_{ab}=\int_a^b\boldsymbol{E}_r\cdot d\boldsymbol{l}=\int_a^b\frac{r}{2}k\,dl\cos\theta$$

由几何关系知，$r\cos\theta=\frac{\sqrt{3}}{2}R$，因此

$$\varepsilon_{ab}=\int_0^R \frac{1}{2}\frac{\sqrt{3}}{2}Rk\,\mathrm{d}l=\frac{\sqrt{3}}{4}R^2k>0$$

所以电动势由 a 端指向 b 端.

(2) 当金属杆放在 cd 所示的直径位置时，由于杆上各点感生电场均与杆垂直，$\boldsymbol{E}_{\mathrm{r}}\cdot\mathrm{d}\boldsymbol{l}=0$，所以 $\varepsilon_{cd}=\int_c^d \boldsymbol{E}_{\mathrm{r}}\cdot\mathrm{d}\boldsymbol{l}=0$

例 14.4　如图 14－4 所示，一根半径为 R 的半圆形导线在均匀磁场 $\boldsymbol{B}$ 中，以频率 f 围绕导线的直径旋转．求导线中电动势的最大值．

解　设 t 时刻，半圆形导线平面的法向与磁感应强度之间的夹角为 θ，由法拉第电磁感应定律，感应电动势为

$$\varepsilon=-\frac{\mathrm{d}\Phi}{\mathrm{d}t}=-\frac{\mathrm{d}}{\mathrm{d}t}\left(B\times\frac{1}{2}\pi R^2\times\cos\theta\right)$$

$$=\frac{1}{2}B\pi R^2\frac{\mathrm{d}\theta}{\mathrm{d}t}\sin\theta$$

$$\frac{\mathrm{d}\theta}{\mathrm{d}t}=\omega=2\pi f$$

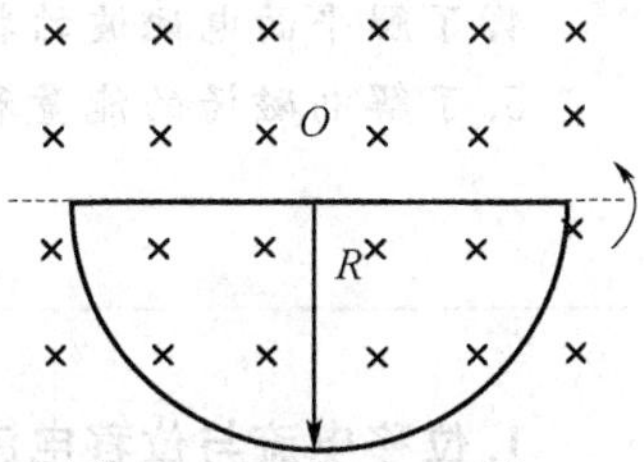

图 14－4　例 14.4 图

所以　$$\varepsilon=Bf\pi^2R^2\sin\theta$$

导线中电动势的最大值为 $Bf\pi^2R^2$.

例 14.5　一直螺线管长 30 cm，横截面的直径为 15 mm，由 2 500 匝表面绝缘的导线均匀密绕而成，其中铁芯的相对磁导率 $\mu_{\mathrm{r}}=1\ 000$. 试求导线中通以恒定电流 $I=2.0$ A 时，螺线管中心处的磁场能量密度．

解　由于螺线管的长度远远大于横截面直径，螺线管中心处的磁场可以看作是均匀的，磁感应强度的大小为

$$B=\frac{\mu NI}{L}=\frac{\mu_0\mu_{\mathrm{r}}NI}{L}$$

磁场强度为　$$H=\frac{B}{\mu_0\mu_{\mathrm{r}}}=\frac{NI}{L}$$

螺线管中心处的磁场能量密度为

$$w_{\mathrm{m}}=\frac{1}{2}BH=\frac{\mu_0\mu_{\mathrm{r}}}{2}\left(\frac{NI}{L}\right)^2$$

$$=\frac{4\pi\times10^{-7}\times1\ 000}{2}\times\left(\frac{2\ 500\times2}{30\times10^{-2}}\right)^2\ \mathrm{J\cdot m^{-3}}$$

$$=1.75\times10^5\ \mathrm{J\cdot m^{-3}}$$

第 15 章　电磁场和电磁波

基本要求

1. 理解位移电流和位移电流密度的基本概念.
2. 了解全电流的概念,了解全电流定律.
3. 了解麦克斯韦方程组的积分形式,理解其物理意义.
4. 了解平面电磁波的特征.
5. 了解电磁场的能量和动量,理解电磁场的物质性.

内容提要

1. 位移电流与位移电流密度

(1) 位移电流

电场的变化产生位移电流.通过电场中某一截面的电位移通量对时间的变化率称为通过该截面的位移电流,即

$$I_d=\frac{\mathrm{d}\Phi_D}{\mathrm{d}t}$$

(2) 位移电流密度

电场中某点电位移矢量对时间的变化率称为该点的位移电流密度,即

$$\boldsymbol{j}_d=\frac{\partial \boldsymbol{D}}{\partial t}$$

位移电流密度与位移电流的关系为 $I_d=\int_S \boldsymbol{j}_d\cdot \mathrm{d}\boldsymbol{S}$.

2. 全电流和全电流定律

(1) 全电流

通过某一截面的传导电流 I_c 与位移电流 I_d 之和,称为通过该截面的全电流 I_s,即

$$I_s=I_c+I_d=I_c+\int_S \frac{\partial \boldsymbol{D}}{\partial t}\cdot \mathrm{d}\boldsymbol{S}$$

全电流在空间中是连续的,传导电流中断的地方,由位移电流连接起来.

(2) 全电流定律

磁场强度沿任意闭合回路的环流等于该闭合回路所包围(穿过以该回路为边界的任意曲面)全电流的代数和,即

$$\oint_L \boldsymbol{H}\cdot \mathrm{d}\boldsymbol{l}=I_s=I_c+\int_S \frac{\partial \boldsymbol{D}}{\partial t}\cdot \mathrm{d}\boldsymbol{S}$$

3. 麦克斯韦方程组的积分形式

$$\oint_S \boldsymbol{D} \cdot \mathrm{d}\boldsymbol{S} = \sum q_i$$

$$\oint_L \boldsymbol{E} \cdot \mathrm{d}\boldsymbol{l} = -\int_S \frac{\partial \boldsymbol{B}}{\partial t} \cdot \mathrm{d}\boldsymbol{S}$$

$$\oint_S \boldsymbol{B} \cdot \mathrm{d}\boldsymbol{S} = 0$$

$$\oint_L \boldsymbol{H} \cdot \mathrm{d}\boldsymbol{l} = I_c + \int_S \frac{\partial \boldsymbol{D}}{\partial t} \cdot \mathrm{d}\boldsymbol{S}$$

4. 平面电磁波的性质

① 电磁波是横波：电场强度 $\boldsymbol{E}$ 与磁场强度 $\boldsymbol{H}$ 垂直，并且与电磁波的传播方向垂直.

② 电磁波是偏振波：$\boldsymbol{E}$ 和 $\boldsymbol{H}$ 分别在互相垂直的平面内振动.

③$\boldsymbol{E}$ 和 $\boldsymbol{H}$ 同相，其大小之间满足关系式：$\sqrt{\varepsilon}E = \sqrt{\mu}H$.

④ 在介电常数和磁导率分别为 ε 和 μ 的介质中，电磁波传播的速度为 $u = \frac{1}{\sqrt{\varepsilon\mu}}$.

5. 电磁场的能量与动量

① 速度为 u 的电磁场的能量密度为 $w = \frac{1}{u}EH$.

② 电磁波的能流密度（坡印廷矢量）为 $\boldsymbol{S} = \boldsymbol{E} \times \boldsymbol{H}$.

③ 电磁场的动量密度为 $\boldsymbol{g} = \frac{\boldsymbol{E} \times \boldsymbol{H}}{c^2} = \frac{\boldsymbol{S}}{c^2}$.

④ 电磁场的物质性：电磁场具有能量与动量，因而与实物粒子一样具有物质性.

重难点分析

1. 位移电流

位移电流与传导电流不同，并非由于电荷的定向运动而产生，而是由变化的电场所引起. 位移电流可以存在于导体、真空和电介质中，在导体中传播时不会产生焦耳热. 通常情况下，导体中主要是传导电流，位移电流可以忽略. 而在电介质中的电流主要是位移电流，传导电流忽略不计.

2. 麦克斯韦方程组的积分形式及其物理意义

(1) $\oint_S \boldsymbol{D} \cdot \mathrm{d}\boldsymbol{S} = \sum q_i$

对任一封闭曲面的电位移通量等于封闭曲面内包围的自由电荷的代数和. 该方程反映了有电荷必有电场.

(2) $\oint_L \boldsymbol{E} \cdot \mathrm{d}\boldsymbol{l} = -\int_S \frac{\partial \boldsymbol{B}}{\partial t} \cdot \mathrm{d}\boldsymbol{S}$

电场强度沿任一闭合回路的环流等于通过以该回路为边界的任意曲面的磁通量对时间变化率的负值. 式中，电场包含静电场和涡旋电场，$\boldsymbol{E} = \boldsymbol{E}_e + \boldsymbol{E}_r$. 该方程反映了变化的磁场产生电场.

(3) $\oint_S \boldsymbol{B} \cdot \mathrm{d}\boldsymbol{S} = 0$

对任一封闭曲面的磁通量恒等于 0，反映了磁感应线总是闭合曲线.

(4) $\oint_L \boldsymbol{H} \cdot \mathrm{d}\boldsymbol{l} = I_c + \int_S \frac{\partial \boldsymbol{D}}{\partial t} \cdot \mathrm{d}\boldsymbol{S}$

磁场强度沿任一闭合回路的环流等于穿过以该回路为边界的任一曲面的全电流.全电流包括传导电流和位移电流.该方程反映了变化的电场产生磁场.

示例解析

例 15.1 一平行板电容器的两极板都是半径为 0.1 m 的圆形导体片,极板之间没有介质.在充电过程中,极板间电场强度的变化率为$\frac{\mathrm{d}E}{\mathrm{d}t} = 1.0 \times 10^{12}$ V/(m·s),求:(1) 两极板间的位移电流;(2) 极板边缘处的磁感应强度.

解 (1) 两极板间的位移电流为

$$\begin{aligned} I_d &= \frac{\mathrm{d}\Phi_D}{\mathrm{d}t} = \frac{\mathrm{d}}{\mathrm{d}t}\int_s \boldsymbol{D} \cdot \mathrm{d}\boldsymbol{S} = \varepsilon_0 \int_s \frac{\mathrm{d}\boldsymbol{E}}{\mathrm{d}t} \cdot \mathrm{d}\boldsymbol{S} = \varepsilon_0 \frac{\mathrm{d}E}{\mathrm{d}t} S \\ &= 8.85 \times 10^{-12} \times 1.0 \times 10^{12} \times 3.14 \times (0.1)^2 \\ &= 0.28 \text{ A} \end{aligned}$$

(2) 电容器内无介质,也无传导电流,沿极板边缘作安培回路,由安培环路定理可得

$$\oint_L \boldsymbol{H} \cdot \mathrm{d}\boldsymbol{l} = H 2\pi R = \frac{B}{\mu_0} 2\pi R = I_d \quad (\text{式中 } R \text{ 为极板的半径})$$

极板边缘处磁感应强度为

$$\begin{aligned} B &= \frac{\mu_0}{2\pi R} I_d = \frac{4\pi \times 10^{-7} \times 0.28}{2\pi \times 0.1} \\ &= 5.6 \times 10^{-7} \text{ T} \end{aligned}$$

例 15.2 如图 15-1 所示,圆柱形导体,长为 l,底面半径为 a,电阻为 R,通有电流 I.证明:(1) 在导体表面上,坡印廷矢量垂直表面并指向导体内部;(2) 沿导体表面的坡印廷矢量的面积积分等于导体内产生的焦耳热功率 I^2R.

证明 (1) 在圆柱体的表面上,电场强度的方向即为电流的方向,磁场强度 $\boldsymbol{H}$ 的方向与电流的方向构成右手螺旋关系,在导体表面沿着切线方向并垂直于 $\boldsymbol{E}$.

由 $\boldsymbol{S} = \boldsymbol{E} \times \boldsymbol{H}$ 可以判定坡印廷矢量 $\boldsymbol{S}$ 的方向垂直于导体表面,并且指向导体内部.

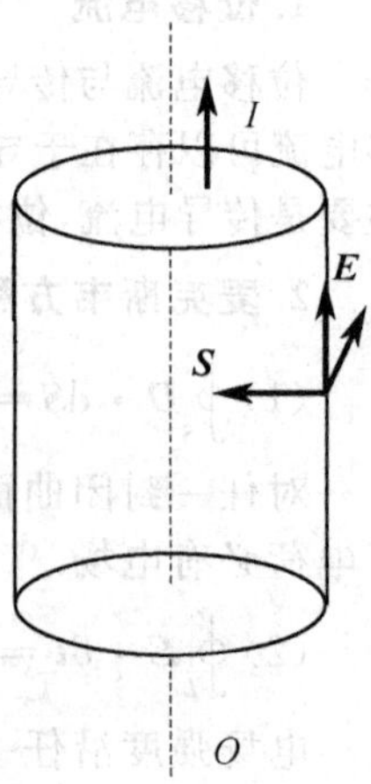

图 15-1 例 15.2 图

(2) 导体表面处的磁场强度和电场强度分别为

$$H = \frac{I}{2\pi a}, \quad E = \frac{IR}{l}$$

表面处坡印廷矢量的大小为

$$S = EH = \frac{I^2 R}{2\pi a l}$$

对于长为 l 的导体,单位时间通过表面积 $A = 2\pi a l$ 输入的电磁能量为

$$\int_A S \mathrm{d}A = S \int_A \mathrm{d}A = I^2 R$$

自测题十

一、选择题

1. 边长为 a 的正方形的四个顶点上，放置着四个正的点电荷，电量分别为 q、$2q$、$3q$、$4q$，若将另一正点电荷 Q 从无穷远处移到正方形的中心 O 处，外力所做的功为(　　).

(A) $\dfrac{\sqrt{2}qQ}{2\pi\varepsilon_0 a}$　(B) $\dfrac{5\sqrt{2}qQ}{2\pi\varepsilon_0 a}$　(C) $\dfrac{5\sqrt{2}qQ}{\pi\varepsilon_0 a}$　(D) $\dfrac{5\sqrt{2}qQ}{4\pi\varepsilon_0 a}$

2. 面积为 S 的空气平行板电容器，极板上分别带电量 $+q$、$-q$，若不考虑边缘效应，则两极板间的相互作用力为(　　).

(A) $\dfrac{q^2}{\varepsilon_0 S}$　(B) $\dfrac{q^2}{\varepsilon_0 S^2}$　(C) $\dfrac{q^2}{2\varepsilon_0 S}$　(D) $\dfrac{q^2}{2\varepsilon_0 S^2}$

3. 下列关于感生电场与静电场的说法中，不正确的是(　　).

(A) 静电场由相对于观察者静止的电荷产生

(B) 感生电场的电力线不是闭合的

(C) 两种场对导体的作用不同：静电场对导体有静电感应现象，而感生电场对导体有电磁感应现象

(D) 两种场对点电荷的作用力都是 $\boldsymbol{F}=q\boldsymbol{E}$

4. 两块面积均为 S 的金属平板 A 和 B 彼此平行放置，板间距离为 d(d 远小于板的线度)，设 A 板带电量 q，B 板带电量 $-q$，则 AB 两板间的电势差为(　　).

(A) $\dfrac{qd}{\varepsilon_0 S}$　(B) $\dfrac{qd}{2\varepsilon_0 S}$　(C) $\dfrac{qd}{4\varepsilon_0 S}$　(D) $\dfrac{2qd}{\varepsilon_0 S}$

5. 两个同心薄金属球壳，半径分别为 R_1 和 R_2($R_2>R_1$)，若分别带上电量为 q_1 和 q_2 的电荷，则两者的电势分别为 U_1 和 U_2(选无穷远处为电势零点). 现用导线将两球壳相连接，则它们的电势为(　　).

(A) U_1　(B) U_2　(C) U_1+U_2　(D) $\dfrac{1}{2}(U_1+U_2)$

6. 根据高斯定理的数学表达式 $\oint_s \boldsymbol{E}\cdot \mathrm{d}\boldsymbol{S}=\sum q_i/\varepsilon_0$，可知下述各种说法中正确的是(　　).

(A) 闭合面内，电荷代数和为零时，闭合面上各点场强一定为零

(B) 闭合面内，电荷代数和不为零时，闭合面上各点场强一定处处不为零

(C) 闭合面内，电荷代数和为零时，闭合面上各点场强不一定处处为零

(D) 闭合面内，电荷代数和为零时，闭合面内一定处处无电荷

7. 两个同心球壳，内球壳半径为 R_1，均匀带有电量 Q；外球壳半径为 R_2，壳的厚度忽略，原先不带电，但与地相连接，如图 10-1 所示. 设地为电势零点，则在两球之间、距离球心为 r 的 P 点处电场强度的大小与电势分别为(　　).

(A)$E=\dfrac{Q}{4\pi\varepsilon_0 r^2}$，$U=\dfrac{Q}{4\pi\varepsilon_0 r}$ (B)$E=\dfrac{Q}{4\pi\varepsilon_0 r^2}$，$U=\dfrac{Q}{4\pi\varepsilon_0}\left(\dfrac{1}{R_1}-\dfrac{1}{r}\right)$

(C)$E=\dfrac{Q}{4\pi\varepsilon_0 r^2}$，$U=\dfrac{Q}{4\pi\varepsilon_0}\left(\dfrac{1}{r}-\dfrac{1}{R_2}\right)$ (D)$E=0$，$U=\dfrac{Q}{4\pi\varepsilon_0 R_2}$

8. 点电荷Q被闭合曲面S所包围，从无穷远处引入另一点电荷q至曲面外一点，如图10-2所示，则引入前后（ ）.

(A) 曲面S的电通量不变，曲面上各点场强不变

(B) 曲面S的电通量变化，曲面上各点场强不变

(C) 曲面S的电通量变化，曲面上各点场强变化

(D) 曲面S的电通量不变，曲面上各点场强变化

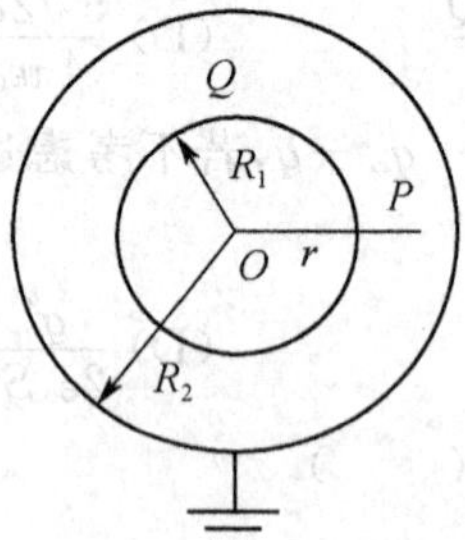

图10-1 选择题7图

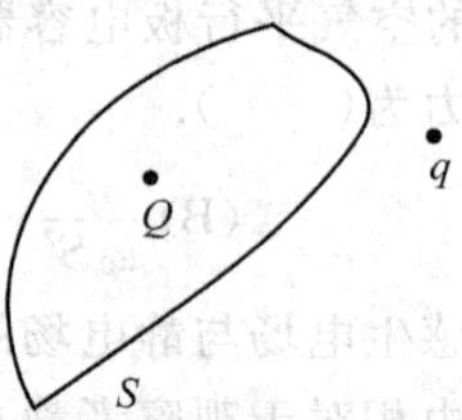

图10-2 选择题8图

9. 一个带电量为$-q$的点电荷，位于一原来不带电的金属球外，与球心的距离为d，如图10-3所示. 则在金属球内，与球心相距为l的P点处，由金属球上的感应电荷产生的场强为（ ）.

(A) 0

(B) $\dfrac{-\sigma'}{\varepsilon_0}\boldsymbol{i}$ （σ'为P点附近球面上的感应电荷面密度）

(C) $\dfrac{+q}{4\pi\varepsilon_0\ (d-l)^2}\boldsymbol{i}$

(D) $\dfrac{-q}{4\pi\varepsilon_0\ (d-l)^2}\boldsymbol{i}$

10. 如图10-4所示，导体球A与导体球壳B组成电容器，球A上带电量为q，球壳B上带电量为Q，测得球A与球壳B的电势差为U_{AB}，则电容器的电容为（ ）.

(A) $\dfrac{q}{U_{AB}}$ (B) $\dfrac{Q}{U_{AB}}$ (C) $\dfrac{q+Q}{U_{AB}}$ (D) $\dfrac{q+Q}{2U_{AB}}$

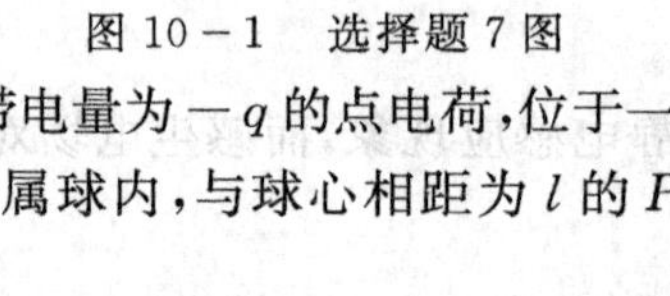

图10-3 选择题9图

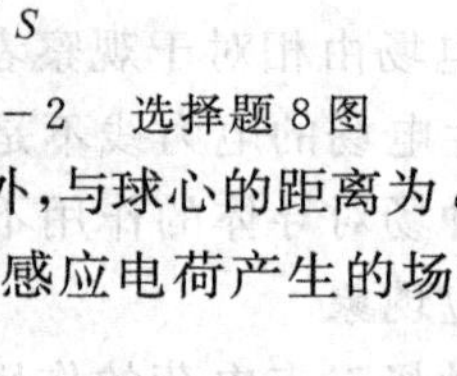

图10-4 选择题10图

二、填空题

1. A、B为真空中两个平行的"无限大"均匀带电平面，已知两平面间的电场强度大小为E_0，两平面外侧电场强度大小都为$E_0/3$，方向如图10-5所示，则A、B两平面上的电荷面密度

分别为 $\sigma_A =$ ____________，$\sigma_B =$ ____________.

2. 如图 10－6 所示，将一负电荷从无穷远处移到一个不带电的导体附近，则导体内的电场强度____________，导体的电势____________.（填“增大”“不变”“减小”）

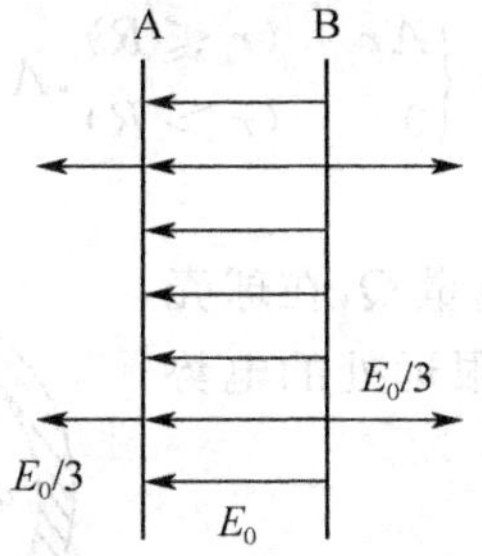

图 10－5　填空题 1 图

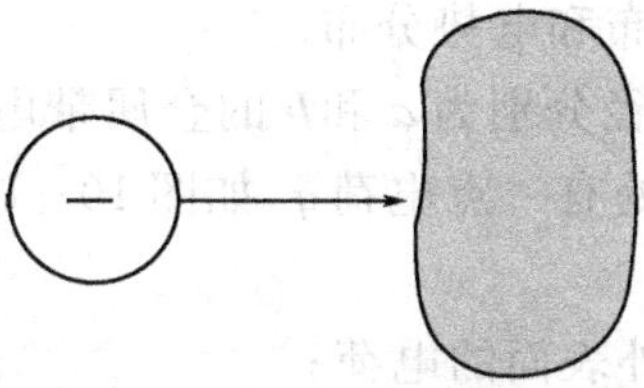

图 10－6　填空题 2 图

3. 平行板电容器在保持电量不变的条件下，若将两极板间距增大为原来的 2 倍，则电容器的电场能量变为原来的________倍.

4. 如图 10－7 所示，半径为 R 的半球面置于场强大小为 E 的均匀电场中，其对称轴与场强方向一致，则通过该半球面的电通量为____________.

5. 如图 10－8(a) 所示，P 是带电直线中垂线上的一点，已知其电势为 5 V. 现将带电直线对折，如图 10－8(b) 所示，则 P 点的电势为____________.

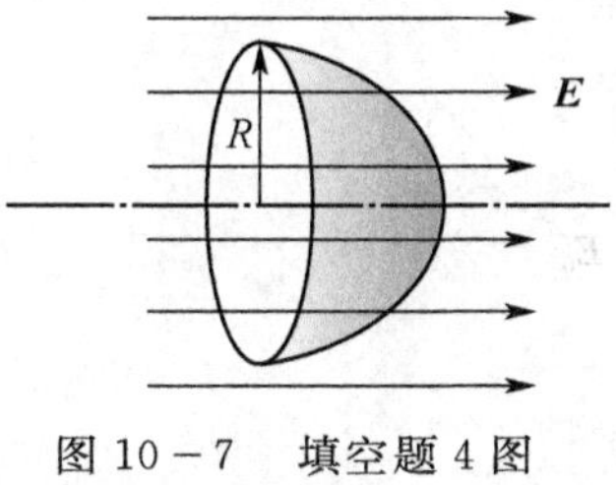

图 10－7　填空题 4 图

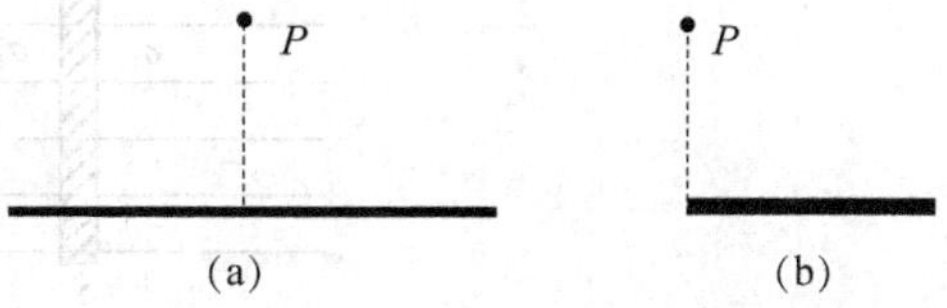

图 10－8　填空题 5 图

6. 如图 10－9 所示，一均匀带电直线长为 d，电荷线密度为 $+\lambda$，以导线中点 O 为球心，R 为半径 $(R > d)$ 作一球面，则通过该球面的电通量为____________，带电直线的延长线与球面交点 P 处的电势为____________.

7. 如图 10－10 所示，一半径为 R 的均匀带电细圆环，带电量为 Q，水平放置. 在圆环轴线的上方离圆心 R 处，有一质量为 m，带电量为 q 的小球. 当小球从该点下落到圆心位置时，则电场力所做的功为________________.

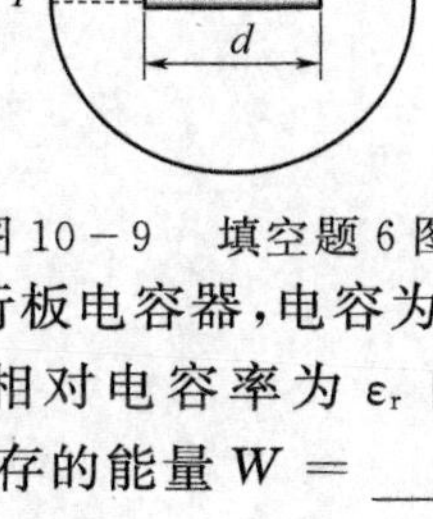

图 10－9　填空题 6 图

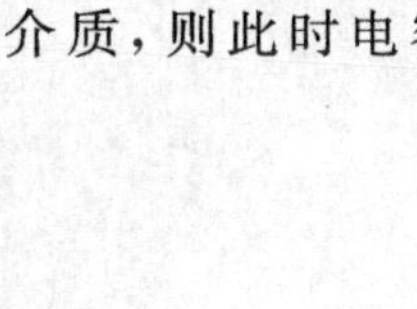

图 10－10　填空题 7 图

8. 一空气平行板电容器，电容为 C_0，充电后将电源断开，它所储存的电场能量为 W_0. 如果在两极板间充满相对电容率为 ε_r 的各向同性的均匀电介质，则此时电容器的电容 $C =$ ____________，储存的能量 $W =$ ________________.

三、计算题

1. 一根玻璃棒被弯成半径为 R 的半圆形，其上电荷均匀分布，电荷线密度为 λ，求半圆中心 O 点处的：(1) 场强大小；(2) 电势.

2. 一半径为 R 的带电球体，其电荷体密度分布为 $\rho=\begin{cases}Ar & (r\leqslant R)\\ 0 & (r>R)\end{cases}$，$A$ 为一常数. 试求球体内外的场强分布和电势分布.

3. 一内外半径分别为 a 和 b 的金属带电球壳，带有电量 Q，在球壳空腔内距球心 r 处有一点电荷 q，如图 10－11 所示，设无限远处的电势为零，求：

(1) 球壳内外表面的电荷；

(2) 球心处的总电势.

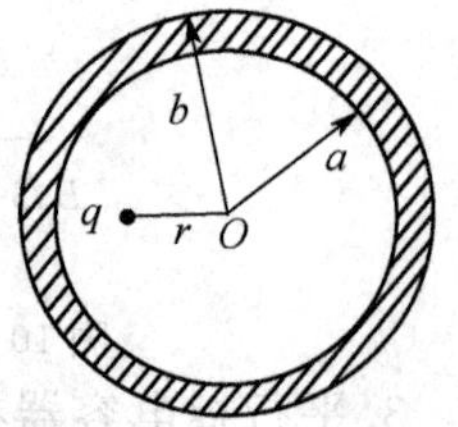

图 10－11　计算题 3 图

4. 如图 10－12 所示，一块可以视为无限大的导体平板均匀带电，总电量为 Q，面积为 S，垂直插入一个电场强度为 $\boldsymbol{E}_0$ 的均匀电场中. 试求：

(1) 导体板内的电场强度；

(2) 导体平板两边表面的电荷面密度 σ_1 和 σ_2.

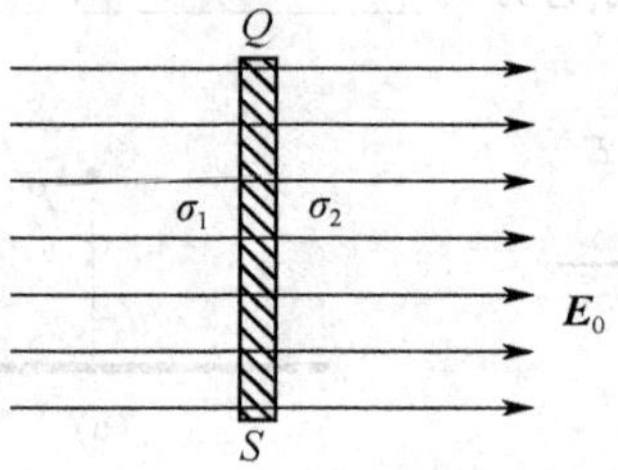

图 10－12　计算题 4 图

自测题十一

一、选择题

1. 下面结论中正确的是(　　).

(A) 一个点电荷在它的周围空间中任一点产生的电场强度均不为零,一个电流元在它的周围空间中任一点产生的磁感应强度也均不为零

(B) 用安培环路定理可以求出有限长直线电流周围的磁场

(C) $\boldsymbol{B}$ 的方向是运动电荷所受磁力最大时运动电荷的运动方向(或试验线圈所受磁力矩最大时载流线圈的法线方向)

(D) 以上结论均不正确

2. 在磁感应强度为 $\boldsymbol{B}$ 的均匀磁场中作一半径为 r 的半球面 S,S 边线所在平面的法线方向单位矢量 $\boldsymbol{n}$ 与 $\boldsymbol{B}$ 的夹角为 θ,则通过半球面 S 的磁通量为(　　).

(A) $\pi r^2 B$　　(B) $2\pi r^2 B$　　(C) $-\pi r^2 B\sin\theta$　　(D) $-\pi r^2 B\cos\theta$

3. 关于稳恒电流磁场的磁场强度 $\boldsymbol{H}$,下列几种说法中哪个是正确的?(　　)

(A) $\boldsymbol{H}$ 仅与传导电流有关

(B) 若闭合曲线内没有包围传导电流,则曲线上各点的 $\boldsymbol{H}$ 必为零

(C) 若闭合曲线上各点 $\boldsymbol{H}$ 均为零,则该曲线所包围传导电流的代数和为零

(D) 以闭合曲线 L 为边缘的任意曲面的 $\boldsymbol{H}$ 通量均相等

4. 一个半径为 R,载流为 I 的圆弧,所对应的圆心角为 $\pi/3$,则它在圆心产生的磁场的磁感应强度大小为(　　).

(A) $\dfrac{\mu_0 I}{12R}$　　(B) $\dfrac{\mu_0 I}{2R}$　　(C) $\dfrac{\mu_0 I}{6R}$　　(D) $\dfrac{\mu_0 I}{9R}$

5. 如图 11-1 所示,电流由长直导线 1 沿 ab 边方向经 a 点流入一电阻均匀分布的正方形框,再由 c 点沿 dc 方向流出,经长直导线 2 返回电源.设载流导线 1、2 和正方形框在框中心 O 点产生的磁感应强度分别用 $\boldsymbol{B}_1$、$\boldsymbol{B}_2$ 和 $\boldsymbol{B}_3$ 表示,则 O 点的磁感应强度大小为(　　).

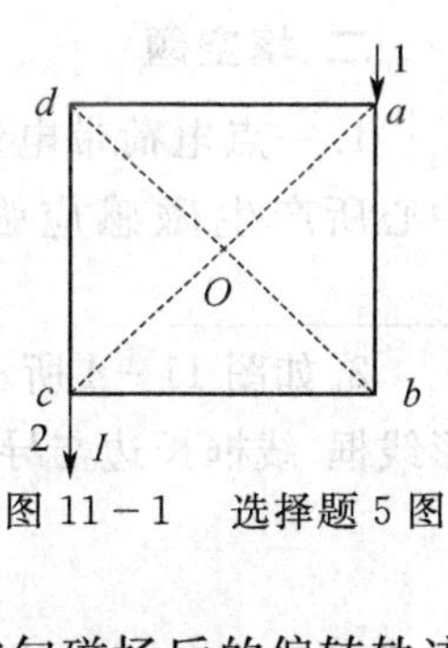

图 11-1　选择题 5 图

(A) $B=0$,因为 $\boldsymbol{B}_1=\boldsymbol{B}_2=\boldsymbol{B}_3=0$

(B) $B=0$,因为虽然 $\boldsymbol{B}_1\neq 0$,$\boldsymbol{B}_2\neq 0$;但 $\boldsymbol{B}_1+\boldsymbol{B}_2=0$,$\boldsymbol{B}_3=0$

(C) $B\neq 0$,因为虽然 $\boldsymbol{B}_1+\boldsymbol{B}_2=0$,但 $\boldsymbol{B}_3\neq 0$

(D) $B\neq 0$,因为虽然 $\boldsymbol{B}_3=0$,但 $\boldsymbol{B}_1+\boldsymbol{B}_2\neq 0$

6. 图 11-2 为四个带电粒子在 O 点沿相同方向垂直于磁力线射入均匀磁场后的偏转轨迹的图片.磁场方向垂直纸面向外,轨迹所对应的四个粒子的质量相等,电量大小也相等,则其中动能最大的带负电的粒子的轨迹是(　　).

(A) Oa　　(B) Ob　　(C) Oc　　(D) Od

7. 如图 11-3 所示，真空中存在多个电流，则沿闭合路径 L 磁感应强度的环流 $\oint_L \boldsymbol{B}\cdot \mathrm{d}\boldsymbol{l}$ 为(　　).

(A)$\mu_0(I_3 - I_4)$　　(B)$\mu_0(I_4 - I_3)$

(C)$\mu_0(I_2 + I_3 - I_1 - I_4)$　　(D)$\mu_0(I_2 + I_3 + I_1 + I_4)$

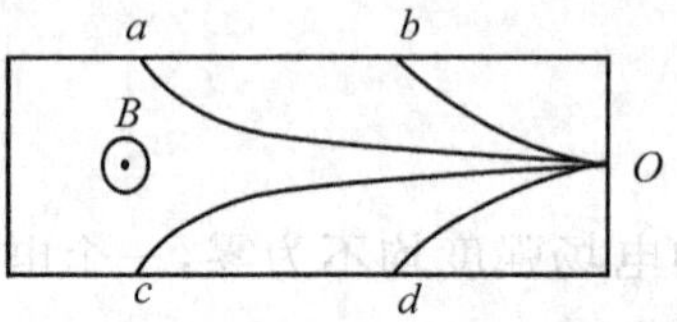

图 11-2　选择题 6 图

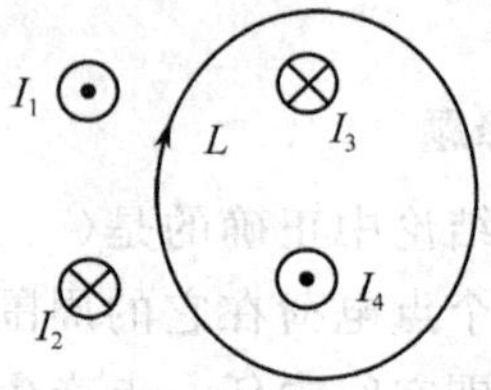

图 11-3　选择题 7 图

8. 有一半径为 R 的单匝圆线圈，通以电流 I，若将该导线弯成匝数 $N=2$ 的平面圆线圈，导线长度不变，并通以同样的电流，则线圈中心的磁感应强度和线圈的磁矩分别是原来的(　　).

(A)4 倍和 1/8　　(B)4 倍和 1/2

(C)2 倍和 1/4　　(D)2 倍和 1/2

9. 有一由 N 匝细导线绕成的平面正三角形线圈，边长为 a，通有电流 I，置于均匀外磁场 $\boldsymbol{B}$ 中，当线圈平面的法向与外磁场同向时，该线圈所受的磁力矩 $\boldsymbol{M}$ 的大小为(　　).

(A) $\sqrt{3}Na^2IB/2$　　(B) $\sqrt{3}Na^2IB/4$

(C) $\sqrt{3}Na^2IB\sin 60°$　　(D) 0

10. 在恒定磁场中，下列说法中正确的是(　　).

(A) 在 $\oint_L \boldsymbol{B}\cdot \mathrm{d}\boldsymbol{l} = \mu_0 \sum I_i$ 中，$\boldsymbol{B}$ 仅与回路所围的电流有关

(B) 安培环路定理可用来确定圆电流的磁场

(C) 安培环路定理具有普适性，它对具有对称性的磁场求解 B 值比较方便

(D) 以上说法都不对

二、填空题

1. 一点电荷带电量 q，以速度 v 在半径为 R 的圆周上做匀速圆周运动，该带电质点在轨道中心所产生磁感应强度 $B=$ ________，该带电质点轨道运动的磁矩 $P_m=$ ________.

2. 如图 11-4 所示，电流为 I 的无限长直载流导线旁，与之共面放着一个长为 a，宽为 b 的矩形线框. 线框长边与导线平行，且二者相距 b，此时线框中的磁通量 $\Phi=$ ________.

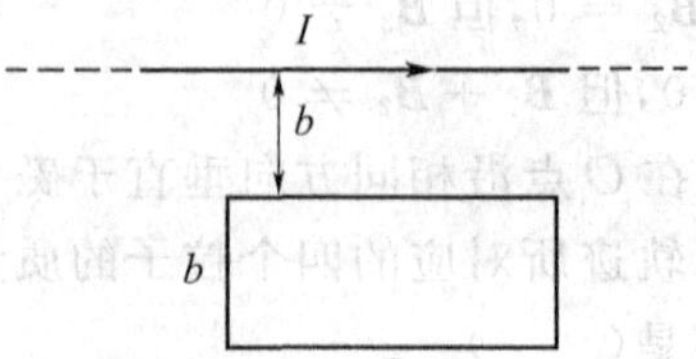

图 11-4　填空题 2 图

3. 如图 11－5 所示，均匀磁场中有一任意形状的载流导线，导线平面与$\boldsymbol{B}$垂直，其所受安培力大小应为____________，这说明，在垂直匀强磁场的平面内，起点与终点一样的曲导线和直导线所受安培力大小____________.

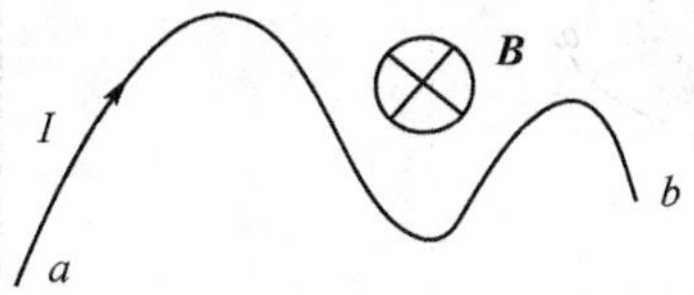

图 11－5　填空题 3 图

4. 如图 11－6 所示，平行长直电流A和B，电流均为I，电流方向垂直纸面向外，两导线相距a，则

(1)P 点(AB 中点) 的磁感应强度大小 $B_P=$________；

(2) 磁感应强度 $\boldsymbol{B}$ 沿图中环路 L 的线积分 $\oint_L \boldsymbol{B}\cdot \mathrm{d}\boldsymbol{l}=$____________；

(3) 环路积分 $\oint_L \boldsymbol{B}\cdot \mathrm{d}\boldsymbol{l}$ 中的 $\boldsymbol{B}$ 是由电流________所决定的.

5. 如图 11－7 所示，将半径为 R 的无限长导体薄圆筒沿轴向割下一宽为 $h(h\ll R)$ 的无限长条后，圆筒上沿轴向均匀通有电流，沿圆周的线电流密度为 i，则轴线上磁感应强度 $\boldsymbol{B}$ 的大小为________.

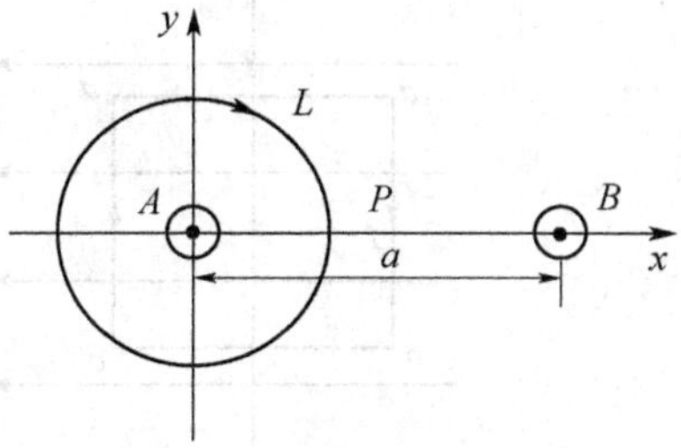

图 11－6　填空题 4 图

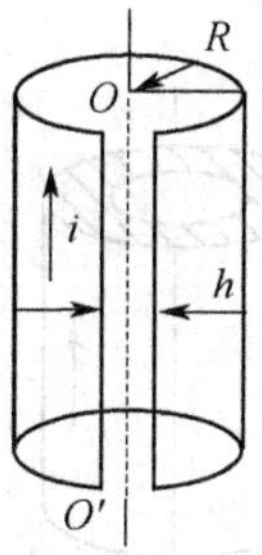

图11－7　填空题 5 图

6. 一个绕有 N 匝导线的平均周长为 L 的细螺绕环，导线中的电流为 I，细螺绕环内部铁芯的相对磁导率为 μ_r，则(1) 铁芯中的磁场强度的大小为____________；(2) 铁芯中的磁感应强度的大小为____________.

三、计算题

1. 半径为 R 的薄圆盘均匀带电，电荷面密度为 σ，令圆盘以角速度 ω 绕它的轴 AB 旋转，如图 11－8 所示. 求圆盘圆心 O 点处的磁感应强度的大小.

2. 如图 11－9 所示，用一根无限长的载流直导线弯成直角，并与一圆形载流线圈处于同一平面内，直导线中的电流为 I_1，圆线圈中的电流为 I_2. 求圆线圈中心 O 点处的磁感应强度.

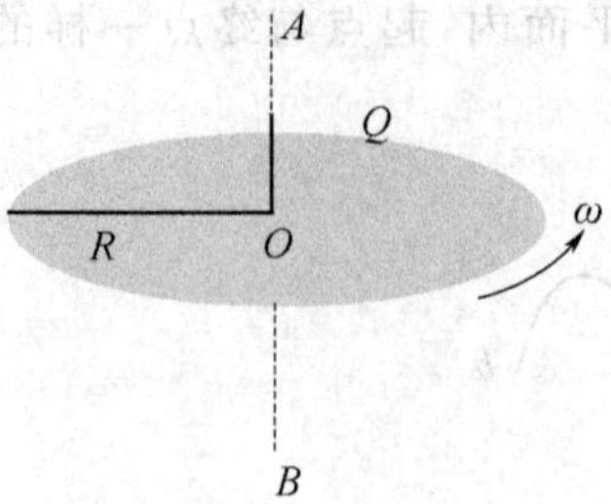

图 11－8　计算题 1 图

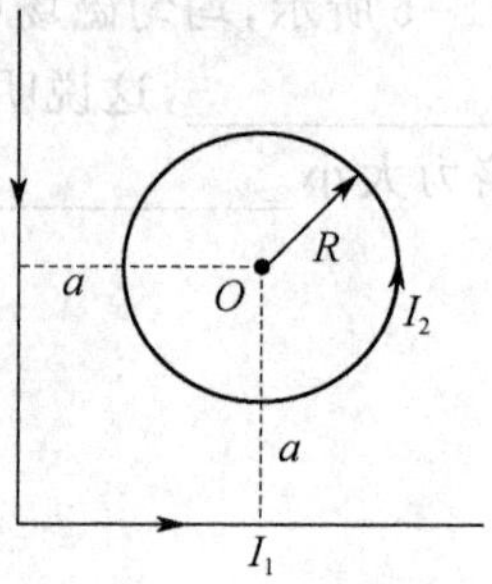

图 11－9　计算题 2 图

3. 有一长直导体圆管，内、外半径分别为 R_1 和 R_2，如图 11－10 所示，它所载的电流 I_1 均匀分布在其横截面上. 导体旁边有一绝缘“无限长”直导线，载有电流 I_2，且在中部绕了一个半径为 R 的圆圈. 设导体管的轴线与长直导线平行，相距为 d，而且它们与导体圆圈共面，求圆心 O 点处的磁感应强度.

4. 边长为 l 的正方形线圈放在磁感应强度为 $\boldsymbol{B}$ 的均匀磁场中，线圈平面与磁场方向平行. 如图 11－11 所示，使线圈通以电流 I，求：

(1) 线圈每边所受的安培力；

(2) 对 OO' 轴的磁力矩大小；

(3) 从所在位置转到线圈平面与磁场垂直时磁力所做的功.

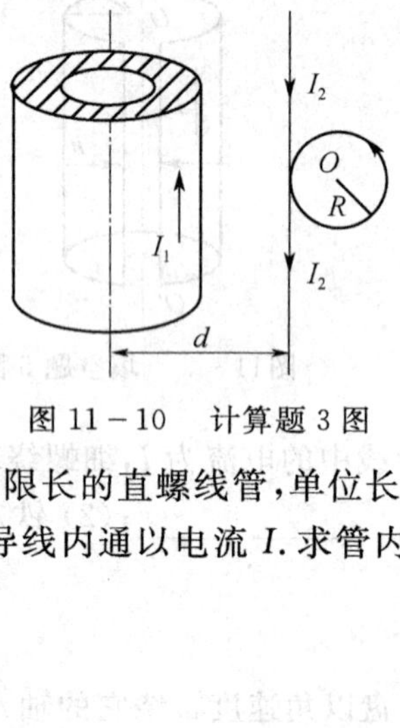

图 11－10　计算题 3 图

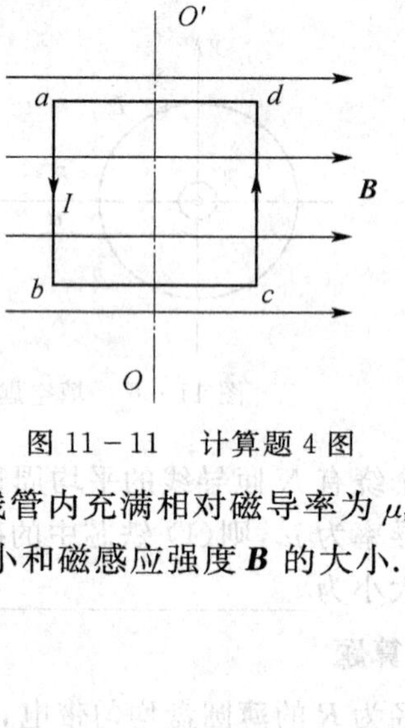

图 11－11　计算题 4 图

5. 一无限长的直螺线管，单位长度上的匝数为 n，螺线管内充满相对磁导率为 μ_r 的均匀磁介质. 今在导线内通以电流 I. 求管内的磁场强度 $\boldsymbol{H}$ 的大小和磁感应强度 $\boldsymbol{B}$ 的大小.

自测题十二

一、选择题

1. 对位移电流，有下述四种说法，请指出哪一种说法正确.(　　)

(A) 位移电流是由变化电场产生的

(B) 位移电流是由线性变化磁场产生的

(C) 位移电流的热效应服从焦耳-楞次定律

(D) 位移电流的磁效应不服从安培环路定理

2. 一平行板电容器的极板是半径为 R 的两圆形金属板，极板间为空气. 将极板与交流电源相接，板上电量随时间的变化关系为 $q = q_0 \sin \omega t$（ω 为常量），忽略边缘效应，则电容器极板间的位移电流为(　　).

(A) $q_0 \omega \cos \omega t$　　(B) $q_0 \omega \cos \omega t / \pi R^2$

(C) $2q_0 \omega \cos \omega t$　　(D) $2q_0 \omega \cos \omega t / \pi R^2$

3. 如图 12-1 所示，导体棒 AB 在均匀磁场 $\boldsymbol{B}$ 中绕轴 OO' 转动（角速度 $\boldsymbol{\omega}$ 与 $\boldsymbol{B}$ 同方向），BC 的长度为棒长的 $\frac{1}{3}$，则(　　).

(A) A 点比 B 点电势高　　(B) A 点与 B 点电势相等

(C) A 点比 B 点电势低　　(D) 有稳恒电流从 A 点流向 B 点

4. 磁感应强度为 $\boldsymbol{B}$ 的均匀磁场充满一半径为 R 的圆柱形空间，一长度为 R 的金属杆 AC 放在如图 12-2 所示的位置. 当 $\frac{\mathrm{d}B}{\mathrm{d}t} > 0$ 时，杆两端的感应电动势的大小为(　　).

(A) 0　　(B) $\frac{\sqrt{3}}{2} R^2 \frac{\mathrm{d}B}{\mathrm{d}t}$

(C) $\frac{\sqrt{3}}{4} R^2 \frac{\mathrm{d}B}{\mathrm{d}t}$　　(D) $\frac{1}{6} \pi R^2 \frac{\mathrm{d}B}{\mathrm{d}t}$

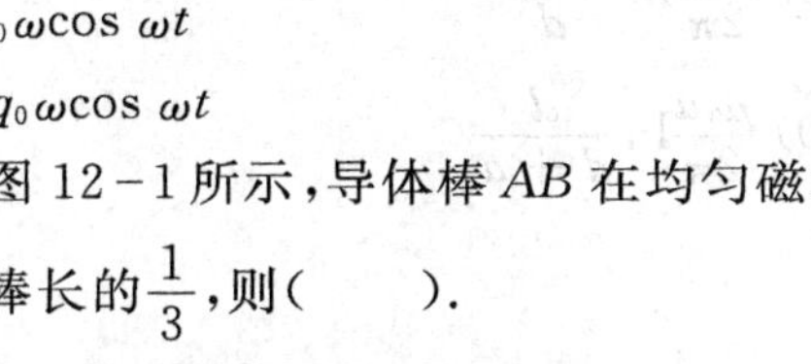

图 12-1　选择题 3 图

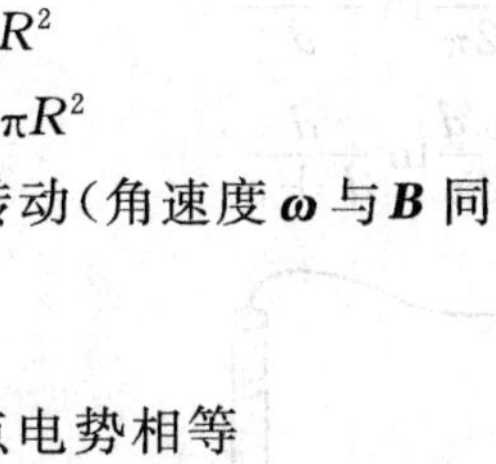

图 12-2　选择题 4 图

5. 用线圈的自感 L 表示载流线圈磁场能量的公式 $W_m = \frac{1}{2} L I^2$(　　).

(A) 只适用于无限长的密绕的螺线管

(B) 只适用于单匝圆线圈

(C) 只适用于匝数很多且密绕的螺线管

(D) 适用于自感系数 L 一定的任意线圈

6. 如图 12-3 所示，真空中两根很长的相距为 $2a$ 的平行直导线与电源组成闭合回路. 已知导线中的电流为 I，则在两导线正中间某点 P 处的磁能密度为（　　）

(A) $\frac{1}{\mu_0}\left(\frac{\mu_0 I}{2\pi a}\right)^2$　　(B) $\frac{1}{2\mu_0}\left(\frac{\mu_0 I}{2\pi a}\right)^2$

(C) $\frac{1}{2\mu_0}\left(\frac{\mu_0 I}{\pi a}\right)^2$　　(D)0

7. 如图 12-4 所示，导体 AOC 在均匀磁场中以速度 $\boldsymbol{v}$ 向右运动，$\overline{AO}=\overline{OC}=L$，则杆中的感应电动势为（　　）.

(A) BLv　　(B) $BLv\sin\theta$

(C) $BLv\cos\theta$　　(D) $BLv(1+\cos\theta)$

8. 如图 12-5 所示，一边长为 a 的正方形线圈与一长直导线位于同一平面内，它们间的互感系数为（　　）.

(A) $\frac{\mu_0 d}{2\pi}\ln\frac{d+a}{d}$　　(B) $\frac{\mu_0 a}{2\pi}\ln\frac{d+a}{d}$

(C) $\frac{\mu_0 d}{2\pi}\ln\frac{d}{d+a}$　　(D) $\frac{\mu_0 a}{2\pi}\ln\frac{d}{d+a}$

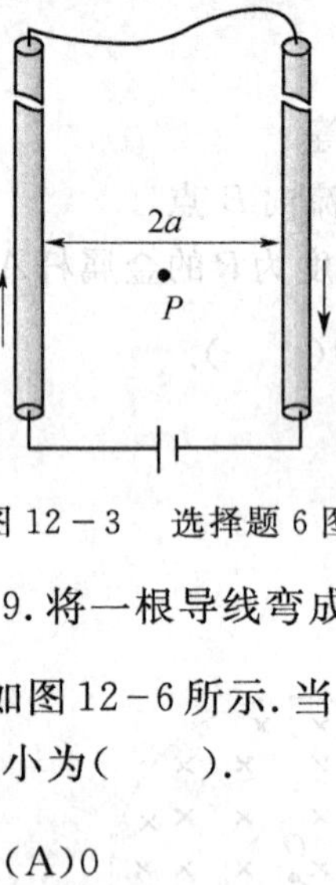

图 12-3　选择题 6 图

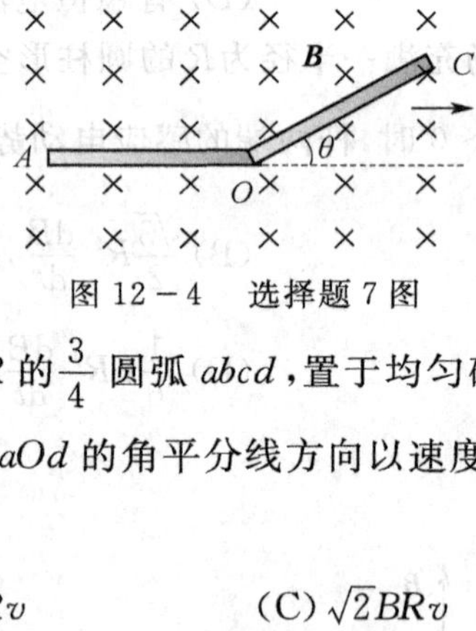

图 12-4　选择题 7 图

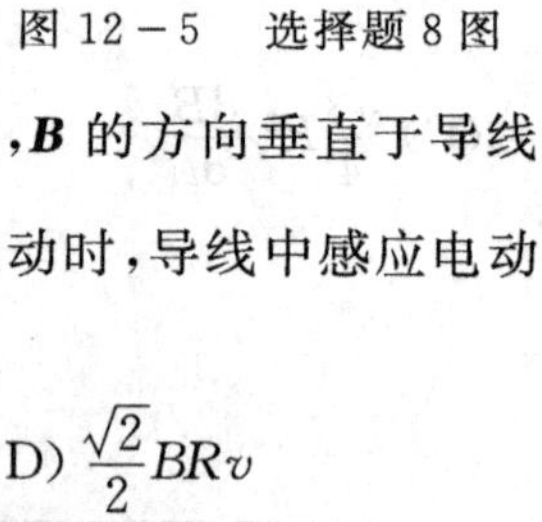

图 12-5　选择题 8 图

9. 将一根导线弯成半径为 R 的 $\frac{3}{4}$ 圆弧 $abcd$，置于均匀磁场 $\boldsymbol{B}$ 中，$\boldsymbol{B}$ 的方向垂直于导线平面，如图 12-6 所示. 当导线沿角 aOd 的角平分线方向以速度 $\boldsymbol{v}$ 向右运动时，导线中感应电动势的大小为（　　）.

(A)0　　(B) BRv　　(C) $\sqrt{2}BRv$　　(D) $\frac{\sqrt{2}}{2}BRv$

10. 如图 12-7 所示，直角三角形金属框架 abc 放在均匀磁场中，磁场平行于 ab 边，bc 的长度为 l，当金属框架绕 ab 边以匀角速度 ω 转动时，abc 回路中的感应电动势 ε 和 a、c 两点间的电势差 U_a-U_c 为（　　）.

(A) $\varepsilon=0, U_a-U_c=\frac{1}{2}B\omega l^2$　　(B) $\varepsilon=0, U_a-U_c=-\frac{1}{2}B\omega l^2$

(C) $\varepsilon=B\omega l^2, U_a-U_c=\frac{1}{2}B\omega l^2$　　(D) $\varepsilon=B\omega l^2, U_a-U_c=-\frac{1}{2}B\omega l^2$

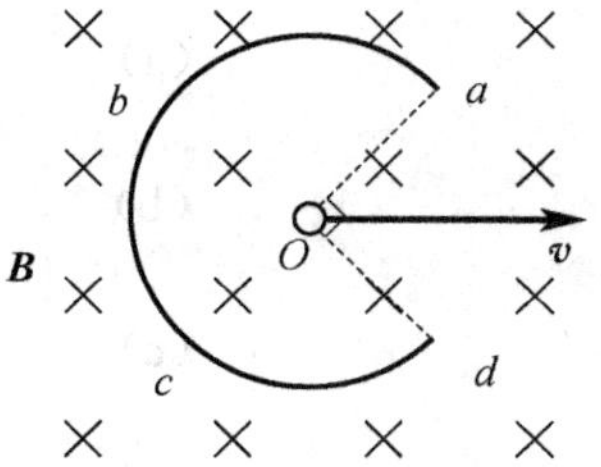

图 12－6　选择题 9 图

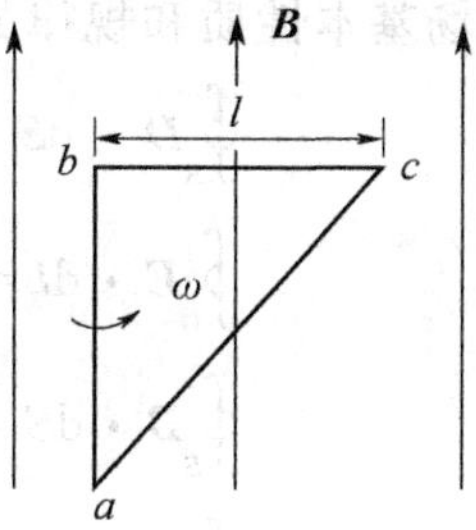

图 12－7　选择题 10 图

二、填空题

1. 产生动生电动势的非静电力是__________；产生感生电动势的非静电力是__________；激发感生电场的场源是__________.

2. 一半径为 r 的圆形回路置于磁感应强度为 $\boldsymbol{B}$ 的均匀磁场中，回路平面与磁场垂直. 当回路以恒定速率$\frac{\mathrm{d}r}{\mathrm{d}t}$开始收缩时，回路中感应电动势的大小为__________.

3. 如图 12－8 所示，半径为 R 的半圆形导线以速度 $\boldsymbol{v}$ 在均匀磁场 $\boldsymbol{B}$ 中运动，$\boldsymbol{v} \perp \boldsymbol{B}$. ab 为半圆直径，它与速度 $\boldsymbol{v}$ 垂直，则在半圆形导线中产生的感应电动势大小为__________.

4. 如图 12－9 所示，有一根无限长直导线绝缘地紧贴在矩形线圈的中心轴 OO' 上，则直导线与矩形线圈间的互感系数为__________.

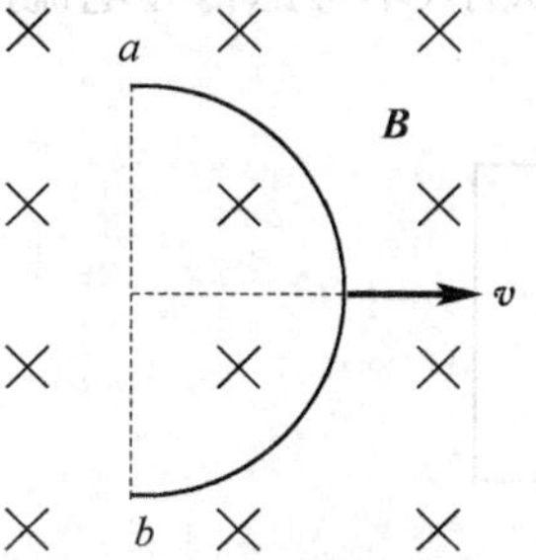

图 12－8　填空题 3 图

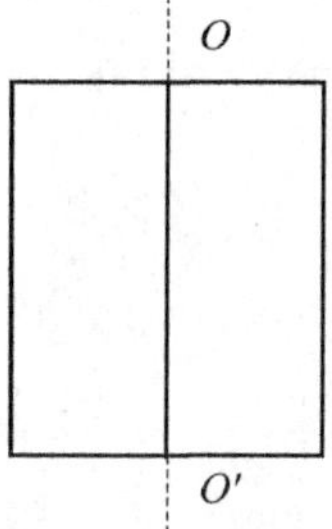

图 12－9　填空题 4 图

5. 磁换能器常用来检查微小的振动. 如图 12－10 所示，在振动杆的一端接一个线圈（N 匝），则线圈随杆在均匀磁场中来回进出地振动. 设杆的振动速率为 $v = \frac{\mathrm{d}x}{\mathrm{d}t}$，则穿过线圈的磁通量为__________，线圈中的感应电动势 $\varepsilon =$__________.

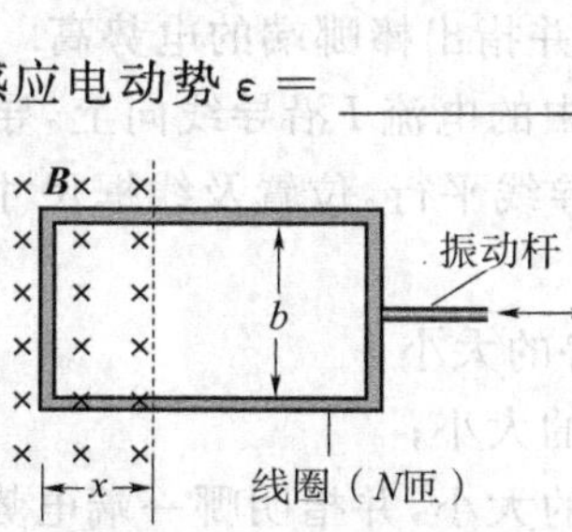

图 12－10　填空题 5 图

6. 一无铁芯的长直螺线管，在保持其半径和总匝数不变的情况下，把螺线管拉长一些，则它的自感系数将__________（填"增大"、"减小"或"不变"）.

7. 反映电磁场基本性质和规律的积分形式的麦克斯韦方程组为

$$\oint_S \boldsymbol{D} \cdot \mathrm{d}\boldsymbol{S} = \sum q_i \qquad \text{(a)}$$

$$\oint_L \boldsymbol{E} \cdot \mathrm{d}\boldsymbol{l} = -\frac{\mathrm{d}\Phi_{\mathrm{m}}}{\mathrm{d}t} \qquad \text{(b)}$$

$$\oint_S \boldsymbol{B} \cdot \mathrm{d}\boldsymbol{S} = 0 \qquad \text{(c)}$$

$$\oint_L \boldsymbol{H} \cdot \mathrm{d}\boldsymbol{l} = \sum I_i + \frac{\mathrm{d}\Phi_D}{\mathrm{d}t} \qquad \text{(d)}$$

试判断下列结论是包含于或等效于哪一个麦克斯韦方程式的. 将自己确定的方程式的代号填在相应结论后的空白处.

(1) 变化的磁场一定伴随有电场；________

(2) 磁感应线是无头无尾的；________

(3) 电荷总伴随有电场. ________

三、计算题

1. 如图 12－11 所示，设平行板电容器内各点的交变电场强度 $E = E_0 \sin \omega t$. 试求：

(1) 电容器中的位移电流密度；

(2) 电容器中的位移电流(设平行板电容器极板面积为 S，忽略边缘效应)；

(3) 电容器内距中心连线 r 处的 P 点的磁场强度的大小(不考虑传导电流产生的磁场).

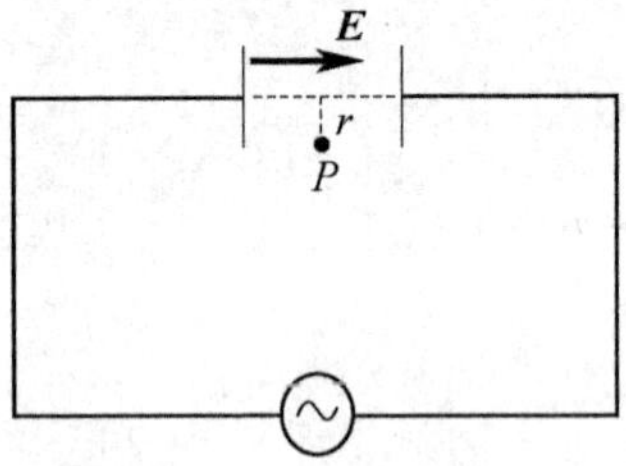

图 12－11 计算题 1 图

2. 电流为 I 的长直载流导线近旁有一与之共面的导体 AB，长度为 l. 设导体的 A 端与长导线相距为 a，AB 延长线与长导线的夹角为 θ，如图 12－12 所示. 导体 AB 以恒定的速度 $\boldsymbol{v}$ 沿电流方向移动. 求 AB 上的感应电动势，并指出棒哪端的电势高.

3. 如图 12－13 所示，长直导线中的电流 I 沿导线向上，导线附近放一个与之共面的直角三角形线框 ABC，其一边 AB 与载流导线平行，位置及线框尺寸如图所示. 线框 ABC 平行于载流导线以速度 $\boldsymbol{v}$ 向上运动，求：

(1) 线框 ABC 中的感应电动势的大小；

(2) 导线 AB 中的感应电动势的大小；

(3) 导线 BC 中的感应电动势的大小，并指明哪一端电势高；

(4) 导线 AC 中的感应电动势的大小.

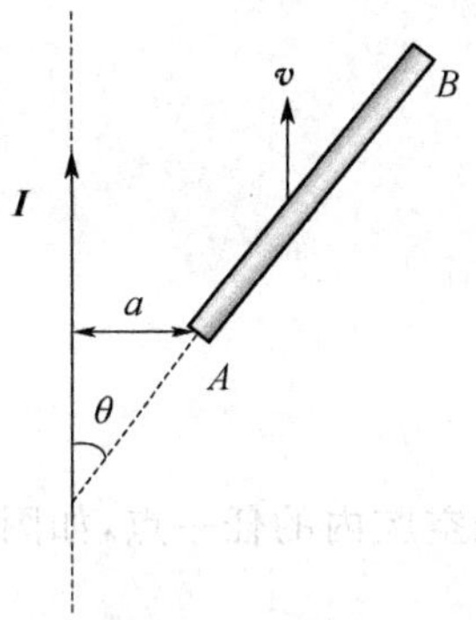

图 12－12　计算题 2 图

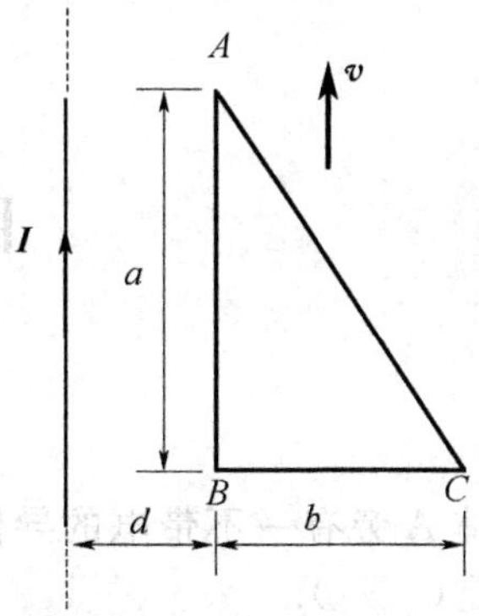

图 12－13　计算题 3 图

4. 半径为 R 的圆线圈，在磁感应强度为 $\boldsymbol{B}$ 的均匀磁场中以匀角速度 ω 绕 OO' 轴转动；轴垂直于 $\boldsymbol{B}$，忽略自感. 设 $t=0$ 时，线圈平面与 $\boldsymbol{B}$ 平行，如图 12－14 所示. 求 t 时刻线圈中的感应电动势的大小.

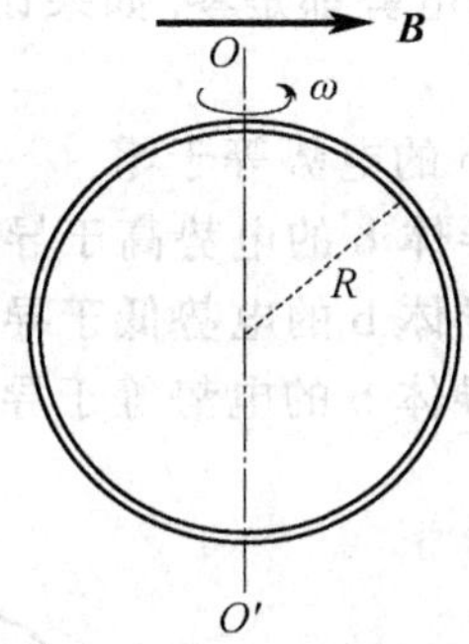

图 12－14　计算题 4 图

自测题十三

一、选择题

1. 在带电体A旁有一不带电的导体壳B，P为导体壳空腔内的任一点，如图13-1所示. 下面说法正确的是(　　).

(A) 带电体A在P点产生的电场强度为零

(B) 带电体A和导体壳B的内表面的感应电荷在P点产生的合强度为零

(C) 带电体A和导体壳B的外表面的感应电荷在P点产生的合强度为零

(D) 导体壳B的内、外表面的感应电荷在P点产生的合强度为零

2. 有两个不带电导体a、b，它们的电势都是零. 如果让导体a带上正电，如图13-2所示，那么(　　).

(A) 导体a的电势大于零，导体b的电势等于零

(B) 导体a、b的电势都大于零，导体b的电势高于导体a的电势

(C) 导体a、b的电势都大于零，导体b的电势低于导体a的电势

(D) 导体a、b的电势都大于零，导体b的电势等于导体a的电势

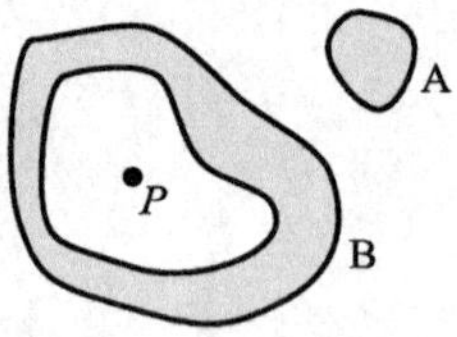

图13-1　选择题1图

图13-2　选择题2图

3. 如图13-3所示，空间有两长直导线，其中分别载有电流I_1和I_2，L为空间闭合曲线，点P是L上的一点，当I_2在L外移动时，则(　　).

(A) $\oint_L \boldsymbol{B}\cdot \mathrm{d}\boldsymbol{l}$改变，$\boldsymbol{B}_P$不变

(B) $\oint_L \boldsymbol{B}\cdot \mathrm{d}\boldsymbol{l}$不变，$\boldsymbol{B}_P$改变

(C) $\oint_L \boldsymbol{B}\cdot \mathrm{d}\boldsymbol{l}$与$\boldsymbol{B}_P$同时改变

(D) $\oint_L \boldsymbol{B}\cdot \mathrm{d}\boldsymbol{l}$与$\boldsymbol{B}_P$均不改变

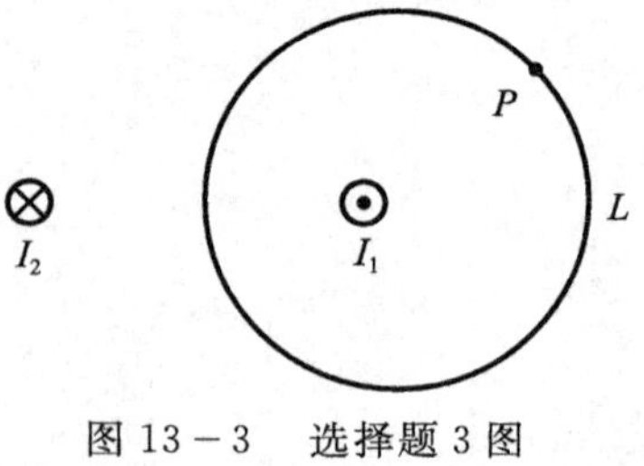

图13-3　选择题3图

4. 下列四种描述正确的是(　　).

(A) 场强大的地方，电势一定高，电势高的地方，场强一定大

(B) 带正电的物体的电势一定是正的，电势为零的物体一定不带电

(C) 场强为零的地方，电势不一定为零，电势为零的地方，场强不一定为零

(D) 场强大小相等的地方，电势相等，等势面上场强的大小一定相等

5. 在方向向上的均匀磁场中，有一半径为R的导体圆盘，盘面与磁场方向垂直，如图13－4所示. 当盘以角速度ω绕通过盘心且垂直于盘面的转轴逆时针（从上向下看）转动时，盘心与边缘间的电势差($V_{心}-V_{边}$)为(　　)

(A) $-\dfrac{B\omega R^2}{4}$　(B) $\dfrac{B\omega R^2}{4}$　(C) $-\dfrac{B\omega R^2}{2}$　(D) $\dfrac{B\omega R^2}{2}$

6. 在圆柱形空间内有一磁感应强度为$\boldsymbol{B}$的均匀磁场，$\boldsymbol{B}$的大小以速率$\dfrac{dB}{dt}$变化，如图13－5放置两个导体，一个是直线导体CD，一个是圆弧导体$\overset{\frown}{CD}$，则直线导体CD中的感生电动势的大小ε_1和圆弧导体$\overset{\frown}{CD}$中的感生电动势的大小ε_2的关系为(　　).

(A)$\varepsilon_1=\varepsilon_2\neq 0$　(B)$\varepsilon_1=\varepsilon_2=0$　(C)$\varepsilon_2>\varepsilon_1$　(D)$\varepsilon_2<\varepsilon_1$

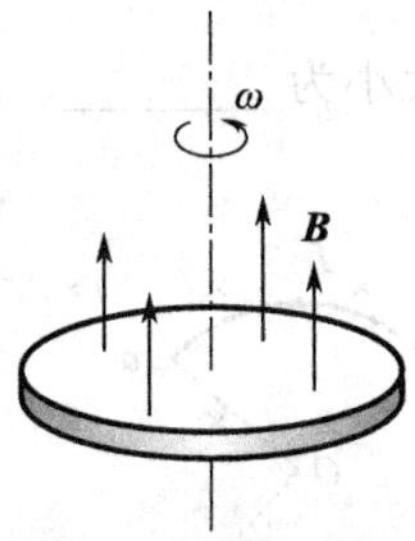

图13－4　选择题5图

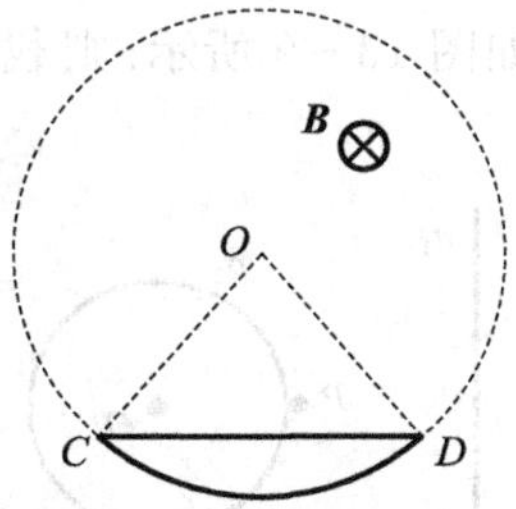

图13－5　选择题6图

7. 有一由N匝细导线绕成的平面圆线圈，半径为R，通有电流I，置于均匀外磁场$\boldsymbol{B}$中，当线圈平面的法向与外磁场垂直时，该线圈所受的磁力矩大小为(　　).

(A)$BI\pi R^2$　(B)$NBI\pi R^2$　(C)$BI\pi R^2\sin\dfrac{\pi}{3}$　(D)0

8. 有一均匀带电半圆环，电荷线密度为λ，半径为R. 今将一试验电荷q_0从无穷远处移动到半圆环的圆心O点处，如图13－6所示，这个过程中电场力做的功为(　　).

(A) $\dfrac{\lambda q_0}{4\varepsilon_0}$　(B) $-\dfrac{\lambda q_0}{4\varepsilon_0}$　(C) $-\dfrac{\lambda q_0}{4\varepsilon_0 R}$　(D) $-\dfrac{\lambda q_0}{2\varepsilon_0}$

9. 如图13－7所示，长为l的导体棒ab以速度$\boldsymbol{v}$在导电轨道$abcd$上平行移动. 整个装置处在磁感应强度大小为$B=kt$(k为正整数)的均匀磁场中，磁场方向与线圈平面法线方向的夹角为60°. $t=0$时，ab与cd重合，则回路中感应电动势的大小和方向为(　　).

(A)$\varepsilon_i=klvt$，沿$abcda$方向　(B)$\varepsilon_i=\dfrac{1}{2}klvt$，沿$abcda$方向

(C)$\varepsilon_i=klvt$，沿$adcba$方向　(D)$\varepsilon_i=\dfrac{1}{2}klvt$，沿$adcba$方向

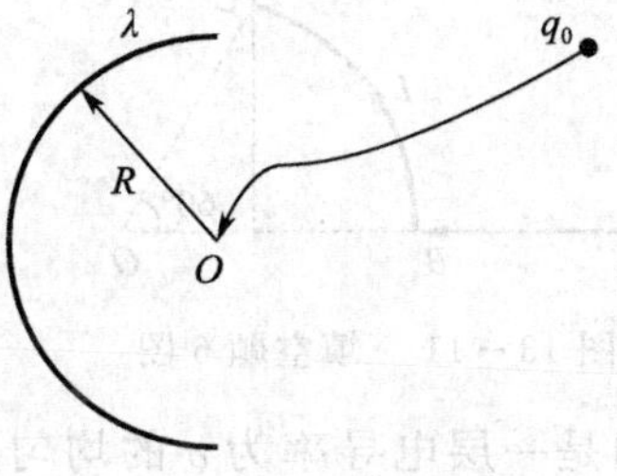

图13－6　选择题8图

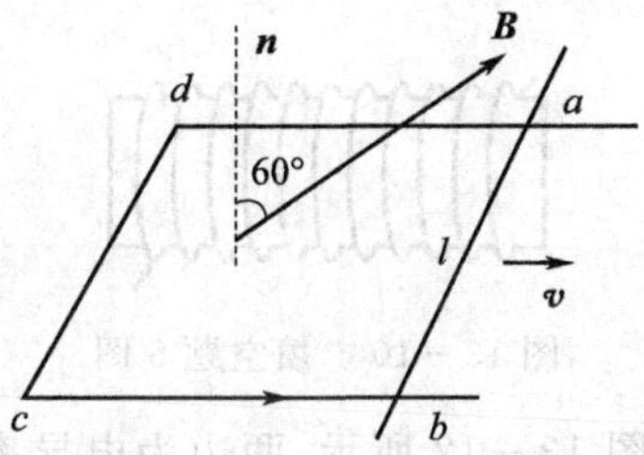

图13－7　选择题9图

10. 一空气平行板电容器的电容为 C，极板面积为 S，如果在两极板上加上一个交变电压 $U_0\sin\omega t$，则电容器中的位移电流大小为（ ）.

(A) $\dfrac{CU_0\omega\cos\omega t}{S}$ (B) $CU_0\omega\cos\omega t$ (C) $\dfrac{U_0\omega\cos\omega t}{CS}$ (D) $\dfrac{U_0\omega\cos\omega t}{C}$

二、填空题

1. 带电导体球 O 和无限大均匀带电平面如图 13－8 放置，点 P 为导体表面附近的一点，若无限大带电平面的电荷面密度为 σ_1，点 P 附近导体球表面的电荷面密度为 σ_2，则 P 点电场强度的大小为________.

2. 一根弯成半径为 R 的 $\dfrac{3}{4}$ 圆弧导线 $abcd$ 中通有电流 I，置于均匀磁场 $\boldsymbol{B}$ 中，$\boldsymbol{B}$ 的方向垂直于导线平面，如图 13－9 所示. 则载流导线 $abcd$ 受到的安培力大小为________.

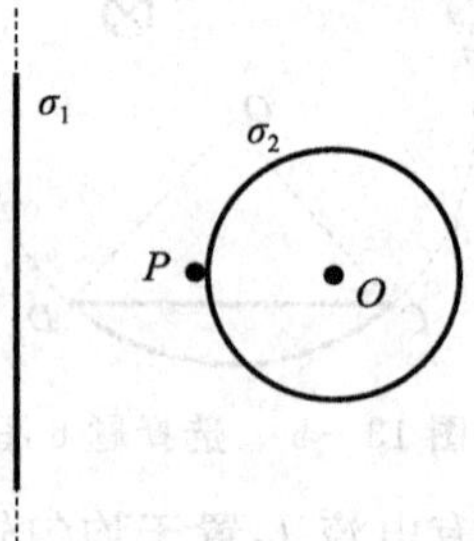

图 13－8 填空题 1 图

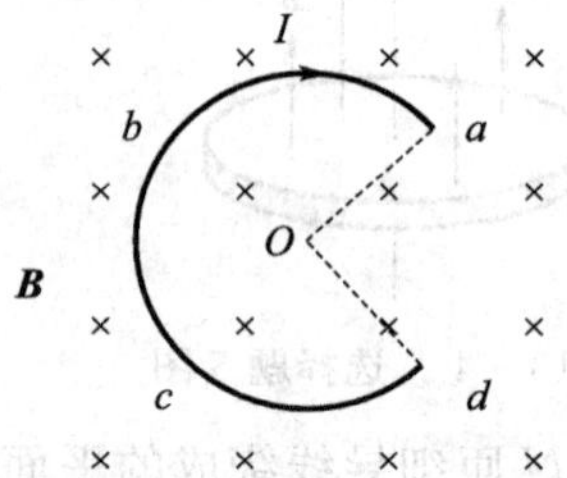

图 13－9 填空题 2 图

3. 真空中一平行板电容器充电后断开电源，设电容器储藏的电能为 W_e，平行板电容器极板间距为 d，现将极板拉开至 $3d$ 间距，平行板电容器储藏的电能变为________.

4. 一平行板电容器的极板是半径为 R 的两圆形金属板，间距为 d，极板间为空气. 在充电时，其中电场强度的变化率为 $\dfrac{\mathrm{d}E}{\mathrm{d}t}$，忽略边缘效应，则电容器极板间的位移电流为________.

5. 如图 13－10 所示，真空中，在一纸筒上绕有一长直螺线管，线圈的截面积、长度和匝数分别为 S、L、N，无漏磁的情况下，其自感系数为________.

6. 如图 13－11 所示，AB、CD 为长直导线，BC 为圆心在 O 点的一段圆弧形导线，其半径为 R. 若通以电流 I，则其中圆弧形电流 BC 在 O 点的磁感应强度为________；直线电流 AB 在 O 点的磁感应强度为________.

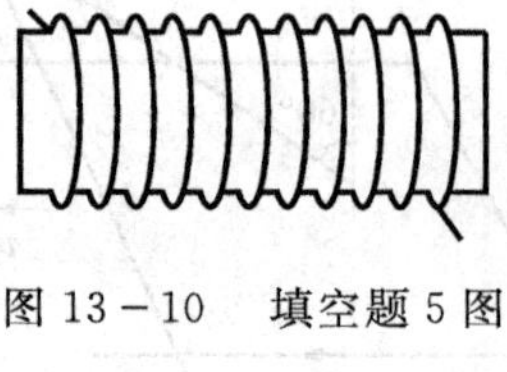
图 13－10 填空题 5 图

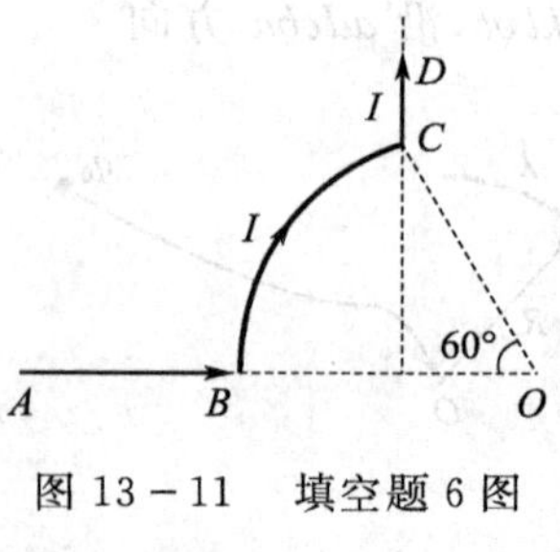

图 13－11 填空题 6 图

7. 如图 13－12 所示，两边为电导率很大的导体，中间是一层电导率为 σ 的均匀导电介质 AB，其厚度为 d，导体的截面积为 S，通过导体的电流为 I，导电介质 AB 中的电场强度为 $E=$

________.

8. 点电荷 q 位于一边长为 a 的立方体中心，则在该点电荷的电场中穿过立方体表面(图 13－13 阴影部分）的电通量 Φ_e 为________.

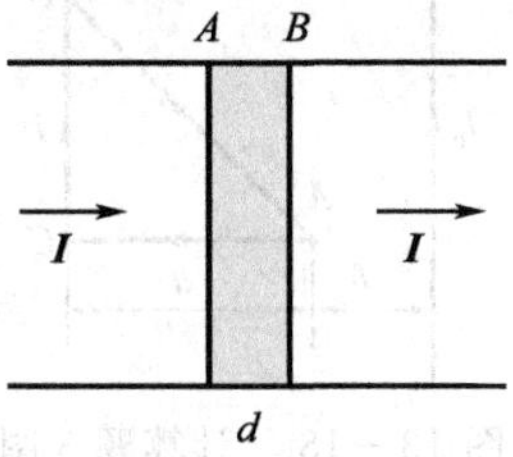

图 13－12　填空题 7 图

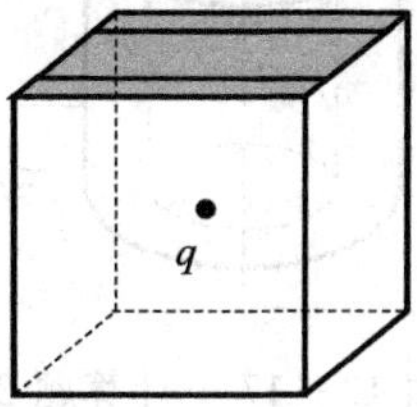

图 13－13　填空题 8 图

9. 长为 l 的导体棒，放在磁感应强度为 $\boldsymbol{B}$ 的均匀磁场中，棒与磁场垂直，如图 13－14 所示．当棒与水平成 45° 角向右平移时，动生电动势为________，________点电势高；当棒以角速度 ω 绕 a 点在垂直磁场的平面内转动时，动生电动势为________，________点电势高.

10. 一无限大均匀带电平面 A，其附近放一与它平行的有一定厚度的无限大平面导体板 B，如图 13－15 所示．已知平面 A 上的电荷面密度为 $+\sigma$，则在 B 的两个表面上感应电荷面密度为 $\sigma_1=$ ________，$\sigma_2=$ ________.

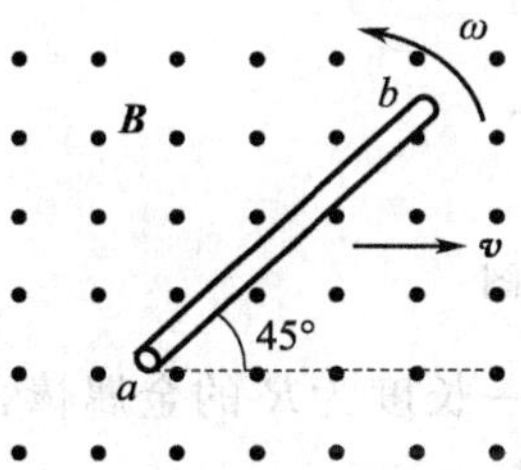

图 13－14　填空题 9 图

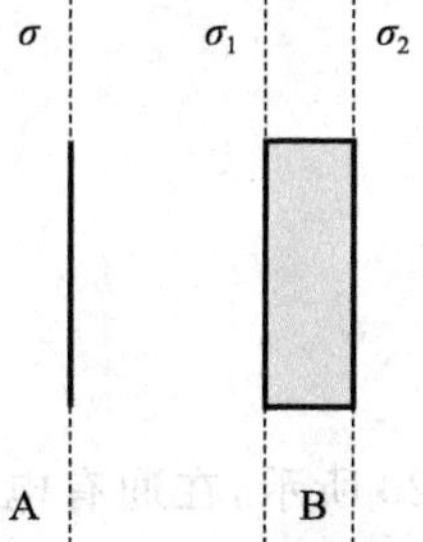

图 13－15　填空题 10 图

三、计算题

1. 一空气平行板电容器，极板面积为 S，间距为 $4d$，极板上带等量异号电荷，电荷面密度为 $\pm\sigma$，如图 13－16 所示.

(1) 在极板间插入金属平板 CD，设 $\overline{AB}=\frac{1}{2}\overline{CD}=\overline{DB}=d$．求空气间隙中的电场强度 E_0 和电势差 U_{AC}，U_{CD}，U_{DB}；

(2) 在极板间插入均匀电介质平板 CD，电介质的相对介电常数为 $\varepsilon_r=4$．设 $\overline{AB}=\frac{1}{2}\overline{CD}=\overline{DB}=d$．求空气间隙中的电场强度 E_0，电介质中的电场强度 E 和电势差 U_{AC}，U_{CD}，U_{DB}.

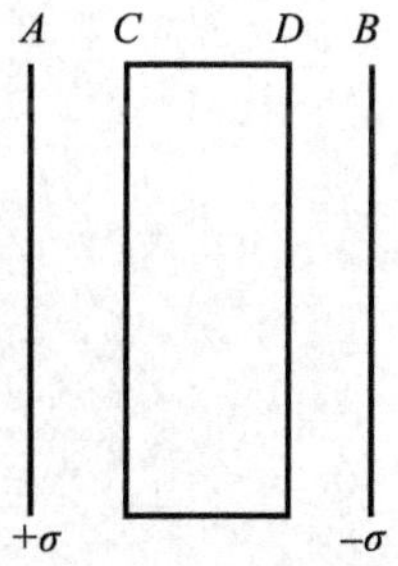

图 13－16　计算题 1 图

2. 如图 13－17 所示，一无限长的直导线横截面半径为 a，导线外有一半径为 b 的无限长同轴薄圆筒，两者相互绝缘，外筒接地．设导线单位长度的电量为 $+\lambda$，选地为零电势点，则两导体之间的点 $P(OP=r)$ 的场强大小和电势分别是多少？

3. 在电流为 I_0 的长直导线磁场中有一共面放置的等腰直角三角形线圈，通有电流 I，如

图 13－18 所示，DC 边平行于长直电流. 求各边受到的磁力和整个线圈受到的合力.

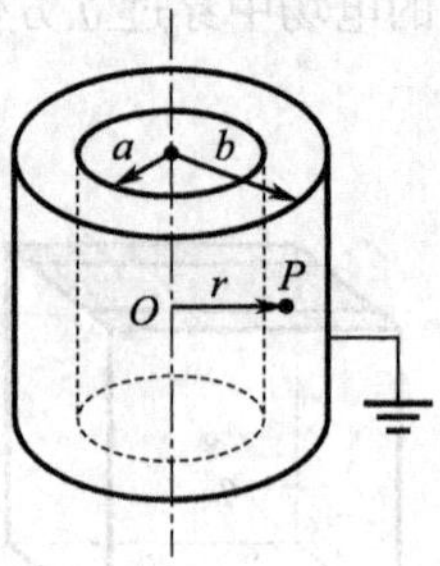

图 13－17 计算题 2 图

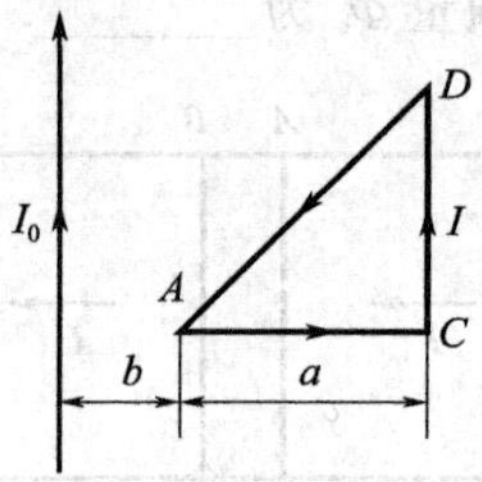

图 13－18 计算题 3 图

4. 如图 13-19 所示，长直导线中电流为 i，矩形线框 $abcd$ 与长直导线共面，且 $ad \parallel AB$，dc 边固定，ab 边沿 da 及 cb 以速度 v 无摩擦地匀速平动. $t = 0$ 时，ab 边与 cd 边重合. 设线框自感忽略不计.

(1) 如 $i = I_0$，求 ab 中的感应电动势，并判断 a、b 两点哪点电势高；

(2) 如 $i = I_0 \cos \omega t$，求 ab 边运动到图示位置时线框中的总的感应电动势.

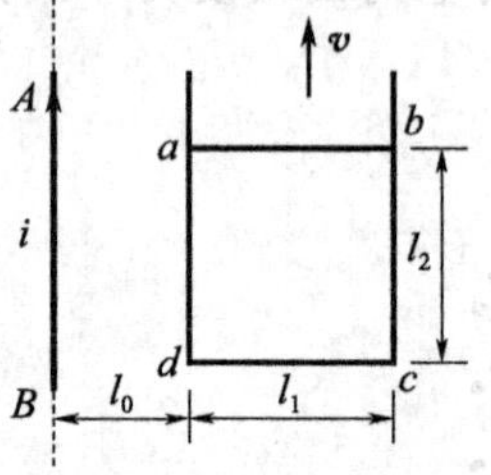

图 13－19 计算题 4 图

5. 如图 13-20 所示，在通有电流 I 的长直导线旁有一长度为 R 的金属棒，棒以角速度 ω 绕 O 点在图面上逆时针转动，点 O 至直导线的距离为 L，求：

(1) 当金属棒转至水平位置 OC 时，其感应电动势的大小和方向；

(2) 当金属棒转至竖直位置 OD 时，其感应电动势的大小和方向.

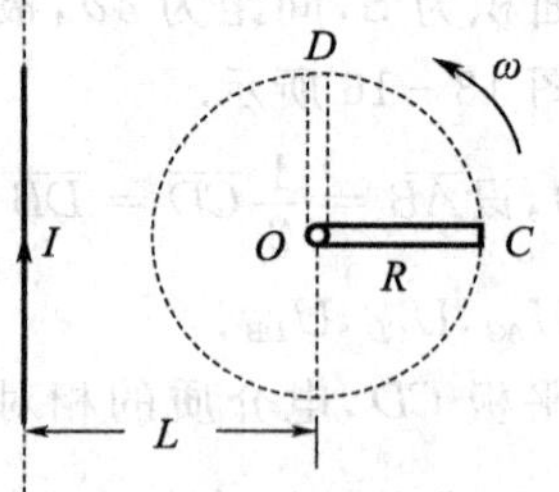

图 13－20 计算题 5 图

近代物理学篇

第16章　相　对　论

基本要求

1. 理解经典力学时空观的主要观点,了解迈克耳孙-莫雷实验.

2. 理解爱因斯坦狭义相对论的两条基本原理.掌握洛伦兹坐标变换,并能分析、计算在不同惯性系中运动质点的时空变换问题.

3. 掌握狭义相对论时空观的主要观点:同时的相对性、长度收缩和时间膨胀,并能做简单的计算.

4. 掌握狭义相对论动力学的几个重要结论如质速关系、质能关系及其应用,了解能量和动量的关系.

内容提要

1. 狭义相对论的两个基本原理(假设)

(1) 相对性原理

在所有惯性系中,物理定律都具有相同形式;或者说,对于描述物理规律而言,所有惯性系都是等价的,没有绝对优越的惯性系.

(2) 光速不变原理

在所有惯性系中,光在真空中的传播速度均为 c,与光源是否运动无关.

2. 洛伦兹变换

(1) 洛伦兹坐标变换

S 系到 S' 系的时空变换(正变换)

$$\left.\begin{aligned} x' &= \frac{x-ut}{\sqrt{1-\frac{u^2}{c^2}}} = \gamma(x-ut) \\ y' &= y \\ z' &= z \\ t' &= \frac{t-\frac{u}{c^2}x}{\sqrt{1-\frac{u^2}{c^2}}} = \gamma\left(t-\frac{u}{c^2}x\right) \end{aligned}\right\}$$

S' 系到 S 系的坐标变换(逆变换)

$$\left.\begin{aligned} x &= \gamma(x'+ut') \\ y &= y' \\ z &= z' \\ t &= \gamma\left(t'+\frac{u}{c^2}x'\right) \end{aligned}\right\}$$

式中

$$\beta = \frac{u}{c},\quad \gamma = \frac{1}{\sqrt{1-\beta^2}}$$

(2) 洛伦兹速度变换

S 系到 S' 系的变换

$$\left.\begin{aligned} v_x{}' &= \frac{v_x-u}{1-\frac{u}{c^2}v_x} \\ v'_y &= \frac{v_y}{\gamma\left(1-\frac{u}{c^2}v_x\right)} \\ v_z{}' &= \frac{v_z}{\gamma\left(1-\frac{u}{c^2}v_x\right)} \end{aligned}\right\}$$

S' 系到 S 系的变换

$$\left.\begin{aligned} v_x &= \frac{v_x{}'+u}{1+\frac{u}{c^2}v_x{}'} \\ v_y &= \frac{v_y{}'}{\gamma\left(1+\frac{u}{c^2}v_x{}'\right)} \\ v_z &= \frac{v_z{}'}{\gamma\left(1+\frac{u}{c^2}v_x{}'\right)} \end{aligned}\right\}$$

3. 狭义相对论的时空观

① 同时的相对性. 在同一地点同时发生的两个事件,无论在哪个惯性系中观测都是同时发生的;在某个惯性系中,不同地点同时发生的事件,在其他惯性系中观测则不是同时发生.

② 时间膨胀效应(事件间隔的相对性). 在相对于观测者静止的惯性系中测得的同地先后

发生的两个事件的时间间隔(称为固有时间)τ_0 要比在相对于该惯性系以速度 u 运动的其他惯性系测得的事件(称为非固有时间)τ 短. 两者之间的关系为

$$\tau = \gamma\tau_0$$

③ 长度收缩效应(空间间隔的相对性). 运动物体沿运动方向的长度 l(称为非固有长度)与相对物体静止的观测者测得的棒长 l_0(称为固有长度) 之间的关系为

$$l = l_0\gamma^{-1}$$

4. 经典时空观与狭义相对论时空观的比较

牛顿力学时空观认为,自然界存在着与物质运动无关的绝对空间和时间,空间和时间是彼此孤立的. 同时性、时间间隔和长度都是绝对的. 狭义相对论时空观认为,不存在绝对的空间和时间,时间和空间不是彼此孤立,时间和空间的量度都与物体的运动密切有关.

当运动物体的速率远小于光速时,相对论效应可以忽略. 此时,狭义相对论的时空观与牛顿力学的时空观结论一致. 或者说,牛顿力学的时空观是狭义相对论时空观在低速(与光速相比) 情况下的特例.

5. 狭义相对论动力学的几个结论

(1) 质量与速度的关系

$$m = \frac{m_0}{\sqrt{1-v^2/c^2}} = \gamma m_0$$

式中 m_0 是物体相对于观察者静止时的质量,称为静质量. 质速关系表明,质量与物质的运动状态有关,物体的质量 m 随物体相对于该惯性系的速度 v 的增大而增大;物体运动的速度越大,质量也越大,即惯性也越大,光速是物体运动速度的极限.

(2) 质量与能量的关系

$$E = mc^2 = \frac{m_0c^2}{\sqrt{1-v^2/c^2}} = E_0 + E_k$$

式中 $E_0 = m_0c^2$ 称为静能,$E_k = mc^2 - m_0c^2$ 称为动能.

当 $v \ll c$ 时,亦即牛顿力学范围内,上式过渡到经典力学的质能公式

$$E_k = \frac{1}{2}m_0v^2$$

当物体的总能量发生变化时,必将伴随着相应的质量变化,反之亦然,其关系为

$$\Delta E = (\Delta m)c^2$$

(3) 相对论动量与能量关系

$$E^2 = p^2c^2 + E_0^2 = p^2c^2 + m_0^2c^4$$

当 $v \ll c$ 时,粒子的动能 E_k 比静能 m_0c^2 要小得多,相对论中,动能与动量关系过渡到牛顿力学中的动能动量关系式为

$$E_k = \frac{p^2}{2m_0}$$

重难点分析

本章重点讨论狭义相对论的两个基本原理、狭义相对论的时空观以及狭义相对论的动力

学问题.本章的难点在于对同时的相对性、长度收缩效应和时间膨胀效应的理解和应用.学习时,要注意怎样选择适当的坐标系,从物理实质上理解固有长度(时间)与非固有长度(时间)之间的区别以及彼此之间的关系,然后进行问题分析.对于动力学部分,要在理解质速关系与质能关系的物理意义的基础上加以学习,而不是机械的记住相关的公式,同时,狭义相对论动力学与牛顿力学迥然不同的质能与质速关系并不矛盾,当在低速运动情况下,相对论动力学公式过渡到牛顿力学中的质能与质速公式.

1. 如何正确理解狭义相对论的两个基本原理

19 世纪中叶,麦克斯韦建立了电磁场理论,并预言了以光速 c 传播的电磁波的存在.到 19 世纪末,实验完全证实了麦克斯韦理论.电磁波是什么?它的传播速度 c 是对谁而言的呢?当时流行的看法是整个宇宙空间充满一种特殊的物质叫作“以太”,电磁波是以太振动的传播.但人们发现,这是一个充满矛盾的理论.如果认为地球是在一个静止的以太中运动,那么根据速度叠加原理,在地球上沿不同方向传播的光的速度必定不一样,但是实验否定了这个结论.如果认为以太被地球带着走,又明显与天文学上的一些观测结果不符.

1887 年,迈克耳孙和莫雷利用光的干涉现象进行了非常精确的测量,仍没有发现地球有相对于以太的任何运动.对此,洛伦兹提出了一个假设,认为一切在以太中运动的物体都要沿运动方向收缩.由此他证明了,即使地球相对以太有运动,迈克耳孙也不可能发现它.爱因斯坦从完全不同的思路研究了这一问题.他指出,只要摒弃牛顿所确立的绝对空间和绝对时间的概念,一切困难都可以解决,根本不需要什么以太.

在这种情况下,爱因斯坦提出了两条基本原理作为讨论运动物体光学现象的基础.第一个叫作相对性原理.它是说:如果坐标系 S' 相对于坐标系 S 做匀速运动而没有转动,则相对于这两个坐标系所做的任何物理实验,都不可能区分哪个是坐标系 S,哪个是坐标系 S'.第二个原理叫光速不变原理,它是说光(在真空中)的速度 c 是恒定的,它不依赖于发光物体的运动速度,物体运动的速度和信息传播的速度都不可能超过光速.

2. 如何正确理解狭义相对论的时空观

从表面上看,光速不变似乎与相对性原理冲突.因为按照经典力学速度的合成法则,对于 S' 和 S 这两个做相对匀速运动的坐标系,光速应该不一样.爱因斯坦认为,要承认这两个原理没有抵触,就必须重新分析时间与空间的物理概念.

经典力学中的速度合成法则实际依赖于以下两个假设:

① 两个事件发生的时间间隔与测量时间所用的钟的运动状态没有关系;

② 两点的空间距离与测量距离所用的尺的运动状态无关.

爱因斯坦发现,如果承认光速不变原理与相对性原理是相容的,那么这两条假设都必须摒弃.这时,对一个钟是同时发生的事件,对另一个钟不一定是同时的,同时性有了相对性.在两个有相对运动的坐标系中,测量两个特定点之间的距离得到的数值不再相等.距离也有了相对性.

如果设 S 坐标系中一个事件可以用三个空间坐标 x、y、z 和一个时间坐标 t 来确定,而 S' 坐标系中,同一个事件由 x'、y'、z' 和 t' 来确定,则爱因斯坦发现,x'、y'、z' 和 t' 可以通过一组方程由 x、y、z 和 t 求出来.两个坐标系的相对运动速度和光速 c 是方程的唯一参数.这个方程最早是由洛伦兹得到的,所以称为洛伦兹变换.

利用洛伦兹变换很容易证明,钟会因为运动而变慢,尺在运动时要比静止时短,与同时的相对性一起，构成了狭义相对论时空观的核心内容.

1）关于长度收缩效应的理解

在狭义相对论中，时空是彼此关联的，所以长度收缩效应也是同时的、相对性的必然结果. 在测量运动物体长度时，需要注意的是，必须同时记录下该物体两端在该静止参考系中的坐标. 在长度收缩效应（尺缩效应）的公式中，$\beta=\frac{u}{c}$，公式 $l=l_0\sqrt{1-\left(\frac{u}{c}\right)^2}$ 可简写为 $l=l_0\sqrt{1-\beta^2}$. 这就告诉我们，如果物体和观察者 A 一起运动，并且沿着运动方向放置，那么 A 测得它的长度将为 l_0，因为物体相对于 A 是静止的，我们把观察者 A 测得的长度 l_0 叫作**静止长度**（在相对于物体静止的参考系中所测得的长度）. 如果物体相对于观察者以速率 u 沿长度方向运动，那么这个观察者测得物体的长度为 $l_0\sqrt{1-\beta^2}$. 换句话说，当一个参考系相对于某观察者以速率 u 运动时，观察者将测得运动参考系中的物体在运动方向上以因子 $\sqrt{1-\beta^2}$ 缩短，即观察者测得的长度 $l=l_0\sqrt{1-\beta^2}$，该长度称之为运动长度. 要记住，只有当物体运动时，才出现这个效应.

作为这个效应的简单例子，我们考虑一种假想情况，一个人和他的米尺在宇宙飞船中以接近于光速的速率经过地球上空. 因为他和米尺同在飞船中，米尺相对于他当然是静止的. 因此，不论米尺放在什么方向，他总能测得米尺的静长度. 对于飞船中的人，米尺不存在收缩效应. 然而，当飞船飞过地球时，如果米尺从其他方向转到平行于飞行方向，则地面上的人将测得米尺以因子 $\sqrt{1-\beta^2}$ 缩短了.

在正确理解长度收缩效应时必须注意：

① 尺缩效应是相对的，假若两根完全一样长的细棒，一根放在 S' 系中，一根放在 S 系中，则 S 系的观测者会说 S' 系的棒缩短了，而 S' 系的观测者会说 S 系的棒缩短了. 原因是观测者测得的在各自所在参考系的尺子的长度均为固有长度，而物体运动状态是个相对量，都认为对方的尺子在运动，所以缩短了.

②S 的观测者在观测到 S' 的细棒的尺缩效应时，不能仅仅限于细棒的缩短，而是 S' 的一切物体，包括 S' 系本身的空间属性，都在运动方向缩短了.

③ 尺缩效应可以理解为是一种测量结果而不是一种视觉效果. 这种收缩并非幻觉. 当尺子从我们身边经过时，任何精确的试验都表明其长度比静止时要短. 尺子并非看上去短了，它的确短了！

2）关于时间膨胀效应的理解

时间膨胀效应是相对论的又一个重要结论. 按照相对论的解释，这是因为物体的运动使时间变慢了. 若在某惯性系中相继发生两个物理事件，则相对于该惯性系静止的时钟所测出的该两事件的时间间隔称为固有时间（原时）. 而于另一运动惯性系中的钟所测出的同样上述两事件的时间间隔总是比固有时间长，是固有时间的 γ 倍. 在一切时间测量中，原时最短. 从相对事件发生地运动的惯性系中测量出的时间总比原时长，所以叫时间膨胀效应. 每个惯性系中的观测者都会认为相对自己运动的钟比自己的钟走得慢，所以也叫动钟变慢. 在理解动钟变慢效应时要注意：

① 运动是相对的，动钟变慢效应也是相对的. 地面观察者看高速宇宙飞船上的钟慢，而高速宇宙飞船的观察者看地面上的钟也慢.

② 动钟变慢，这里说的“钟”是标准钟，与其他惯性系的钟放在一起应该走时一致，指针指示相同. 动钟变慢不是钟出了问题，而是运动惯性系中的时间节奏变缓了.

3. 关于本章的相关变化与计算

本章的习题主要涉及以下类型：利用洛伦兹变换进行时空变换；利用时间膨胀和长度收缩公式进行相关计算；利用相对论动力学进行相关计算. 计算时要注意：

① 首先要弄清哪个是 S 系，哪个是 S' 系，固有长度和非固有长度、固有时间和非固有时间一定要分清. $l = l_0\sqrt{1-\beta^2}$ 中的 l 只对同时测量成立；而 $\tau = \gamma\tau_0$ 中的 τ_0 只对同一地点发生的事件成立.

② 在相对论动力学中，动能 $E_k = \frac{1}{2}mv^2$ 公式失效，只能用 $E_k = mc^2 - m_0c^2$ 进行计算，小心混淆.

③ 在经典物理中，能量守恒与质量守恒彼此独立，而在相对论中，两者通过这两个定律联系起来，即在相对论中质量守恒与能量守恒是同时成立的.

示例解析

例 16.1 车厢上观测者测得前后门距离为 $2l$，在前后门正中央处有一光信号发生器. 试用洛伦兹变换计算地面上的观测者测到信号到达前、后门的时间差.

解 设光信号到达前门为事件 1，在车厢 S' 系的时空坐标为 $(x'_1, t'_1) = \left(l, \frac{l}{c}\right)$，在车站 S 系有

$$t_1 = \gamma\left(t'_1 + \frac{u}{c^2}x'_1\right) = \gamma\left(\frac{l}{c} + \frac{u}{c^2}l\right) = \frac{\gamma l}{c}\left(1 + \frac{u}{c}\right)$$

光信号到达后门为事件 2，则在车厢 S' 系的坐标为 $(x'_2, t'_2) = \left(-l, \frac{l}{c}\right)$，在车站 S 系有

$$t_2 = \gamma\left(t'_2 + \frac{u}{c^2}x'_2\right) = \frac{\gamma l}{c}\left(1 - \frac{u}{c}\right)$$

于是

$$t_2 - t_1 = -2\frac{\gamma l u}{c^2}$$

或者

$$\Delta t' = 0, \Delta t = t_1 - t_2, \quad \Delta x' = x'_1 - x'_2 = 2l$$

$$\Delta t = \gamma\left(\Delta t' + \frac{u}{c^2}\Delta x'\right) = \gamma\left(\frac{u}{c^2}2l\right)$$

例 16.2 观测者甲、乙分别静止于两个惯性参考系 S 和 S' 中，甲测得在同一地点发生的两事件的时间间隔为 4 s，而乙测得这两个事件的时间间隔为 5 s. 求：

(1) S' 系相对于 S 系的运动速度；

(2) 乙测得这两个事件发生的地点间的距离.

解 甲测得 $\Delta t = 4\ \text{s}$，$\Delta x = 0$，乙测得 $\Delta t' = 5\ \text{s}$，坐标差为 $\Delta x' = x'_2 - x'_1$.

(1)
$$\Delta t' = \gamma\left(\Delta t - \frac{u}{c^2}\Delta x\right) = \gamma\Delta t = \frac{1}{\sqrt{1-\left(\frac{u}{c}\right)^2}}\Delta t$$

所以
$$\sqrt{1-\frac{u^2}{c^2}}=\frac{\Delta t}{\Delta t'}=\frac{4}{5}$$

解出
$$u=c\sqrt{1-\left(\frac{\Delta t}{\Delta t'}\right)^2}=c\sqrt{1-\left(\frac{4}{5}\right)^2}=\frac{3}{5}c$$
$$=1.8\times10^8\ \mathrm{m\cdot s^{-1}}$$

(2)
$$\Delta x'=\gamma(\Delta x-u\Delta t),\quad \gamma=\frac{\Delta t'}{\Delta t}=\frac{5}{4},\quad \Delta x=0$$

所以
$$\Delta x'=-\gamma u\Delta t=-\frac{5}{4}\times\frac{3}{5}c\times4=-3c=-9\times10^8\ \mathrm{m}$$

负号表示 $x'_2-x'_1<0$.

例 16.3　一根直杆在 S 系中观察，其静止长度为 l，与 x 轴的夹角为 θ，S' 系沿 S 系的 x 轴正向以速度 u 运动，问 S' 系中观察到直杆与 x 轴的夹角为多大？

解　杆在 S 系中的长度是本征长度，两个方向上的长度分别为 $l_x=l\cos\theta$ 和 $l_y=l\sin\theta$.

在 S' 系中，观察直杆在 y 方向上的长度不变，即 $l'_y=l_y$；在 x 方向上的长度是运动长度，根据尺缩效应得
$$l'_x=l_x\sqrt{1-\left(\frac{u}{c}\right)^2}$$

因此
$$\tan\theta'=\frac{l'_y}{l'_x}=\frac{l\sin\theta}{l\cos\theta\sqrt{1-\left(\frac{u}{c}\right)^2}}=\frac{\tan\theta}{\sqrt{1-\left(\frac{u}{c}\right)^2}}$$

可得夹角为 $\theta'=\arctan\left(\frac{\tan\theta}{\sqrt{1-\left(\frac{u}{c}\right)^2}}\right)$.

例 16.4　如图 16－1 所示，(1) 火箭 A 和 B 分别以 $0.8c$ 和 $0.6c$ 的速度相对地球向 $+x$ 和 $-x$ 方向飞行. 试求由火箭 B 测得 A 的速度. (2) 若火箭 A 相对地球以 $0.8c$ 的速度向 $+y$ 方向运动，火箭 B 的速度不变，求 A 相对 B 的速度.

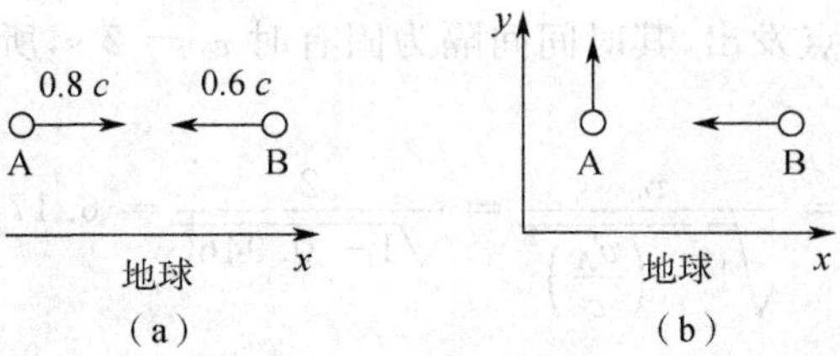

图 16－1　例 16.4 图

解　(1) 如图 16－1(a) 所示，取地球为 S 系，B 为 S' 系，则 S' 系相对于 S 系的速度为 $u=-0.6c$，火箭 A 相对 S 系的速度为 $v_x=0.8c$，则 A 相对 S'(B) 系的速度为
$$v'_x=\frac{v_x-u}{1-\frac{u}{c^2}v_x}=\frac{0.8\,c-(-0.6\,c)}{1-\frac{(-0.6\,c)(0.8\,c)}{c^2}}=0.946c$$

或者取 A 为 S' 系，则 $u=0.8c$，B 相对 S 系的速度 $v_x=-0.6c$，于是 B 相对 A 的速度为

$$v'_x=\frac{v_x-u}{1-\frac{u}{c^2}v_x}=\frac{-0.6c-0.8c}{1-\frac{(0.8c)(-0.6c)}{c^2}}=-0.946c$$

(2) 如图 16-1(b) 所示，取地球为 S 系，火箭 B 为 S' 系，S' 系相对 S 系沿 $-x$ 方向运动，速度 $u=-0.6c$，A 对 S 系的速度为 $v_x=0$，$v_y=0.8c$，由洛伦兹变换式知 A 相对 B 的速度为

$$v'_x=\frac{v_x-u}{1-\frac{u}{c^2}v_x}=\frac{0-(-0.6c)}{1-0}=0.6c$$

$$v'_y=\frac{v_y\sqrt{1-\frac{u^2}{c^2}}}{1-\frac{u}{c^2}v_x}=\sqrt{1-0.6^2}(0.8c)=0.64c$$

所以 A 相对 B 的速度大小为

$$v'=\sqrt{v'^2_x+v'^2_y}=0.88c$$

速度与 x' 轴的夹角 θ' 为

$$\tan\theta'=\frac{v'_y}{v'_x}=1.07$$

$$\theta'=46.8°$$

例 16.5 飞船 A 以 $0.8c$ 的速度相对地球向正东飞行，飞船 B 以 $0.6c$ 的速度相对地球向正西方向飞行. 当两飞船即将相遇时，A 飞船在自己的天窗处相隔 2 s 发射两颗信号弹. 在 B 飞船的观测者测得两颗信号弹相隔的时间间隔为多少？

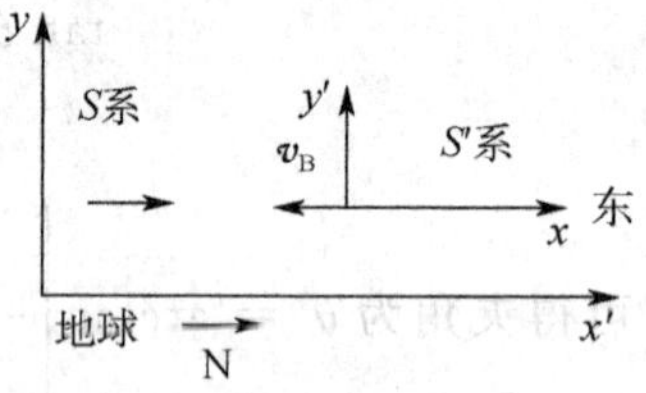

图 16-2 例 16.5 图

解 如图 16-2 所示，取 B 为 S' 系，地球为 S 系，自西向东为 $x(x')$ 轴正向，则 A 对 S' 系的速度 $v_A=0.8c$，S' 系对 S 系的速度为 $u=-0.6c$，则 A 对 S' 系(B 船) 的速度为

$$v'_A=\frac{v_A-u}{1-\frac{uv_A}{c^2}}=\frac{0.8c+0.6c}{1+0.48}=0.946c$$

发射弹是从 A 的同一点发出，其时间间隔为固有时 $\tau_0=2$ s，所以 B 飞船中测得的时间间隔为

$$\tau=\frac{\tau_0}{\sqrt{1-\left(\frac{v'_A}{c}\right)^2}}=\frac{2}{\sqrt{1-0.946^2}}=6.17\ \text{s}$$

第 17 章　量子力学基础

基本要求

1. 了解热辐射的概念和黑体辐射的实验规律及普朗克量子假设.

2. 理解康普顿效应的实验规律,能用康普顿偏移公式分析和计算有关问题.理解爱因斯坦光子假设及其康普顿效应的解释.

3. 理解氢原子光谱的实验规律及玻尔的氢原子理论,了解玻尔理论的意义和局限性.

4. 理解光和实物粒子的波粒二象性.

5. 理解德布罗意的物质波假设和德布罗意公式,并能分析和计算有关问题.

6. 了解电子衍射实验.

7. 理解描述微观粒子运动状态的波函数及其统计解释.

8. 理解一维定态的薛定谔方程;能对一维无限深势阱求概率密度极值等问题.

9. 了解氢原子的量子力学处理方法,理解能量量子化、角动量量子化、角动量的空间量子化.

10. 了解不确定关系,并能用它分析和估算微观世界的某些物理量.

11. 了解电子自旋的概念及斯特恩-盖拉赫实验.

12. 理解泡利不相容原理和原子的电子壳层结构.

13. 理解描述原子中电子运动状态的四个量子数的意义.

内容提要

1 黑体辐射

斯特藩-玻尔兹曼定律为

$$M_B(T) = \sigma T^4$$

其中

$$\sigma = 5.67 \times 10^{-8}\ \mathrm{W/(m^2 \cdot K^4)}$$

维恩位移定律为

$$T\lambda_m = b$$

其中

$$b = 2.898 \times 10^{-3}\ \mathrm{m \cdot K}$$

普朗克能量子假设:对于给定频率 ν 的谐振子,辐射或吸收的能量最小单元 $\varepsilon = h\nu$ 称为能量子,其中 h 称为普朗克常数,$h = 6.63 \times 10^{-34}\ \mathrm{J \cdot s}$.

2 光电效应

爱因斯坦的光量子理论:一束光就是一束以光速运动的粒子流,这些一个个粒子称为**光量**

子(以下简称光子),光子在真空中的运动速度为光速 c,并且每个光子所具有的能量为 $\varepsilon = h\nu$,其中 ν 为光的频率.

光子的静止质量为 $m_0 = 0$,光子的动量为 $p = \dfrac{h}{\lambda}$.

光电效应方程为

$$h\nu = \frac{1}{2}mv_m^2 + A$$

其中 $\frac{1}{2}mv_m^2 = eU_C$(U_C 为截止电压),$A = h\nu_0$(ν_0 为红限频率).

3. 康普顿效应

康普顿效应:散射的 X 射线中除了有与原波长 λ_0 相同的谱线外,还有 $\lambda > \lambda_0$ 的谱线.

波长的偏移量为

$$\Delta\lambda = \lambda - \lambda_0 = \frac{2h}{m_0 c}\sin^2\frac{\varphi}{2} = 2\lambda_c \sin^2\frac{\varphi}{2}$$

其中电子的康普顿波长 $\lambda_c = \dfrac{h}{m_0 c} = 0.002\ 43\ \text{nm}$,$\varphi$ 为散射角.

光子与电子发生弹性碰撞时,

① 能量守恒 $$h\nu_0 + m_0 c^2 = h\nu + mc^2$$

② 动量守恒 $$\frac{h\nu_0}{c}\boldsymbol{n}_0 = \frac{h\nu}{c}\boldsymbol{n} + m\boldsymbol{v}$$

4. 玻尔的氢原子理论

氢原子光谱

$$\tilde{\nu} = \frac{1}{\lambda} = R\left(\frac{1}{m^2} - \frac{1}{n^2}\right) \quad \begin{cases}(m = 1,2,3,\cdots)\\(n = m+1, m+2, m+3,\cdots)\end{cases}$$

式中 $R = 1.097 \times 10^7\ \text{m}^{-1}$,称为里德伯常数.其中

$m = 1, n = 2,3,4,\cdots$ 为赖曼系

$m = 2, n = 3,4,5,\cdots$ 为巴尔末系

$m = 3, n = 4,5,6,\cdots$ 为帕邢系

$m = 4, n = 5,6,7,\cdots$ 布喇开系

$m = 5, n = 6,7,8,\cdots$ 普芳德系

玻尔的氢原子理论基于以下三条基本假设.

(1) 定态假设

原子中的电子只能在一些特定的圆轨道上运动,且不辐射电磁波.此时,原子处于稳定的状态,简称为**定态**,并具有一定的能量.原子系统这一系列稳定的能量分别表示为 E_1、E_2、E_3、…

(2) 角动量量子化假设

只有满足下列条件的电子的角动量轨道才是稳定的,即

$$L = n\frac{h}{2\pi} = n\hbar \quad (n = 1,2,3,\cdots)$$

式中 n 称为主量子数.上式称为角动量量子化条件.

(3) 频率条件假设

原子从定态 E_n 跃迁到定态 E_m 时，要发射(或吸收)频率为 ν 的光子，且光子的频率满足：$h\nu = |E_m - E_n|$. 若 $E_n > E_m$，则发射光子；反之，则吸收光子.

根据玻尔的氢原子理论可得氢原子的定态能量为

$$E_n = \frac{E_1}{n^2} \quad (n = 1,2,3,\cdots)$$

其中 $E_1 = -13.6\ \text{eV}$.

5. 德布罗意波

与实物粒子相联系的波称为德布罗意波或叫物质波，所对应的波长称为德布罗意波长.

德布罗意公式为

$$\begin{cases} \nu = \dfrac{E}{h} \\ \lambda = \dfrac{h}{p} \end{cases}$$

6. 不确定关系

坐标和动量的不确定关系式为

$$\Delta x \cdot \Delta p_x \geqslant \frac{\hbar}{2} \quad \left(\hbar = \frac{h}{2\pi}\right)$$

该式表明：具有波粒二象性的微观粒子的位置坐标和同一方向的动量不可能同时具有确定值.

7. 波函数

波函数：描述微观粒子波粒二象性的波函数 $\psi(\boldsymbol{r},t)$.

波函数的统计解释：归一化的波函数模的平方 $|\psi(\boldsymbol{r},t)|^2$ 表示粒子在 t 时刻 $\boldsymbol{r}$ 处出现的概率密度 $P(\boldsymbol{r},t)$，即 $P(\boldsymbol{r},t) = |\psi(\boldsymbol{r},t)|^2$.

波函数的标准条件：单值、连续、有限.

波函数的归一化条件：$\iiint_{-\infty}^{+\infty} |\psi(\boldsymbol{r},t)|^2 \mathrm{d}V = 1$.

态叠加原理：如果波函数 $\psi_1(\boldsymbol{r},t)$、$\psi_2(\boldsymbol{r},t)$、… 都是描述粒子体系可能的量子态，那么它们的线性叠加态

$$\psi(\boldsymbol{r},t) = c_1\psi_1(\boldsymbol{r},t) + c_2\psi_2(\boldsymbol{r},t) + \cdots$$

也是这个体系的一个可能的量子态. 式中的叠加系数 c_1、c_2、… 均为复数.

8. 薛定谔方程

在量子力学中，态和力学量被分开，态是用波函数来描述的，波函数所满足的方程为薛定谔方程；力学量是用算符来表示的.

一维情况下，薛定谔方程的形式为 $i\hbar \dfrac{\partial}{\partial t}\psi(x,t) = \left[-\dfrac{\hbar^2}{2m}\dfrac{\partial^2}{\partial x^2} + U(x,t)\right]\psi(x,t)$.

一维定态波函数为 $\psi(x,t) = \varphi(x)f(t) = \varphi(x)\mathrm{e}^{-\frac{i}{\hbar}Et}$.

一维定态薛定谔方程为 $\left[-\dfrac{\hbar^2}{2m}\dfrac{\mathrm{d}^2}{\mathrm{d}x^2} + U(x)\right]\psi(x) = E\psi(x)$.

三维定态薛定谔方程为 $\left[-\frac{\hbar^2}{2m}\nabla^2+U(\boldsymbol{r})\right]\psi(\boldsymbol{r})=E\psi(\boldsymbol{r})$

其中$\nabla^2=\frac{\partial^2}{\partial x^2}+\frac{\partial^2}{\partial y^2}+\frac{\partial^2}{\partial z^2}$.

9. 一维无限深势阱

通过求解一维定态薛定谔方程,可得势阱内粒子的定态波函数为

$$\psi_n(x)=\sqrt{\frac{2}{a}}\sin\frac{n\pi}{a}x \quad (n=1,2,3,\cdots,0<x<a)$$

定态能量为

$$E_n=\frac{n^2\pi^2\hbar^2}{2ma^2} \quad (n=1,2,3,\cdots)$$

10. 氢原子

通过求解三维定态薛定谔方程,可得氢原子的能级为

$$E_n=-\frac{13.6}{n^2}\text{ eV}=\frac{E_1}{n^2}$$

氢原子的定态波函数为

$$\psi_{nlm}(r,\theta,\varphi)=R_{nl}(r)Y_{lm}(\theta,\varphi) \quad \begin{cases}n=1,2,\cdots\\ l=0,1,\cdots,n-1\\ m=0,\pm1,\cdots,\pm l\end{cases}$$

其中:主量子数 $n=1,2,3,\cdots$,主要反映氢原子的能级 E 的大小;

角量子数 $l=0,1,2,3,\cdots,n-1$,主要反映电子在核周围运动的角动量 L 的大小;

磁量子数 $m=0,\pm1,\pm2,\pm3,\cdots,\pm l$,主要反映角动量在空间的可能取向.

其中角动量 $L=\sqrt{l(l+1)}\hbar$;角动量 L 在 z 轴方向的投影为

$$L_z=m\hbar \quad (m=0,\pm1,\pm2,\pm3,\cdots,\pm l)$$

原子内电子的运动不能用轨道描述,只能用波函数给出的概率密度描述.

11. 原子的壳层结构

电子的自旋角动量为

$$S=\sqrt{s(s+1)}\hbar=\sqrt{\frac{1}{2}\left(\frac{1}{2}+1\right)}\hbar=\frac{\sqrt{3}}{2}\hbar \quad (其中\ s=\frac{1}{2})$$

电子的自旋角动量在 z 轴方向上的投影为

$$S_z=m_s\hbar=\pm\frac{1}{2}\hbar \quad (其中\ m_s=\pm\frac{1}{2})$$

描述原子核外电子运动状态的四个量子数.

① 主量子数 n:$n=1,2,\cdots$,它基本上决定了原子中电子的能级.

② 角量子数 l:$l=0,1,2,\cdots,(n-1)$,它决定了电子轨道角动量的大小,对能量也有一定影响.

③ 磁量子数 m:$m=0,\pm1,\pm2,\cdots,\pm l$,它确定了电子轨道角动量的可能空间取向.

④ 自旋磁量子数 m_s:$m_s=\pm\frac{1}{2}$,它确定了电子自旋角动量的可能空间取向.

原子的电子壳层结构:具有相同 n 值的电子属于同一壳层,具有相同 n、l 值的电子属于同一支壳层,第 n 个壳层上最多可容纳的电子数为 $Z_n = \sum_{l=0}^{n-1} 2(2l+1) = 2n^2$.

泡利不相容原理:在一个原子中不能有两个或两个以上的电子处在完全相同的量子态.即一个原子中任何两个电子都不可能具有一组完全相同的量子数(n,l,m,m_s).

能量最小原理:原子处于正常状态时,每个电子都趋向于占据可能的最低能级,使原子系统的总能量尽可能的低.

重难点分析

1. 普朗克量子假设的内容

普朗克量子假设的内容是物体发射和吸收电磁辐射能量总是以 $\varepsilon = h\nu$ 为单位进行.

2. 光电效应的实验规律,用光的波动理论解释光电效应遇到的困难

光电效应的实验规律为:① 阴极 K 在单位时间内所发射的光子数与照射光的强度成正比;② 存在截止频率 ν_0;③ 光电子的初动能与照射光的强度无关,而与频率构成线性关系;④ 光电效应是瞬时的.

用光的波动理论解释光电效应遇到的困难在于:① 按照波动理论,光波的能量由光强决定,因而逸出光电子的初动能应由光强决定,但光电效应中,光电子的初动能却与光强无关;② 若光波供给金属中“自由电子”逸出表面所需的足够能量,光电效应对各种频率的光都能发生,不应存在红限;③ 光电子从光波中吸收能量应有一个积累过程,光强越弱,发射光子所需时间就越长.这都与光电效应的实验事实相矛盾.

3. 光电效应和康普顿效应都包含了电子和光子的相互作用,这两个过程有哪些不同点

光电效应是指金属中的电子吸收了光子的全部能量而逸出金属表面,是电子处于原子中束缚态时所发生的现象,遵守能量守恒定律.而康普顿效应则是光子与自由电子(或准自由电子)的弹性碰撞,同时遵守能量与动量守恒定律.

4. 光的波粒二象性

光既具有波动性,又具有粒子性,光是粒子和波的统一.波动和粒子是光的不同侧面的反映.

5. 氢原子光谱的实验规律

氢原子光谱的实验规律在于氢原子光谱都由分立的谱线组成,并且谱线分布符合组合规律

$$\tilde{\nu} = \frac{1}{\lambda} = R\left(\frac{1}{m^2} - \frac{1}{n^2}\right)\begin{cases}(m = 1,2,3,\cdots)\\(n = m+1,m+2,m+3,\cdots)\end{cases}$$

m 取 1,2,3,…,分别对应于赖曼系、巴尔末系、帕邢系、…

6. 原子的核型结构模型与经典理论间存在的矛盾

原子的核型结构与经典理论存在如下矛盾:① 按经典电磁辐射理论,原子光谱应是连续

的带状光谱;② 不存在稳定的原子.这些结论都与实验事实矛盾.

7. 微观粒子的波粒二象性

像光一样,实物粒子也具有波粒二象性,由于在通常情况下,实物粒子的波动性不明显而被忽视了.实物粒子也是粒子和波的统一,但粒子和波动都已不是经典意义下的概念.通过波函数的统计解释(概率波)将二者统一起来了.

8. 德布罗意波的波函数与经典波的波函数的本质区别

与实物粒子相联系的波称为德布罗意波,或叫物质波.波的频率和波长与实物粒子的能量和动量有如下德布罗意公式

$$\nu = E/h, \lambda = h/p$$

德布罗意波是概率波,波函数不表示实在的物理量在空间的波动,其振幅无实在的物理意义,$|\psi|^2$ 仅表示粒子某时刻在空间的概率密度.

9. 波函数的物理意义以及它必须满足的条件

波函数的物理意义是波函数模的平方代表波所描述的粒子在空间的概率密度.

$|\psi(x,y,z,t)|^2 \mathrm{d}x\mathrm{d}y\mathrm{d}z$ 代表 t 时刻在点(x,y,z)附近体元 $\mathrm{d}V = \mathrm{d}x\mathrm{d}y\mathrm{d}z$ 内出现粒子的概率.

波函数必须满足的标准条件为:有限、单值、连续.同时,在具体的物理问题中,要满足相应的边界条件.

10. 波函数在空间各点的振幅同时增大 D 倍,则粒子在空间分布的概率会发生什么变化

不变.因为波函数是计算粒子 t 时刻空间各点出现概率的数学量,概率是相对值.1、2 两点的概率比值为$\dfrac{|\psi_1|^2}{|\psi_2|^2} = \dfrac{|D\psi_1|^2}{|D\psi_2|^2}$,即概率分布不变.

11. 斯特恩-盖拉赫实验怎样说明了磁矩的空间量子化,怎样说明电子具有自旋

因为具有磁矩的原子在不均匀磁场中除受磁力矩外,还受到与运动方向垂直的磁力作用,这将使原子束偏转.所以斯特恩-盖拉赫实验(在底片上出现两条对称分布的原子沉积)就说明原子具有磁矩.且磁矩在外磁场中只有两种可能的方向,即空间是量子化的.

对于角量子数为 l 的原子,其轨道角动量 z 的分量 l_z 和轨道磁矩 $\mu_z = -\dfrac{e}{2m} l_z$ 有 $2l+1$ 个不同值,即取奇数个不同值.故实验结果显然不是电子轨道磁矩所为.这样就说明电子还存在其他角动量及磁矩.为此,乌伦贝克和高德斯密特就提出了电子自旋运动的假设,电子自旋(磁矩)在空间有两个取向.

示例解析

例 17.1 设太阳落到地面上每平方米的辐射通量为 8 W,若平均波长为 500 nm,求:

(1) 每秒钟落到每平方米地面上的光子数.

(2) 若人眼瞳孔的直径为 5 mm,则每秒钟进入人眼的光子数为多少?

解 (1) 设每秒落到每平方米地面上的光子数为 N,则

$$Nh\nu = M_B(T)$$

由此得 $N = \dfrac{M_B(T)}{h\nu} = \dfrac{M_B(T)\cdot\lambda}{hc} = \dfrac{8\times 500\times 10^{-9}}{6.63\times 10^{-34}\times 3\times 10^{8}} = 2.01\times 10^{19}\ \mathrm{m^{-2}\cdot s^{-1}}$

(2) 每秒进入人眼的光子数为

$$N' = N\cdot\pi\left(\frac{5\times 10^{-3}}{2}\right)^2 = 2.01\times 10^{19}\times 3.14\times\frac{25}{4}\times 10^{-6} = 3.94\times 10^{14}\ \mathrm{s^{-1}}$$

例 17.2　能量为 15 eV 的光子，被处于基态的氢原子吸收，使氢原子电离，发射一个光电子. 求此光电子的德布罗意波长.

解　由德布罗意波长公式 $\lambda = \dfrac{h}{p} = \dfrac{h}{mv}$ 可知，求解本题的关键是求出光电子的速度，因此先求光电子的动能. 光电子的动能为光子能量与氢原子基态能之和，即

$$E_\mathrm{k} = \frac{1}{2}mv^2 = (15 - 13.6)\times 1.6\times 10^{-19}\ \mathrm{J}$$

解得

$$v = \sqrt{\frac{2E_\mathrm{k}}{m}} = \sqrt{\frac{2\times 1.4\times 1.6\times 10^{-19}}{9.1\times 10^{-31}}}\ \mathrm{m\cdot s^{-1}} = 7\times 10^{5}\ \mathrm{m\cdot s^{-1}}$$

故光电子的德布罗意波长为

$$\lambda = \frac{h}{p} = \frac{h}{mv} = \frac{6.63\times 10^{-34}}{9.1\times 10^{-31}\times 7\times 10^{5}}\ \mathrm{m} = 1.04\times 10^{-9}\ \mathrm{m}$$

例 17.3　一维运动的粒子，其波函数为

$$\psi(x) = \begin{cases} Ax\mathrm{e}^{-\lambda x} & (x\geqslant 0) \\ 0 & (x<0) \end{cases}$$

(1) 其中 $\lambda > 0$，将此波函数归一化；

(2) 求粒子运动的概率分布函数.

解　(1) 由归一化条件得

$$\int_{-\infty}^{+\infty}|\psi|^2\mathrm{d}x = \int_{-\infty}^{0}|\psi|^2\mathrm{d}x + \int_{0}^{+\infty}|\psi|^2\mathrm{d}x = \int_{0}^{+\infty}A^2x^2\mathrm{e}^{-2\lambda x}\mathrm{d}x = \frac{2A^2}{(2\lambda)^3} = 1$$

即 $A = 2\lambda^{\frac{3}{2}}$.

$$\psi(x) = \begin{cases} 2\lambda^{\frac{3}{2}}x\mathrm{e}^{-\lambda x} & (x\geqslant 0) \\ 0 & (x<0) \end{cases}$$

(2) 概率分布函数为

$$P = |\psi(x)|^2 = \begin{cases} 4\lambda^3x^2\mathrm{e}^{-2\lambda x} & (x\geqslant 0) \\ 0 & (x<0) \end{cases}$$

例 17.4　一维无限深势阱中，粒子的定态波函数为 $\psi_n(x) = \sqrt{\dfrac{2}{a}}\sin\dfrac{n\pi x}{a}$，试求：

(1) 粒子处于基态和 $n = 2$ 状态时，在 $x = 0$ 到 $x = \dfrac{a}{3}$ 之间找到粒子的概率；

(2) 概率密度最大处和最大值.

解 (1) 粒子处于基态($n=1$),在 $x=0$ 到 $x=a/3$ 之间找到粒子的概率为

$$W_1=\int_0^{\frac{a}{3}}|\psi_1|^2\mathrm{d}x=\frac{2}{a}\int_0^{\frac{a}{3}}\sin^2\frac{\pi}{a}x\,\mathrm{d}x$$

$$=\frac{2}{a}\times\frac{1}{2}\int_0^{\frac{a}{3}}\left(1-\cos\frac{2\pi}{a}x\right)\mathrm{d}x=\frac{1}{3}-\frac{\sqrt{3}}{4\pi}=0.196$$

粒子处于 $n=2$ 的状态,在 $x=0$ 到 $x=a/3$ 之间找到粒子的概率为

$$W_2=\int_0^{\frac{a}{3}}|\psi_2|^2\mathrm{d}x=\frac{2}{a}\int_0^{\frac{a}{3}}\sin^2\frac{2\pi}{a}x\,\mathrm{d}x$$

$$=\frac{1}{a}\int_0^{\frac{a}{3}}\left(1-\cos\frac{4\pi}{a}x\right)\mathrm{d}x=\frac{1}{3}+\frac{\sqrt{3}}{8\pi}=0.402$$

(2) 概率密度为

$$|\psi|^2=\frac{2}{a}\sin^2\frac{n\pi}{a}x$$

可见,当$\sin^2\frac{n\pi}{a}x=1$ 时,概率密度最大,最大值为

$$|\psi|^2=\frac{2}{a}$$

即当 $x=(2k+1)\frac{a}{2n}(k=0,1,2,\cdots)$ 处概率密度最大,其中 $0\leqslant x\leqslant a$.

基态时,$n=1,k=0,x=(2k+1)\frac{a}{2}=\frac{a}{2}$ 处概率密度最大.

$n=2$ 时,$k=0$ 和 $1,x=(2k+1)\frac{a}{4}$,因此在$\frac{a}{4}$ 和$\frac{3a}{4}$ 处概率密度最大.

例 17.5 求角量子数 $l=2$ 的体系的 L 和 L_z 之值及 L 与 Z 轴方向的最小夹角.

解 对于 $l=2$ 的体系,$m=0,\pm1,\pm2;L=\sqrt{l(l+1)}\hbar=\sqrt{6}\hbar,L_z=m\hbar$,可取 L_z 为 $0,\pm\hbar,\pm2\hbar$.

L 与 z 轴方向的夹角为

$$\theta=\arccos\frac{L_z}{L}=\arccos\frac{m\hbar}{\sqrt{6}\hbar}=\arccos\frac{m}{\sqrt{6}}$$

则最小夹角为

$$\theta_0=\arccos\frac{2}{\sqrt{6}}=36.26°$$

自测题十四

一、选择题

1. 一火箭的固有长度为 l,相对于地面做匀速直线运动的速度为 v_1,火箭上有一个人从火箭后端向前端上的靶子发射了一颗子弹,子弹相对于火箭的速度为 v_2,则在火箭上测得子弹从射出到击中靶的时间间隔为(　　).

(A) $\frac{l}{v_1+v_2}$　　(B) $\frac{l}{v_2-v_1}$

(C) $\frac{l}{v_2}$　　(D) $\frac{l}{v_1\sqrt{1-(v_1/c)^2}}$

2. 宇宙飞船相对于地面以速度 v 做匀速直线运动,某一时刻,飞船头部的宇航员向飞船尾部的宇航员发出一个光信号,经过 Δt(飞船上的钟测定)时间后,被尾部的接收器收到,则飞船的固有长度为(　　).

(A) $v\Delta t$　　(B) $c\Delta t$

(C) $c\Delta t\sqrt{1-(v/c)^2}$　　(D) $\frac{c\Delta t}{\sqrt{1-(v/c)^2}}$

3. (1) 设 S' 系相对 S 系以速度 u 沿着 x 正方向运动,今有两事件对 S 系来说是同时同地发生的,它们对 S' 系是否同时发生?

(2) 在某一惯性系中,发生于同一时刻、不同地点的两个事件,它们在其他惯性系中是否同时发生?(　　)

(A)(1) 不同时;(2) 同时　　(B)(1) 同时;(2) 不同时

(C)(1) 同时;(2) 同时　　(D)(1) 不同时;(2) 不同时

4. 一粒子在惯性系 S 中沿 y 轴正方向以光速 c 运动,当 S 系中的观察者以速度 v 沿 x 轴正方向运动时,他测得粒子的速度为(　　).

(A) $\sqrt{c^2-v^2}$　　(B) c　　(C) $\sqrt{c^2+v^2}$　　(D) $c/2$

5. 两个静止质量为 m_0 的粒子分别以速度 v 沿同一直线相对运动,相碰后合在一起成为一个粒子,则其质量为(　　).

(A) $2m_0$　　(B) $\frac{m_0}{2}\sqrt{1-(v/c)^2}$

(C) $2m_0\sqrt{1-(v/c)^2}$　　(D) $\frac{2m_0}{\sqrt{1-(v/c)^2}}$

6. 有一直尺固定在 S' 系中,它与 x' 轴的夹角 $\theta'=45°$,如果 S' 系以速度 u 沿 x 轴正方向相对于 S 运动,S 系中观测者测得该尺与 x 轴的夹角(　　).

(A) 大于 45°

(B) 等于 45°

(C) 小于 45°

(D) 当 S' 系沿 x 轴正方向运动时，夹角大于 45°；沿 x 轴负方向运动时，夹角小于 45°

7. 一均匀矩形薄板在静止时测得其长为 a，宽度为 b，质量为 m_0，由此可算出其面积密度为$\frac{m_0}{ab}$. 假定该薄板沿长度方向以接近光速的速度 v 做匀速直线运动，此时该矩形薄板的面积密度为(　　).

(A) $\frac{m_0}{ab}\sqrt{1-\frac{v^2}{c^2}}$　　(B) $\frac{m_0}{ab\sqrt{1-\frac{v^2}{c^2}}}$

(C) $\frac{m_0}{ab\left(1-\frac{v^2}{c^2}\right)}$　　(D) $\frac{m_0}{ab\left(1-\frac{v^2}{c^2}\right)^{\frac{3}{2}}}$

8. 把一个静止质量为 m_0 的粒子由静止加速到 $v=0.6c$(c 为真空中的光速)，需做的功等于(　　).

(A) $0.18m_0c^2$　　(B) $0.25m_0c^2$　　(C) $0.36m_0c^2$　　(D) $1.25m_0c^2$

9. 某核电站年发电量为100亿度，它等于 3.6×10^{16} J的能量，如果这是由核材料的全部静止能转化产生的，则需要消耗的材料的质量为(　　).

(A) 0.4 kg　　(B) 0.8 kg　　(C) 12×10^7 kg　　(D) $(1/12)\times10^7$ kg

10. 一个电子运动速度是 $0.99c$，电子的静止能量是 0.51 MeV，它的动能是(　　).

(A) 3.5 MeV　　(B) 4.0 MeV

(C) 3.1 MeV　　(D) 2.5 MeV

二、填空题

1. 惯性系 S 和 S' 的坐标系原点在 $t=t'=0$ 时重合，有一事件发生在 S' 系的时空坐标为 $x'=60$ m，$y'=10$ m，$z'=0$，$t'=8.0\times10^{-8}$ s. 若 S' 系相对于 S 系以速度 $u=0.6c$ 沿 x 轴正向运动，则该事件在 S 系中测量时 $x=$________，$y=$________，$z=$________，$t=$________.

2. 火箭 A 以 $0.8c$ 的速度相对于地球向东飞行，火箭 B 以 $0.6c$ 的速度相对于地球向西飞行，求由火箭 B 测得火箭 A 的速度的大小为________.

3. 一原子核以 $0.5c$ 的速率离开某观察者运动. 原子核在它的运动方向上向后发射一光子，向前发射一电子，电子相对于核的速度为 $0.8c$. 对于静止的观察者，电子和光子各具有的速度为 $v_\gamma=$________，v_e________.

4. (1) 在速度 $v=$________情况下，粒子的动量等于非相对论动量的两倍.

(2) 在速度 $v=$________情况下，粒子的动能等于它的静止能量.

5. 观察者甲以$\frac{4}{5}c$的速度(c 为真空中的光速)相对于静止的观察者乙运动，若甲携带一长度为 l，截面积为 S，质量为 m 的棒，且这根棒安放在运动方向上，则甲测得此棒的密度为________，乙测得此棒的密度为________.

6. 设电子的静止质量为 m_0，将一个电子从速率为 $0.6c$ 加速到速率为 $0.8c$(c 为真空中光速)，需做的功为________.

7. 一个电子运动速度是 $0.99c$，则电子的总能量是________，电子的经典力学的动能与相对论动能之比是________.

三、计算题

1. 在惯性系 S 中，有两个事件同时发生在 x 轴上相距 1 000 m 的两点，而在另一惯性系 S'（沿 x 轴方向相对于 S 系运动）中测得这两个事件发生的地点相距 2 000 m. 求在 S' 系中测得这两个事件的时间间隔.

2. 一艘空间飞船以 $0.99c$ 的速率飞经地球上空 1 000 m 高度时，向地上的观察者发出持续 2×10^{-6} s 的激光脉冲. 当飞船正好在观察者头顶上垂直于视线飞行时，观察者测得脉冲信号的持续时间为多少？在每一脉冲期间，飞船相对于地球飞了多远？

3. S 系中有一直杆沿 x 轴方向装置且以 $0.98c$ 的速度沿 x 轴正方向运动，S 系中的观察者测得杆长 10 m，另有一观察者以 $0.8c$ 的速度沿 S 系 x 轴负向运动，问该观察者测得的杆长若何？

4. 惯性系 S' 相对于惯性系 S 以速度 u 沿 x 轴正方向匀速运动. 一个质点，在惯性系 S' 中做匀速圆周运动，轨道方程为 $\begin{cases} x'^2 + y'^2 = a^2 \\ z' = 0 \end{cases}$. 试证：在惯性系 S 中的观察者测得该质点做椭圆运动，且椭圆的中心以速度 u 移动.

5. 在实验室参照系中，测得某一宇宙射线中的介子的动能为 $E_k = 7M_0c^2$，其中 M_0 是介子的静止质量. 试求：在实验室中观测到介子的寿命是它的固有寿命的多少倍.

6. 静止的电子偶湮灭时产生两个光子，如果其中一个光子再与另一个静止电子碰撞，求它能给予该电子的最大速度.

自测题十五

一、选择题

1. 下列哪一能量的光子，能被处在 $n=2$ 的能级的氢原子吸收？（　　）

(A)1.50 eV　(B)1.89 eV　(C)2.16 eV　(D)2.41 eV

2. 光谱系中谱线的频率（如氢原子的巴尔末系）（　　）.

(A) 可无限制地延伸到高频部分　(B) 有某一个低频限制

(C) 可无限制地延伸到低频部分　(D) 有某一个高频限制

(E) 高频和低频都有一个限制

3. 关于辐射，下列几种表述中哪个是正确的？（　　）

(A) 只有高温物体才有辐射　(B) 低温物体只吸收辐射

(C) 物体只有吸收辐射时才向外辐射　(D) 任何物体都有辐射

4. 光电效应中，光电子的初动能与入射光的关系是（　　）.

(A) 与入射光的频率成正比　(B) 与入射光的强度成正比

(C) 与入射光的频率构成线性关系　(D) 与入射光的强度构成线性关系

5. 用两束频率、光强都相同的紫光照射到两种不同的金属表面上，产生光电效应，则（　　）.

(A) 两种情况下的红限频率相同　(B) 逸出电子的初动能相同

(C) 在单位时间内逸出的电子数相同　(D) 遏止电压相同

6. 在康普顿散射中，若散射光子与原来入射光子方向成 θ 角，当 θ 等于多少时，散射光子的频率减少最多？（　　）

(A)180°　(B)90°　(C)45°　(D)30°

7. 根据德布罗意的假设（　　）.

(A) 辐射不能量子化，但粒子具有波的特性

(B) 运动粒子同样具有波的特性

(C) 波长非常短的辐射有粒子性，但长波辐射却不然

(D) 长波辐射绝不是量子化的

(E) 波动可以量子化，但粒子绝不可能有波动性

8. 钠光谱线的波长是 λ，设 h 为普朗克恒量，c 为真空中的光速，则此光子的（　　）.

(A) 能量为 $h\lambda/c$　(B) 质量为 hc/λ

(C) 动量为 h/λ　(D) 频率为 λ/c

9. 一个光子和一个电子具有同样的波长，则（　　）.

(A) 光子具有较大的动量　(B) 电子具有较大的动量

(C) 它们具有相同的动量　(D) 它们的动量不能确定

(E) 光子没有动量

10. 一质量为 1.25×10^{-29} kg 的自由粒子以 100 eV 的动能在运动. 若不考虑相对论效应，在观察者看来与该粒子相联系的物质波的频率为(　　).

(A) 1.1×10^{-50} Hz　　(B) 4.1×10^{-17} Hz

(C) 2.4×10^{16} Hz　　(D) 9.1×10^{20} Hz

(E) 2.7×10^{31} Hz

11. 如果电子被限制在边界 x 与 $x+\Delta x$ 之间，Δx 为 0.05 nm. 电子动量的 x 分量的不确定度数量级为[以 kg · m/s 为单位](　　).

(A) 10^{-10}　　(B) 10^{-14}　　(C) 10^{-19}　　(D) 10^{-24}

(E) 10^{-27}

12. 由量子力学可知，一维势阱中的粒子可以有若干能态，如果势阱的宽度 L 缓慢地减少至较小宽度 L'，则(　　).

(A) 每个能级的能量减小　　(B) 能级数增加

(C) 每个能级的能量保持不变　　(D) 相邻能级间的能量差增加

(E) 粒子将不再留在阱内

二、填空题

1. 测量星球表面温度的方法之一是把星球看成绝对黑体，利用维恩位移定律，测量 λ_m 便可求得星球表面温度 T，现测得太阳的 $\lambda_m = 550$ nm，天狼星的 $\lambda_m = 290$ nm，北极星的 $\lambda_m = 350$ nm，则 $T_{太阳} =$ ________，$T_{天狼星} =$ ________，$T_{北极星} =$ ________.

2. 当绝对黑体的温度从 27 ℃ 升到 327 ℃ 时，其辐射出的能量增加为原来的________倍.

3. 已知某金属的逸出功为 A_0，用频率为 ν_1 的光照射使金属产生光电效应，则：

(1) 该金属的红限频率 $\nu_0 =$ ________；

(2) 光电子的最大速率 $v =$ ________.

4. 康普顿实验中，当能量为 0.5 MeV 的 X 射线射中一个电子时，该电子获得 0.10 MeV 的动能. 假设原电子是静止的，则散射光的波长 $\lambda_1 =$ ________，散射光与入射方向的夹角 $\varphi =$ ________($1\ \text{MeV} = 10^6\ \text{eV}$).

5. 处于 $n=4$ 激发态的氢原子，它回到基态的过程中，所发出的光波波长最短为________nm，最长为________nm.

6. 若 α 粒子在均匀磁场中沿半径为 R 的圆形轨道运动，磁场的磁感应强度为 $\boldsymbol{B}$，则 α 粒子的德布罗意波长 $\lambda =$ ________.

7. 一束带电粒子经 206 V 的电压加速后，测得其德布罗意波长为 0.002 nm，已知这带电粒子所带电量与电子电量相等，则这束粒子的质量是____________.

8. 处于激发态的钠原子，发出波长为 589 nm 的光子的时间平均约为 10^{-8} s. 根据不确定度关系式，光子能量不确定量的大小 $\Delta E =$ ____________，发射波长的不确定度范围(所谓谱线宽度)是____________.

9. 从量子力学观点来看，微观粒子概率密度的表达式：____________. 其物理统计意义是：________________________________.

在电子衍射实验中，如果入射电子流的强度增加为原来的 N 倍，则在某处找到粒子的概率为原来的________倍.

10. 波函数 $\Psi(\boldsymbol{r},t)$ 满足的标准化条件为__________________________________.

归一化条件的表达式为____.

三、计算题

1. 假定太阳和地球都可以看成黑体，如太阳表面温度 $T_S = 6\ 000$ K，地球表面各处温度相同，试求地球的表面温度（已知太阳的半径 $R_0 = 6.96 \times 10^5$ km，太阳到地球的距离 $r = 1.496 \times 10^8$ km）.

2. 设电子与光子的波长均为 0.50 nm，试求两者的动量之比以及能量之比.

3. 若一个电子的动能等于它的静能，试求该电子的速率和德布罗意波长.

4. 用电子显微镜来分辨大小为 1 nm 的物体，试估算所需要的电子动能的最小值.（以 eV 为单位）

自测题十六

一、选择题

1. 在狭义相对论中，下列说法哪些是正确的？(　　)

(1) 一切运动物体相对于观察者的速度都不能大于真空中的光速

(2) 质量、时间、长度的测量结果都是随物体与观察者的相对运动状态而改变的

(3) 在一切惯性系中发生于同一时刻、不同地点的两个事件在其他一切惯性系中也是同时发生的

(4) 惯性系中的观察者观察一个相对于他做匀速运动的时钟时，会观测到这时钟比相对于他静止的时钟走得慢些

(A) (1)、(3)、(4)　　(B)(1)、(2)、(4)

(C) (1)、(2)、(3)　　(D) (2)、(3)、(4)

2. 在某地发生两事件，静止位于该地的甲测得时间间隔为 4 s，若相对于甲做匀速直线运动的乙测得时间间隔为 5 s，则乙相对于甲的运动速度是(　　).

(A) $\frac{1}{5}c$　　(B) $\frac{2}{5}c$　　(C) $\frac{3}{5}c$　　(D) $\frac{4}{5}c$

3. 一宇宙飞船相对地球以 $0.8c$(c 表示真空中光速) 的速度飞行，一光脉冲从船尾传到船头，飞船上的观察者测得飞船长为 60 m，地球上的观察者测得光脉冲从船尾发出和到达船头两个事件的空间间隔为(　　).

(A)60 m　　(B)36 m　　(C)180 m　　(D)100 m

4. 一个电子的静止质量为 m_0，运动速度为 $0.8c$(c 表示真空中光速)，它的动能是(　　).

(A) $\frac{2}{3}m_0c^2$　　(B) $\frac{8}{15}m_0c^2$　　(C) $\frac{2}{5}m_0c^2$　　(D) $\frac{8}{25}m_0c^2$

5. 已知氢原子从基态激发到某一定态所需的能量为 10.19 eV，若氢原子从能量为 -0.85 eV 的状态跃迁到上述定态，所发射的光子的能量为(　　).

(A)2.56 eV　　(B)3.41 eV　　(C)4.25 eV　　(D)9.95 eV

6. 如果两种不同质量的粒子，其德布罗意波长相同，则这两种粒子的(　　).

(A) 动量相同　　(B) 能量相同　　(C) 速度相同　　(D) 动能相同

7. 下列各组量子数中，哪一组可以描述原子中电子的状态？(　　)

(A)$n=2, l=2, m=0, m_s=\frac{1}{2}$　　(B)$n=3, l=1, m=-1, m_s=-\frac{1}{2}$

(C)$n=1, l=2, m=1, m_s=\frac{1}{2}$　　(D)$n=1, l=0, m=1, m_s=-\frac{1}{2}$

8. 氩($Z=18$) 原子基态的电子组态是(　　)

(A)$1s^2 2s^8 3p^8$　　(B)$1s^2 2s^2 2p^6 3d^8$

(C)$1s^2 2s^2 2p^6 3s^2 3p^6$　　(D)$1s^2 2^2 2p^6 3s^2 3p^4 3d^2$

9. 在康普顿散射中，如果反冲电子的速度为 $0.6c$，静止质量为 m_0，则因散射使反冲电子获得的能量是(　　).

(A) $2m_0c^2$　　(B) $\frac{3}{2}m_0c^2$　　(C) $\frac{1}{2}m_0c^2$　　(D) $\frac{1}{4}m_0c^2$

10. 所谓绝对黑体，就是(　　).

(A) 不吸收、不反射任何光的物体　　(B) 不反射、不辐射任何光的物体

(C) 不辐射而能全部吸收所有光的物体　　(D) 不反射而能全部吸收所有光的物体

二、填空题

1. 设想有一车厢以高速 v 运动，如图 16－1 所示，在车厢正中间有一灯发出一光信号，从地面上的静止参考系测得光到达车厢两端 A、B 的先后次序是________，从随车厢一起运动的参考系测得光到达车厢两端 A、B 的先后次序是________，由此可得出________.

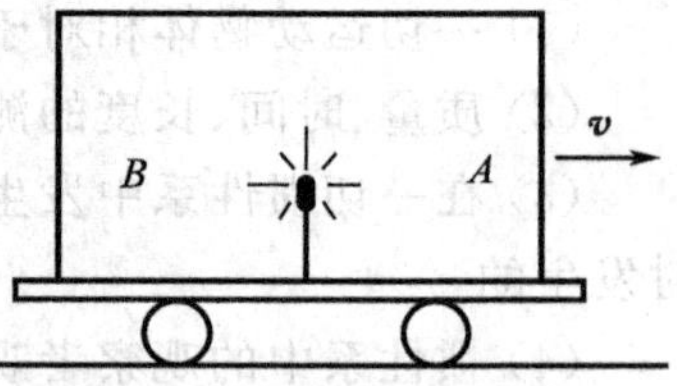

图 16－1　填空题 1 图

2. 静止时体积为 V_0，密度为 ρ_0 的立方体，沿其一棱的方向相对于观察者 A 以速度 v 运动，则 A 测得其体积为________，密度为________.

3. π^+ 介子的静止质量为 2.49×10^{-28} kg，固有寿命是 2.6×10^{-8} s，那么，当 π^+ 介子的速度为 $0.6c$ 时，其质量为________，寿命是________.

4. 已知 0 ℃ 的大块冰熔解为 0 ℃ 水时质量增加了 1 kg，则该冰块的质量为________kg.（冰的熔解热为 334 kJ·kg^{-1}）

5. 试判断如图 16－2 所示的 4 个函数曲线中，哪一个函数可以作为描述微观粒子运动状态的波函数________.

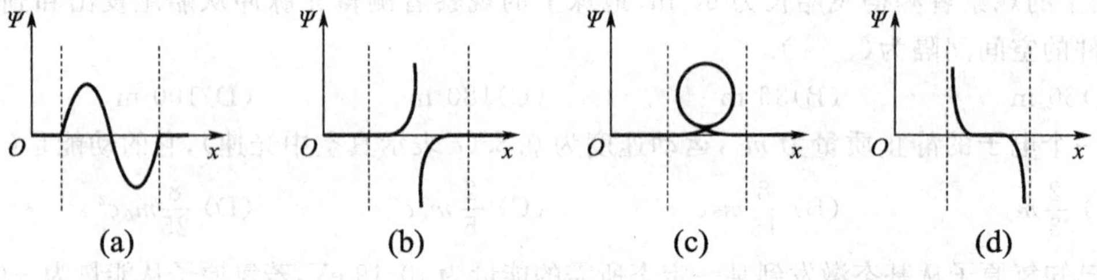

图 16－2　填空题 5 图

6. 氢气的温度为 T(热力学温度)，氢分子的质量为 m. 与氢分子的方均根速率对应的氢分子的德布罗意波长为________.

7. 电子在原子中运动，其质量为 m. 如果测量它在 x 方向上位置时的不确定量为 Δx，则同时测量其速度时，得到速度的不确定量 $\Delta v_x =$ ________.

8. 根据量子力学理论，当氢原子处于量子数 $n=3, l=2$ 的量子态时，其轨道角动量的大小为 $L=$ ________，电子轨道磁矩的大小为 $\mu=$ ________.

9. 根据多电子原子的壳层结构和泡利不相容原理，在 $n=3, l=2$ 的次壳层中，最多可以容纳的电子数为________.

10. 波长为 10 nm 的光子的能量为________，动量为________.

三、计算题

1. 一艘宇宙飞船的船身固有长度为 $L_0 = 90\ \mathrm{m}$，相对于地面以 $v = 0.8c$（c 为真空中光速）的匀速度在地面观测站的上空飞过.

(1) 观测站测得飞船的船身通过观测站的时间间隔是多少？

(2) 宇航员测得飞船的船身通过观测站的时间间隔是多少？

2. 某人测得一静止棒长为 l，质量为 m_0，棒的线密度 $\lambda = \dfrac{m_0}{l}$. 设棒以速度 u 沿长度方向上运动，此时棒的线密度是多少？若棒沿垂直于长度方向上以速度 u 运动，则棒的线密度又为多少？

3. 一隧道长为 L，宽为 d，高为 h，拱顶为半圆. 现有一列车以极高的速度 v 沿隧道长度方向通过隧道，若从列车上观察，则：

(1) 隧道的尺寸如何？

(2) 设列车的长度为 l_0，它全部通过隧道的时间是多少？

4. 设粒子在一维空间中运动，描述其运动状态的波函数为

$$\varphi(x,t)=\begin{cases}0 & \left(x<-\dfrac{b}{2},x>\dfrac{b}{2}\right)\\ A\cos\left(\dfrac{\pi x}{b}\right)\mathrm{e}^{-i\frac{Et}{\hbar}} & \left(-\dfrac{b}{2}\leqslant x\leqslant\dfrac{b}{2}\right)\end{cases}$$

其中，A 为任意常量（待求），E，b 均为大于零的常量，求：(1) 归一化的波函数；(2) 概率密度分布函数；(3) 什么地方出现粒子的概率最大.

5. 氢原子光谱的巴尔末线系中，有一光谱线的波长为 $\lambda = 434\ \mathrm{nm}$. 求：

(1) 与这一谱线相应的光子的能量；

(2) 该谱线是氢原子由能级 E_n 跃迁到能级 E_k 产生的，n 和 k 各为多少；

(3) 最高能级为 E_5 的大量氢原子，最多可以发射几个谱线系，共几条谱线.

自测题参考答案

自测题一

一、选择题

1. D	2. B	3. D	4. B	5. A
6. D	7. C	8. D	9. C	10. A

二、填空题

1. A车，1.19 s，0.67 s

2. 2，$8t^2$，$\sqrt{2^2+(8t^2)^2}$

3. $(x_0^3-3kt)^{\frac{1}{3}}$

4. $16Rt^2$，4 $\mathrm{rad/s^2}$

5. 17.3 $\mathrm{m\cdot s^{-1}}$，20 $\mathrm{m\cdot s^{-1}}$

6. 2 m，4 $\mathrm{m\cdot s^{-1}}$

7. 5 $\mathrm{m\cdot s^{-1}}$

8. $mgL/2$，$2g/3L$

9. $T_1 < T_2$，滑轮角加速度为负值

10. 0.496 rad/s

三、计算题

1. 解：(1)

$$v=\frac{\mathrm{d}s}{\mathrm{d}t}=v_0-bt$$

$$a_\tau=\frac{\mathrm{d}v}{\mathrm{d}t}=-b$$

$$a_\mathrm{n}=\frac{v^2}{R}=\frac{(v_0-bt)^2}{R}$$

则

$$a=\sqrt{a_\tau^2+a_\mathrm{n}^2}=\sqrt{b^2+\frac{(v_0-bt)^4}{R^2}}$$

加速度与半径的夹角为

$$\varphi=\arctan\frac{a_\tau}{a_n}=\frac{-Rb}{(v_0-bt)^2}$$

(2) 由题意应有

$$a=b=\sqrt{b^2+\frac{(v_0-bt)^4}{R^2}}$$

即

$$b^2=b^2+\frac{(v_0-bt)^4}{R^2}$$

得

$$(v_0-bt)^4=0$$

所以当 $t=\frac{v_0}{b}$ 时，$a=b$.

2. 解：依据 $F=ma=m\frac{\mathrm{d}v}{\mathrm{d}t}$，有

$$F=m\frac{\mathrm{d}(2t-t^2)}{\mathrm{d}t}=m(2-2t)$$

当 $t=3$ s 时，有 $F=-8$ N，即 3 s 末物体所受的作用力的大小为 8 N，方向沿 x 轴负向.

3. 解：

$$a_x = \frac{f_x}{m} = \frac{6}{16} = \frac{3}{8}\ \mathrm{m \cdot s^{-2}}$$

$$a_y = \frac{f_y}{m} = \frac{-7}{16}\ \mathrm{m \cdot s^{-2}}$$

(1)

$$v_x = v_{x0} + \int_0^2 a_x \mathrm{d}t = -2 + \frac{3}{8} \times 2 = -\frac{5}{4}\ \mathrm{m \cdot s^{-1}}$$

$$v_y = v_{y0} + \int_0^2 a_y \mathrm{d}t = \frac{-7}{16} \times 2 = -\frac{7}{8}\ \mathrm{m \cdot s^{-1}}$$

于是质点在 2 s时的速度为

$$\boldsymbol{v} = -\frac{5}{4}\boldsymbol{i} - \frac{7}{8}\boldsymbol{j}\ \mathrm{m \cdot s^{-1}}$$

(2)

$$\boldsymbol{r} = \left(v_0 t + \frac{1}{2}a_x t^2\right)\boldsymbol{i} + \frac{1}{2}a_y t^2 \boldsymbol{j}$$

$$= \left(-2 \times 2 + \frac{1}{2} \times \frac{3}{8} \times 4\right)\boldsymbol{i} + \frac{1}{2}\left(\frac{-7}{16}\right) \times 4\boldsymbol{j}$$

$$= -\frac{13}{4}\boldsymbol{i} - \frac{7}{8}\boldsymbol{j}\ \mathrm{m}$$

4. 解　(1) 由刚体的角动量定理得

$$\Delta L = I\omega_0 = \int M \mathrm{d}t = Fl\Delta t$$

$$= 2.0\ \mathrm{kg \cdot m^2 \cdot s^{-1}}$$

(2) 取棒和地球为一系统，并选 O 处为重力势能零点. 在转动过程中，系统的机械能守恒，即

$$\frac{1}{2}I\omega_0^2 = \frac{1}{2}mgl(1 - \cos\theta)$$

由(1)、(2) 可得棒的偏转角度为

$$\theta = \arccos\left(1 - \frac{3F^2\Delta t^2}{m^2 gl}\right) = 88°38'$$

5. 解　由角动量守恒得

$$(I_0 + 2mr_1^2)\omega_1 = (I_0 + 2mr_2^2)\omega_2$$

$$\omega_2 = \frac{I_0 + 2mr_1^2}{I_0 + 2mr_2^2}\omega_1$$

$$\Delta E_\mathrm{k} = \frac{1}{2}(I_0 + 2mr_2^2)\omega_2^2 - \frac{1}{2}(I_0 + 2mr_1^2)\omega_1^2$$

$$= \frac{1}{2}(I_0 + 2mr_1^2)\omega_1^2\left[\frac{I_0 + 2mr_1^2}{I_0 + 2mr_2^2} - 1\right]$$

非保守内力做正功，机械能增加.

自测题二

一、选择题

1. D　　2. C　　3. A　　4. C　　5. C

6. B　　7. B　　8. C　　9. C　　10. D

二、填空题

1. $3\boldsymbol{i}+6\boldsymbol{j}$　　2. 3,2　　3. $\dfrac{S}{\Delta t},-\dfrac{2v_0}{\Delta t}$

4. $\dfrac{1}{3}ct^3,2ct,\dfrac{c^2t^4}{R}$　　5. $0.15\ \text{m}\cdot\text{s}^{-2}$　　6. 80 N,圆心,0

7. $\dfrac{10}{9}T$　　8. $\dfrac{2I}{k\omega_0},-\dfrac{k\omega_0^2}{9I}$　　9. 1/4

三、计算题

1. 解:(1) $x=3t,y=1-t^2$,所以 $x^2/9+y=1$.

(2) $x_3=3\times3=9,y_3=1-3^2=-8$,所以 $\boldsymbol{r}_3=9\boldsymbol{i}-8\boldsymbol{j}$ m.

(3) $\Delta\boldsymbol{r}=\boldsymbol{r}_2-\boldsymbol{r}_1=[(3\times2)\boldsymbol{i}+(1-2^2)\boldsymbol{j}]-[(3\times1)\boldsymbol{i}+(1-1^2)\boldsymbol{j}]=3\boldsymbol{i}-3\boldsymbol{j}$ m

$$\overline{\boldsymbol{v}}=\frac{\Delta\boldsymbol{r}}{\Delta t}=\frac{3\boldsymbol{i}-3\boldsymbol{j}}{1}=3\boldsymbol{i}-3\boldsymbol{j}\ \text{m/s}$$

(4) 因为
$$\boldsymbol{v}=\frac{\mathrm{d}\boldsymbol{r}}{\mathrm{d}t}=3\boldsymbol{i}-2t\boldsymbol{j},\boldsymbol{a}=\frac{\mathrm{d}\boldsymbol{v}}{\mathrm{d}t}=-2\boldsymbol{j}$$

所以
$$\boldsymbol{v}_2=3\boldsymbol{i}-4\boldsymbol{j}\ \text{m/s},\boldsymbol{a}_2=-2\boldsymbol{j}\ \text{m/s}^2$$

2. 解:求圆周运动的切向加速度和法向加速度有两种方法.

一是先求速率 v,再求导,即得 $a_\tau=\dfrac{\mathrm{d}v}{\mathrm{d}t}$;将 v 平方除以 R 即得 $a_n=\dfrac{v^2}{R}$. 另一种方法是在知 θ 的情况下,先对 θ 求导得出 ω、β,再利用角线量关系,即可求出 a_τ、a_n.

本题用后一种方法求解

$$\omega_2=\frac{\mathrm{d}\theta}{\mathrm{d}t}\bigg|_{t=2}=12t^2\bigg|_{t=2}=12\times2^2=48\ \text{rad}\cdot\text{s}^{-1}$$

$$\beta_2=\frac{\mathrm{d}^2\theta}{\mathrm{d}t^2}=\frac{\mathrm{d}\omega}{\mathrm{d}t}\bigg|_{t=2}=24t\bigg|_{t=2}=48\ \text{rad}\cdot\text{s}^{-2}$$

故
$$a_\tau=R\beta_2=0.1\times48=4.8\ \text{m}\cdot\text{s}^{-2}$$
$$a_n=R\omega_2^2=0.1\times48^2=230.4\ \text{m}\cdot\text{s}^{-2}$$
$$F_\tau=ma_\tau=4.8\ \text{N}$$
$$F_n=ma_n=230.4\ \text{N}$$

3. 解:根据牛顿第二运动定律有

$$-kv=m\frac{\mathrm{d}v}{\mathrm{d}t}$$

分离变量,积分有
$$\int_{v_0}^{v}\frac{\mathrm{d}v}{v}=\int_0^t-\frac{k}{m}\mathrm{d}t$$

得
$$v=v_0\mathrm{e}^{-\frac{kt}{m}}$$

4. 解:分别以 m_1、m_2、滑轮为研究对象,受力如图 1(b) 所示.

对 m_1、m_2 运用牛顿定律,有

$$m_2g-T_2=m_2a \qquad ①$$
$$T_1=m_1a \qquad ②$$

对滑轮运用转动定律,有

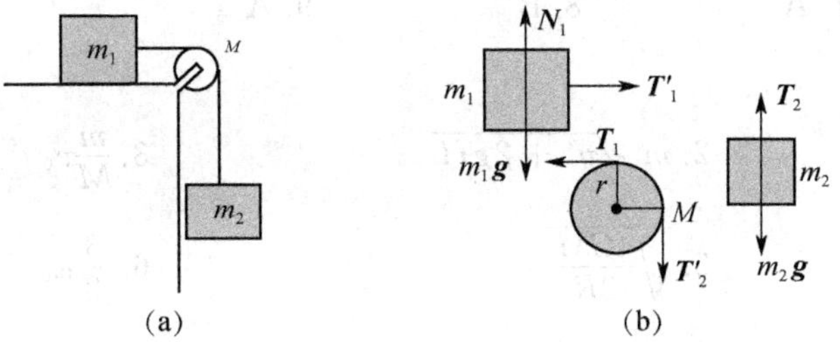

图 1

$$T_2r - T_1r = \left(\frac{1}{2}Mr^2\right)\beta \qquad ③$$

又 $$a = r\beta \qquad ④$$

联立以上 4 个方程，得

$$a = \frac{m_2g}{m_1 + m_2 + \frac{M}{2}} = \frac{200\times 9.8}{50 + 200 + \frac{15}{2}} = 7.6 \text{ m} \cdot \text{s}^{-2}$$

5. 解：系统的受力图如图 2 所示，m 与 M 碰撞过程，系统(m、M) 对 O 轴角动量守恒，即

$$mv_1L = -mv_2L + I\omega, \qquad I = \frac{1}{3}ML^2$$

碰后细棒转动直至停止，受摩擦阻力矩作用，任意质点所受阻力为

$$\mathrm{d}f = \mu\mathrm{d}N = \mu g\,\mathrm{d}m = \mu g\lambda\,\mathrm{d}x$$

任意质点所受阻力矩为 $$\mathrm{d}M_f = -x\mathrm{d}f$$

$$M_f = -\int_L x\mathrm{d}f = -\int_0^L x\cdot\mu(\lambda\mathrm{d}x)\cdot g = -\frac{1}{2}\mu MgL$$

由角动量定理 $$M\mathrm{d}t = I\mathrm{d}\omega$$

有 $$\int_0^t M_f\mathrm{d}t = I\int_\omega^0 \mathrm{d}\omega$$

解出 $$t = \frac{2m(v_1 + v_2)}{\mu Mg}$$

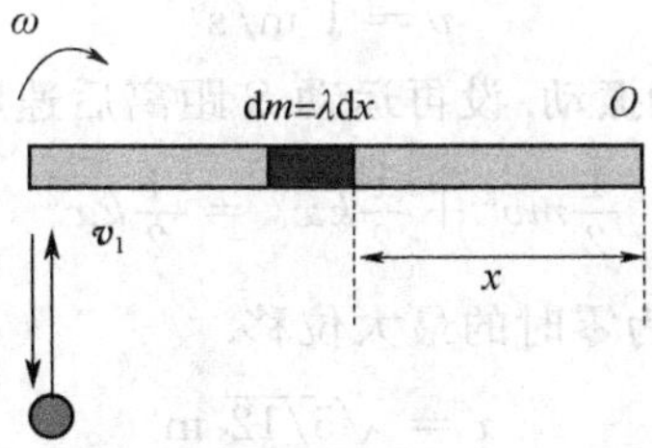

图 2

自测题三

一、选择题

1. C　　2. C　　3. C　　4. A　　5. B

6. C　　7. A　　8. B　　9. A

二、填空题

1. 等于　　2. $m\sqrt{v^2+2gH}$　　3. $\frac{m}{M}v_0$

4. $v/2$　　5. $\sqrt{\frac{4GM}{3R}}$　　6. $\frac{3}{2}\omega_0$

7. $\frac{Mv}{M+m}$　　8. 16 N·s,176 J　　9. 3 J;

10. $m\sqrt{GMR}$

三、计算题

1. 解:由题意知,拉力与时间的关系为

$$F = 7.5t$$

(1) 由动量定理得 $\int_0^4 F\mathrm{d}t = mv_4 - mv_0$ (其中 $v_0 = 0$)

故 $\int_0^4 7.5t\mathrm{d}t = mv_4$

得 $v_4 = 6\ \mathrm{m/s}$

(2) 由题图知第 4 s 到第 6 s 物体受到恒力作用,故由动量定理

$$F\Delta t = mv_6 - mv_4$$

$$30 \times 2 = 10(v_6 - 6)$$

所以 $v_6 = 12\ \mathrm{m/s}$

此时,拉力的功率为 $P = Fv_6 = 30 \times 12 = 360\ \mathrm{W}$

2. 解:物体受恒力 F,弹性力 $f = -kx$ 的作用.

(1) 由动能定理得 $\int_0^{0.5}(F - kx)\mathrm{d}x = \frac{1}{2}mv^2$

$$10 \times 0.5 - \frac{1}{2} \times 24 \times 0.5^2 = \frac{1}{2} \times 4 \times v^2$$

$$v = 1\ \mathrm{m/s}$$

(2) 撤去外力后,物体做简谐振动.设再运动 S 距离后速度第一次为零.

由机械能守恒得 $\frac{1}{2}mv^2 + \frac{1}{2}kx_0^2 = \frac{1}{2}kx^2$

其中 $x_0 = 0.5\ \mathrm{m}$,x 为速度为零时的最大位移.

计算得 $x = \sqrt{5/12}\ \mathrm{m}$

故有 $s = x - x_0 = \frac{\sqrt{15}-3}{6}\ \mathrm{m}$

3. 解:在任一位置,杆所受力矩为 $M = \frac{1}{2}mgl\sin\theta$.

由转动定律得

$$\frac{1}{2}mgl\sin\theta = \frac{1}{3}ml^2\alpha$$

$$\alpha = \frac{d\omega}{dt} = \omega\frac{d\omega}{d\theta}$$

$$\int_0^{\omega}\omega\,d\omega = \frac{3g}{2l}\int_{\theta_0}^{\theta}\sin\theta d\theta$$

积分得 $$\omega = \sqrt{\frac{3g}{2l}}$$

4.解:(1) 子弹射入木块为完全非弹性碰撞,由于碰撞过程经历时间极短,故水平方向动量守恒.当子弹与木块一起运动时,无外力作用,故系统机械能守恒.因此

$$mv = (M+m)V$$

$$\frac{1}{2}(M+m)V^2 = \frac{1}{2}kL^2$$

联立上式求得 $$v = \frac{L}{m}\sqrt{k(M+m)}$$

(2) 子弹射入木块的过程中,阻力所做的功等于子弹、弹簧与木块所组成的系统在碰撞前后机械能的损失.由功能原理知

$$-\bar{f}\cdot s = \frac{1}{2}kL^2 - \frac{1}{2}mv^2 = -\frac{1}{2}\frac{M}{m}kL^2 \quad (\bar{f}\text{ 为平均阻力})$$

故 $$\bar{f} = \frac{1}{2}\frac{MkL^2}{ms}$$

自测题四

一、选择题

1. A　2. C　3. D　4. C　5. C

6. B　7. D　8. C　9. C　10. A

二、填空题

1. $A, \frac{B}{C}, \frac{2\pi}{B}, \frac{2\pi}{C}, CD$　2. $\pm\sqrt{\frac{2}{3}}A$　3. $-\pi/2, 0, \pi, \pi/3$

4. (1) $x = A\cos\left(\frac{2\pi}{T}\cdot t - \frac{\pi}{2}\right)$, (2) $x = A\cos\left(\frac{2\pi}{T}\cdot t + \frac{\pi}{3}\right)$

5. $y = A\cos\left[\omega\left(t - \frac{x-l}{u}\right) + \varphi_0\right]$

6. 2 m, 10 m/s,经过平衡位置且振动方向向下

7. $y = 0.10\cos\left[165\pi\left(t - \frac{x}{330}\right) - \pi\right]$

8. $y = A\cos 2\pi\left(\nu t - \frac{2d-x}{\lambda}\right)$

9. $x = \pm(2k+1)\frac{\lambda}{4}$,其中的 $k = 0, 1, 2, 3, \cdots$

10. 0.31 m

三、计算题

1. 解:(1) 将题给方程与标准式 $y = A\cos\left(2\pi\nu t - \frac{2\pi}{\lambda}x\right)$ 相比,得振幅 $A = 0.05$ m,频率 $\nu = 5\ \text{s}^{-1}$,波长 $\lambda = 0.5$ m,波速 $u = \lambda\nu = 2.5\ \text{m}\cdot\text{s}^{-1}$.

(2) 绳上各点的最大振速,最大加速度分别为

$$v_{\max} = \omega A = 10\pi \times 0.05 = 0.5\pi\ \text{m}\cdot\text{s}^{-1}$$
$$a_{\max} = \omega^2 A = (10\pi)^2 \times 0.05 = 5\pi^2\ \text{m}\cdot\text{s}^{-2}$$

(3) $x = 0.2$ m 处的振动比原点落后的时间为

$$\frac{x}{u} = \frac{0.2}{2.5} = 0.08\ \text{s}$$

故 $x = 0.2$ m,$t = 1$ s 时的相位就是原点($x = 0$) 在 $t_0 = 1 - 0.08 = 0.92$ s 时的相位.

即 $\varphi = 9.2\pi$

设这一相位所代表的运动状态在 $t = 1.25$ s 时刻到达 x 点,则

$$x = x_1 + u(t - t_1) = 0.2 + 2.5(1.25 - 1.0) = 0.825\ \text{m}$$

2. 解:(1) $t = 0.25$ s 时,给定的波动方程可化为

$$y = 2\times 10^{-3}\cos\left(5\pi - \frac{2\pi x}{5}\right) = 2\times 10^{-3}\cos\left(\pi - \frac{2\pi x}{5}\right)$$

当 $\cos\left(\pi - \frac{2\pi x}{5}\right) = 1$ 时,x 的值即为波峰位置,即

$$\pi - \frac{2\pi x}{5} = 2k\pi \quad (k = 0, \pm 1, \pm 2, \cdots)$$

得 $k = 0$ 时, $x = 2.5$ m

$k = 1$ 时, $x = -2.5$ m

$k = -1$ 时, $x = 7.5$ m

故离原点最近的波峰位置是 $x = \pm 2.5$ m.

(2) 将运动方程与波动方程标准形式 $y = A\cos\left[\omega\left(t - \frac{x}{u}\right) + \varphi_0\right]$ 相比较知 $u = 50$ m/s.

所以距原点最近的波峰通过原点的时刻为 $t = \frac{\pm 2.5}{50} = \pm 0.05$ s

即 $x = 2.5$ m 处的波峰在 $t = 0.25$ s 前 0.05 s,即 $t = 0.20$ s 通过原点;$x = -2.5$ m 处的波峰在 $t = 0.25$ s 后 0.05 s,即 $t = 0.30$ s 通过原点.

3. 解:(1) 波源的振动方程为 $y = A\cos\omega t$

该简谐波的波动方程为

$$y = A\cos\omega\left(t - \frac{x}{u}\right)$$

(2) 距离波源为 L 处一点,即 $x = L$,则 $y = A\cos\omega\left(t - \frac{L}{u}\right)$

(3) 根据波速与角频率的关系 $u = \lambda\frac{\omega}{2\pi}$ 或 $\lambda = \frac{2\pi u}{\omega}$ 知

$$\Delta\varphi = 2\pi\frac{D}{\lambda} = \frac{D}{u}\omega$$

4. 解:坐标位置如图 3 所示:

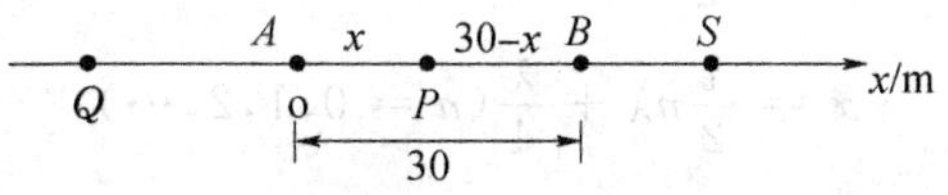

图 3

(1)A、B 间情况. 任一点 p,两列波在此点引起的振动的相位差为

$$\Delta\varphi = (\varphi_B - \varphi_A) - 2\pi\frac{r_{BP} - r_{AP}}{\lambda} = \pi - 2\pi\frac{(30 - x) - x}{\lambda}$$

由于 $$\lambda = \frac{u}{\nu} = \frac{400}{100} = 4\ \mathrm{m}$$

所以 $$\Delta\varphi = \pi - (15 - x)\pi = -14\pi + \pi x$$

当 $\Delta\varphi = (2k + 1)\pi\ (k = 0, \pm 1, \pm 2, \cdots)$ 时,坐标为 x 的质点由于干涉而静止(二振幅相同).

即 $$-14\pi + \pi x = (2k + 1)\pi$$

$$x = 2k + 15m\ (k = 0, \pm 1, \pm 2, \cdots, \pm 7)$$

(2) 在 A 左侧情况,对任一点 Q,两波在 Q 点引起振动相位差为

$$\Delta\varphi = (\varphi_B - \varphi_A) - 2\pi\frac{r_{BQ} - r_{AQ}}{\lambda} = \pi - 2\pi\frac{30}{4} = -14\pi$$

可见,A 外侧均为干涉加强,无静止点.

(3) 在 B 点右侧情况. 对任一点 S,两波在 S 点引起的振动相位差为

$$\Delta\varphi = (\varphi_B - \varphi_A) - 2\pi\frac{r_{BS} - r_{AS}}{\lambda} = \pi - 2\pi\frac{-30}{4} = -16\pi$$

可见,在 B 右侧不存在因干涉静止点.

5. 解:入射波在 $x = 0$ 处引起的振动为

$$y_{10} = A\cos\left(\omega t - \frac{\pi}{2}\right)$$

由于反射端固定,反射波在 $x = 0$ 处与入射波的相位差是 π(有半波损失),故反射波在 $x = 0$ 处引起的振动为

$$y_{20} = A\cos\left(\omega t - \frac{\pi}{2} + \pi\right) = A\cos\left(\omega t + \frac{\pi}{2}\right)$$

反射波沿 x 轴正向传播,故反射波方程为

$$y_2 = A\cos\left(\omega t - \frac{2\pi x}{\lambda} + \frac{\pi}{2}\right)$$

合成的驻波方程为

$$y = y_1 + y_2 = A\cos\left(\omega t + \frac{2\pi x}{\lambda} - \frac{\pi}{2}\right) + A\cos\left(\omega t - \frac{2\pi x}{\lambda} + \frac{\pi}{2}\right)$$
$$= 2A\cos\left(\frac{2\pi x}{\lambda} - \frac{\pi}{2}\right)\cos\omega t = 2A\sin\frac{2\pi x}{\lambda}\cos\omega t$$

当 $\sin\frac{2\pi x}{\lambda} = 0$,即 $\frac{2\pi x}{\lambda} = n\pi$,$(n = 0, 1, 2, \cdots)$ 时,为波节. 波节位置为

$$x = \frac{1}{2}n\lambda\ (n = 0, 1, 2, \cdots)$$

当 $\sin\frac{2\pi x}{\lambda}=1$,即$\frac{2\pi x}{\lambda}=n\pi+\frac{\pi}{2}$,$n=0,1,2,\cdots$ 时,为波腹.波腹位置为

$$x=\frac{1}{2}n\lambda+\frac{\lambda}{4}(n=0,1,2,\cdots)$$

自测题五

一、选择题

1.A　　2.A　　3.C　　4.C　　5.A
6.B　　7.D　　8.A　　9.D　　10.D

二、填空题

1.1.25　　2.1.6　　3.2.0

4.$\frac{1}{3}kA^2$　　5.2.83,7.08×10^{-1}　　6.$k\frac{\lambda}{2}$,$k=0,1,2,\cdots$

7.$\frac{\pi}{2}$,$y=0.2\cos\left(\frac{\pi}{4}t-\frac{\pi}{2}\right)$

8.$\frac{2\pi}{3}$,$y=0.24\cos\left[100\pi\left(t-\frac{x}{100}\right)+\frac{2\pi}{3}\right]$ m

9.0,0.2　　10.2,9

三、计算题

1.解:由图 4 可知,$A=0.02$ m,

$$\omega=2\pi\nu=2\pi\frac{v}{\lambda}=2\pi\frac{3}{0.15\times2}=20\pi\ \text{rad/s}$$

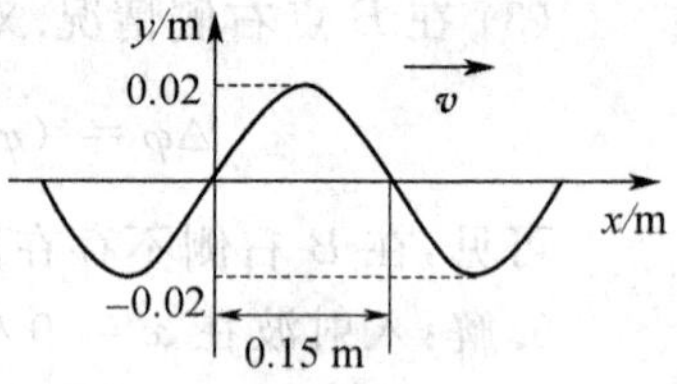

图 4

由解析法或旋转矢量法得　$\varphi=\frac{\pi}{2}$

故原点处质元的振动方程为

$$y=0.02\cos\left(20\pi t+\frac{\pi}{2}\right)$$

简谐波的表达式为

$$y=0.02\cos\left[\omega\left(t-\frac{x}{v}\right)+\varphi\right]=0.02\cos\left[20\pi\left(t-\frac{x}{3}\right)+\frac{\pi}{2}\right]$$

2.解:由题意,波的周期为

$$T=\lambda/u=40/20=2\ \text{s}$$

故

$$\omega=\frac{2\pi}{T}=\pi$$

P 处质点的振动周期与波的周期相等,故由图 5 可画出 P 处质点的振动曲线,如图 6(a) 所示.

由解析法可得,P 处质点的振动初相为　$\varphi=-\frac{\pi}{2}$

故 P 处质点振动方程为　$y_P=0.20\cos\left(\pi t-\frac{\pi}{2}\right)$

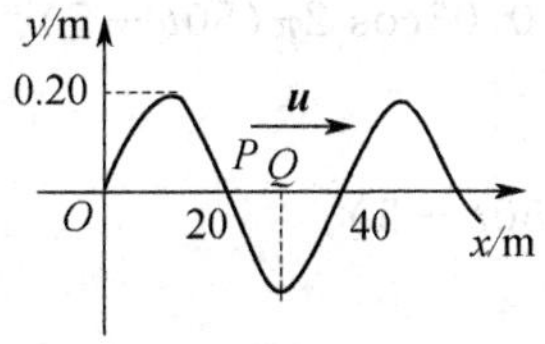

图 5

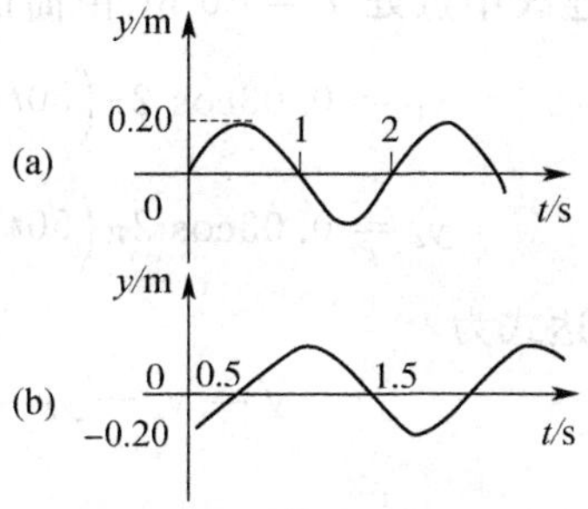

图 6

Q 处质点的振动周期与波的周期相等，故由图 5 可画出 Q 处质点的振动曲线，如图 6(b) 所示.

由解析法可得，Q 处质点的振动初相为 $\varphi = \pi$.

故 Q 处质点的振动方程为

$$y_Q = 0.20\cos(\pi t + \pi)$$

3. 解：由旋转矢量图（见图 7）和 $|v_A| = |v_B|$，可知

$$T/2 = 4\ \text{s}$$

所以 $T = 8\ \text{s}$，$\nu = 1/8\ \text{s}^{-1}$，$\omega = 2\pi\nu = \pi/4\ \text{s}^{-1}$.

(1) 以 $\overline{AB}$ 的中心为坐标原点，x 轴指向右方.

$t = 0$ s 时，$x = -5\ \text{cm} = A\cos\varphi$

$t = 2$ s 时，$x = 5\ \text{cm} = A\cos(2\omega + \varphi) = -A\sin\varphi$

由上两式解得　　$\tan\varphi = 1$

因为在 A 点，质点的速度大于零，所以

$$\varphi = -3\pi/4 \text{ 或 } 5\pi/4$$

$$A = x/\cos\varphi = 5\sqrt{2}\ \text{cm}$$

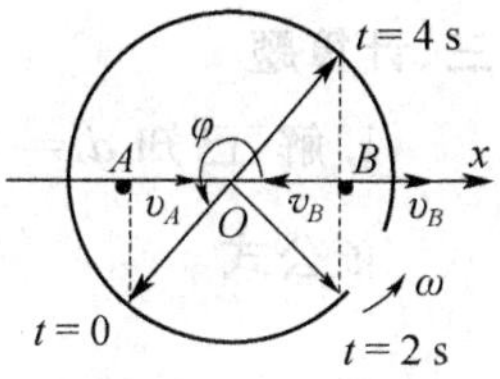

图 7

质点的振动方程为

$$x = 5\sqrt{2} \times 10^{-2}\cos\left(\frac{\pi t}{4} - \frac{3\pi}{4}\right)$$

(2) 速率

$$v = \left|\frac{\mathrm{d}x}{\mathrm{d}t}\right| = \frac{5\sqrt{2}\pi \times 10^{-2}}{4}\sin\left(\frac{\pi t}{4} - \frac{3\pi}{4}\right)$$

当 $t = 0$ 时，质点在 A 点

$$v = \left|\frac{\mathrm{d}x}{\mathrm{d}t}\right| = \frac{5\sqrt{2}\pi \times 10^{-2}}{4}\sin\left(-\frac{3\pi}{4}\right) = 3.93 \times 10^{-2}\ \text{m/s}$$

4. 解：(1) 由简谐波表达式

$$y = A\cos 2\pi\left(\frac{t}{T} - \frac{x}{\lambda}\right)$$

得

$$y_1 = 0.03\cos 2\pi\left(\frac{t}{0.02} - \frac{x}{4}\right) = 0.03\cos 2\pi\left(50t - \frac{x}{4}\right)$$

$$y_2 = 0.03\cos 2\pi\left(50t - \frac{40 - x}{4}\right)$$

(2)S_1S_2 连线中点处 $x=20$ m,由简谐波引起的该处质元分振动表达式为

$$y_1=0.03\cos 2\pi\left(50t-\frac{20}{4}\right)=0.03\cos 2\pi(50t-5)$$

$$y_2=0.03\cos 2\pi\left(50t-\frac{40-20}{4}\right)=0.03\cos 2\pi(50t-5)$$

合振动表达式为

$$y=y_1+y_2=0.06\cos 2\pi(50t-5)$$

自测题六

一、选择题

1. D	2. D	3. B	4. C	5. A
6. B	7. B	8. A	9. C	10. B
11. B	12. A	13. C		

二、填空题

1. 波动,横
2. $(4ne/\lambda-1)\pi$ [或$(4ne/\lambda+1)\pi$]
3. 0.75
4. 子波,子波干涉(或"子波相干叠加")
5. 4,第一,暗
6. 5
7. $\sqrt{3}$(或 1.732)
8. 2,$\frac{1}{4}$

三、计算题

1. 解:已知 $d=0.2$ mm,$D=1$ m,$l=20$ mm.

依公式
$$\delta=\frac{d}{D}l=k\lambda$$

得
$$k\lambda=\frac{dl}{D}=4\times10^{-3}\text{ mm}$$

故

$$k=10\text{ 时},\lambda_1=400\text{ nm}$$
$$k=9\text{ 时},\lambda_2=444.4\text{ nm}$$
$$k=8\text{ 时},\lambda_3=500\text{ nm}$$
$$k=7\text{ 时},\lambda_4=571.4\text{ nm}$$
$$k=6\text{ 时},\lambda_1=666.7\text{ nm}$$

五种波长的光在所给观察点最大限度地加强.

2. 解:设第五条明纹处膜厚为 e,则有

$$2ne+\frac{\lambda}{2}=5\lambda$$

设该处至劈棱的距离为 l,则有近似关系

$$e=l\theta$$

由上两式得
$$2nl\theta=9\lambda/2$$

即
$$l=9\lambda/(4n\theta)$$

充入液体前第五条明纹位置为

$$l_1 = 9\lambda/4\theta$$

充入液体后第五条明纹位置为

$$l_2 = 9\lambda/4n\theta$$

充入液体前后第五条明纹移动的距离为

$$\Delta l = l_1 - l_2 = \frac{9\lambda}{4\theta}\left(1-\frac{1}{n}\right) = 1.61\ \text{mm}$$

3. 解:在空气中时,第 k 个暗环半径为

$$r_k = \sqrt{\frac{kR\lambda}{n_2}} \quad (n_2 = 1.00)$$

充水后第 k 个暗环半径为

$$r'_k = \sqrt{\frac{kR\lambda}{n'_2}} \quad (n'_2 = 1.33)$$

干涉环半径的相对变化量为

$$\frac{r_k - r'_k}{r_k} = 1 - \sqrt{\frac{1}{n'_2}} = 13.3\%$$

4. 解:(1) 由暗纹公式知

$$a\sin\varphi = \pm k\lambda \quad (k = 1,2,\cdots)$$

单缝的宽度为

$$a = \frac{\lambda}{\sin\varphi} = 0.12\ \text{mm}$$

(2) 第 2 级暗纹中心对应的衍射角为

$$\varphi_2 \approx \sin\varphi_2 = \frac{2\lambda}{a} = 1.0\times10^{-2}\ \text{rad}$$

5. 解:(1) 由光栅方程 $(a+b)\sin\varphi = k\lambda$

由题意可知 $(a+b)\sin\varphi = k_1\lambda_1 = k_2\lambda_2$

故 $$\lambda_1 = \frac{k_2}{k_1}\lambda_2 = \frac{4}{3}\times486.1\ \text{nm} = 648.1\ \text{nm}$$

又因 $$\frac{x}{f} = \tan\varphi \approx \sin\varphi$$

所以 $$(a+b) = \frac{k_2\lambda_2}{\sin\varphi} = \frac{f}{x}k_2\lambda_2 = 1.94\times10^{-2}\ \text{cm}$$

(2) 当第 k 级缺级时满足

$$(a+b)\sin\varphi = k\lambda$$
$$a\sin\varphi = k'\lambda$$

两式相除,得 $$a = \frac{k'}{k}(a+b)$$

最小缝宽对应于 $k' = 1$,故缝的最小宽度为

$$a_{\min} = \frac{1\times1.94\times10^{-2}}{5}\ \text{cm} = 0.388\times10^{-2}\ \text{cm}$$

(3) 能观察到的谱线数目取决于能出现的最大级数和缺级.

因为 $$\sin\varphi = \frac{k\lambda}{a+b} < 1$$

所以 $$k < \frac{a+b}{\lambda_1} = \frac{1.94 \times 10^{-2}}{6\,481 \times 10^{-8}} = 299.3$$

缺级的级数为 $$k_0 = k'\frac{a+b}{a} = 5k'$$

k' 的最大值为 $$\frac{299}{5} \approx 59$$

可能观察到的谱线数目为 $2 \times (299 - 59) + 1 = 481$

自测题七

一、选择题

1. A	2. B	3. B	4. C	5. B
6. C	7. D	8. D	9. A	10. C
11. A	12. D			

二、填空题

1. 90.6 nm	2. $2\pi(n-1)e/\lambda$, 4×10^3	3. 1.40
4. $\frac{r_1^2}{r_2^2}$	5. 1.49×10^{-4} m	6. 666.8
7. 14.4 cm	8. 37°,垂直于入射面	9. $\frac{I_0}{2}$, 0

三、计算题

1. 解:如图 8 所示,设介质薄膜的厚度为 e,上、下表面反射均为由光疏介质到光密介质,故不计附加光程差. 当光垂直入射($i = 0$)时,则依公式有

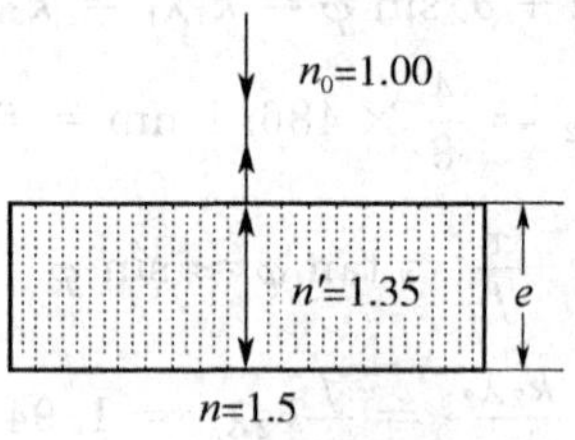

图 8

对 λ_1 $$2n'e = \frac{1}{2}(2k+1)\lambda_1$$

对 λ_2 $$2n'e = k\lambda_2$$

由上两式解得

$$k = \frac{\lambda_1}{2(\lambda_2 - \lambda_1)} = 3$$

$$e = \frac{k\lambda_2}{2n'} = 7.78 \times 10^{-4} \text{ mm}$$

2.解:(1)
$$\Delta x = 2kD\lambda/d$$
$$d = 2kD\lambda/\Delta x$$

此处 $k = 5$,故

$$d = 10D\lambda/\Delta x = 0.910 \text{ mm}$$

(2) 共经过 20 个条纹间距,即经过的距离为

$$l = 20D\lambda/d = 24 \text{ mm}$$

(3) 不变.

3.解:(1) 劈尖下面的玻璃片下移,但劈尖夹角保持不变,形成在劈尖表面上的等厚干涉条纹整体向棱边方向移动.

设原来第 k 级明纹处劈尖的厚度为 e_1,光垂直入射时,劈尖干涉明纹条件为

$$2e_1 + \frac{\lambda}{2} = k\lambda$$

下面的玻璃片下移后,原来第 k 级明纹处变成第 $k = 15$ 级明纹,该处的厚度由 e_1 变成 e_2.由干涉条件有

$$2e_2 + \frac{\lambda}{2} = (k+15)\lambda$$

两式相减,得

$$e_2 - e_1 = \frac{15}{2}\lambda = 3.75\ \mu\text{m}$$

即玻璃片下移的距离为 3.75 μm.

(2) 未加液体时,第 5 级明纹在厚度 e 处,满足

$$2e + \frac{\lambda}{2} = 5\lambda$$

加液体后,第 5 级明纹移至厚度 e' 处,满足

$$2e' + \frac{\lambda}{2} = 5\lambda$$

两式相减,得

$$e' = \frac{e}{n}$$

条纹在劈尖上移动的距离由几何关系,有

$$\Delta l = \frac{e - e'}{\theta} = \frac{n-1}{n\theta}e$$

由 $2e + \frac{\lambda}{2} = 5\lambda$ 解出 $\quad e = \frac{1}{2}\left(5 - \frac{1}{2}\right)\lambda = 1.125\ \mu\text{m}$

由上式解出 $\quad n = \frac{e}{e - \theta\Delta l} = 1.28$

4.解:(1) 由单缝衍射明纹公式可知

$$a\sin\varphi_1 = \frac{1}{2}(2k+1)\lambda_1 = \frac{3}{2}\lambda_1 \qquad (\text{取 } k=1)$$

$$a\sin\varphi_2 = \frac{1}{2}(2k+1)\lambda_2 = \frac{3}{2}\lambda_2$$

$$\tan\varphi_1 = x_1/f, \quad \tan\varphi_2 \approx \sin\varphi_2$$

所以
$$x_1 = \frac{3}{2}f\lambda_1/a$$

$$x_2 = \frac{3}{2}f\lambda_2/a$$

设两第一级明纹之间距为 Δx，则

$$\Delta x = x_2 - x_1 = \frac{3}{2}f\Delta\lambda/a = 0.27\ \text{cm}$$

(2) 由光栅衍射主极大的公式

$$d\sin\varphi_1 = k\lambda_1 = \lambda_1$$
$$d\sin\varphi_2 = k\lambda_2 = \lambda_2$$

且有

$$\sin\varphi \approx \tan\varphi = x/f$$

所以

$$\Delta x = x_2 - x_1 = f\Delta\lambda/d = 1.8\ \text{cm}$$

5. 解：设两种波长单色光的第 3 级谱线的位置分别为 x_1、x_2，因

$$d\sin\varphi = \pm k\lambda$$

$$\sin\varphi = \tan\varphi = \frac{x}{f}$$

故两种波长单色光的第 3 级谱线的位置分别为

$$x_1 = \frac{3f\lambda_1}{d}, x_2 = \frac{3f\lambda_2}{d}$$

所以
$$\Delta x = |x_1 - x_2| = 6.0\times10^{-3}\ \text{m}$$

自测题八

一、选择题

1. C　2. B　3. B　4. A　5. A
6. A　7. A　8. B　9. D　10. D
11. C　12. C

二、填空题

1. $2.44\times10^{25}\ \text{m}^{-3}$，$1.30\ \text{kg}\cdot\text{m}^{-3}$，$6.21\times10^{-21}\ \text{J}$
2. 5/3，10/3
3. (1) $\int_{v_0}^{\infty}Nf(v)\mathrm{d}v$

(2) $\int_{v_0}^{\infty}vf(v)\mathrm{d}v/\int_{v_0}^{\infty}f(v)\mathrm{d}v$

(3) $\int_{v_0}^{\infty}f(v)\mathrm{d}v$

4. $1.69\times10^{2}\ \text{m}\cdot\text{s}^{-1}$，$1.83\times10^{2}\ \text{m}\cdot\text{s}^{-1}$，$1.50\times10^{2}\ \text{m}\cdot\text{s}^{-1}$
5. ②，①

6. $\frac{3}{2}p_1V_1$，0

7. 始末状态，过程

8. 500，700

9. 33.3%，8.31×10^5 J

10. 146.3 $\mathrm{J\cdot K^{-1}}$，$-142.7\ \mathrm{J\cdot K^{-1}}$

三、计算题

1. 解：由

$$C_{p,\mathrm{m}}=\frac{i+2}{2}R=29.1$$

得 $i=5$，可知气体为双原子分子

$$i=t+r$$

所以转动自由度为

$$r=2$$

$$\overline{\varepsilon_r}=\frac{r}{2}kT=3.77\times10^{-21}\ \mathrm{J}$$

2. 解：(1) 速率分布曲线如图 9 所示。由归一化条件 $\int_0^\infty f(v)\mathrm{d}v=1$ 得

$$\int_0^{v_0}\frac{av}{v_0}\mathrm{d}v+\int_{v_0}^{2v_0}a\mathrm{d}v=1$$

所以

$$a=\frac{2}{3v_0}$$

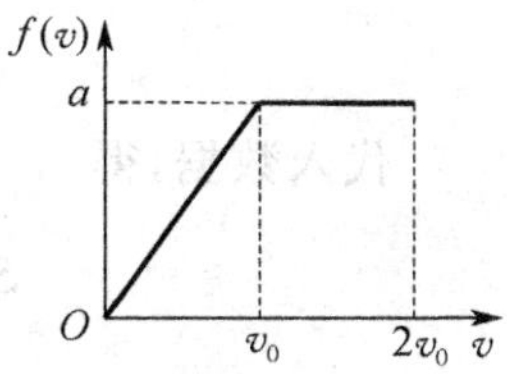

图 9

(2) 速率区间在 $(1.5v_0,2v_0)$ 内的粒子数为

$$\Delta N=N\int_{v_1}^{v_2}f(v)\mathrm{d}v=N\int_{\frac{3}{2}v_0}^{2v_0}a\mathrm{d}v=N\int_{\frac{3}{2}v_0}^{2v_0}\frac{2}{3v_0}\mathrm{d}v=\frac{N}{3}$$

(3) 平均速度为

$$\bar{v}=\int_0^\infty vf(v)\mathrm{d}v=\int_0^{v_0}v\frac{a}{v_0}v\mathrm{d}v+\int_{v_0}^{2v_0}va\,\mathrm{d}v=\frac{11}{9}v_0$$

3. 解：(1) 等体过程

由热力学第一定律得

$$Q=\Delta U$$

吸热为

$$Q=\Delta U=\nu C_{V,\mathrm{m}}(T_2-T_1)=\nu\frac{i}{2}R(T_2-T_1)$$

$$Q=\Delta U=\frac{3}{2}\times8.31\times(350-300)=623.25\ \mathrm{J}$$

气体对外做功

$$A=0$$

(2) 等压过程

$$Q=\nu C_{p,\mathrm{m}}(T_2-T_1)=\nu\frac{i+2}{2}R(T_2-T_1)$$

吸热为

$$Q=\frac{5}{2}\times8.31\times(350-300)=1\ 038.75\ \mathrm{J}$$

$$\Delta U=\nu C_{V,\mathrm{m}}(T_2-T_1)$$

内能增加量

$$\Delta U=\frac{3}{2}\times8.31\times(350-300)=623.25\ \mathrm{J}$$

气体对外做功

$$A=Q-\Delta U=1\ 038.75-623.5=415.5\ \mathrm{J}$$

4.解:由于熵是态函数,如果能求出熵变的态函数表达式,代入初态和末态的数据也可求出熵变.

氧气为双原子分子,等压摩尔热容量 $C_{V,m}=\frac{5}{2}R$,先求出熵变的态函数表达式

$$S_2-S_1=\int_1^2\frac{dQ}{T}$$

由热力学第一定律

$$dQ=dU+pdV=\frac{M}{M_{mol}}C_{V,m}dT+pdV$$

由理想气体状态方程可得

$$p=\frac{1}{V}\frac{M}{M_{mol}}RT$$

因而可得

$$\begin{aligned}S_2-S_1&=\int_{T_1}^{T_2}\frac{M}{M_{mol}}C_{V,m}\frac{dT}{T}+\int_{V_1}^{V_2}\frac{M}{M_{mol}}R\frac{dV}{V}\\&=\frac{M}{M_{mol}}\left(C_{V,m}\ln\frac{T_2}{T_1}+R\ln\frac{V_2}{V_1}\right)\end{aligned}$$

代入数据,得

$$\begin{aligned}S_2-S_1&=\frac{0.008}{0.032}\left(\frac{5}{2}\times 8.31\times\ln\frac{573}{353}+8.31\ln\frac{0.4}{0.1}\right)\\&=5.4\ \mathrm{J\cdot K^{-1}}\end{aligned}$$

自测题九

一、选择题

1.A　2.C　3.D　4.D　5.B

6.B　7.D　8.B　9.D　10.A

11.D　12.B　13.B

二、填空题

1.200 K　2.4,4　3.$\frac{3}{2}$ kT,$\frac{5}{2}$ kT　4.$\frac{2}{i+2}$,$\frac{i}{i+2}$

5.124.7 J,75.3 J　6.增加,减少　7.2,-200 J　8.不等,不等,不等,相等

9.不能　与热力学第二定律的开尔文表述相违背

10.一个热力学概率小的状态向热力学概率大的状态

三、计算题

1.解:由化学方程式 $2H_2O\rightarrow 2H_2+O_2$ 可知 1 mol 的水蒸气将分解成 1 mol 的氢气和 0.5 mol 的氧气.H_2O 为自由度 $i=6$,平动自由度 $t=3$ 的多原子分子,H_2 和 O_2 都是 $i=5$,$t=3$ 的双原子分子.

因分解后气体的温度未变,分子的平动自由度 $t=3$ 也不变,故分子的平均平动动能 $\overline{\varepsilon_t}=\frac{3}{2}kt$ 不变,所以分解前后平均平动动能比 $\frac{\varepsilon_{t1}}{\varepsilon_{t2}}=1$.

分解前，水蒸气的内能

$$U_1=\nu\frac{i}{2}RT=1\times\frac{6}{2}RT=3RT$$

分解后，氢气和氧气的总内能

$$U_2=U_{H_2}+U_{O_2}=1\times\frac{5}{2}RT+0.5\times\frac{5}{2}RT=\frac{15}{4}RT$$

故分解前后的内能比

$$\frac{U_1}{U_2}=\frac{3RT}{\frac{15}{4}RT}=\frac{4}{5}$$

2. 解：(1) 由分布函数的归一化条件 $\int_0^{\infty}f(v)\mathrm{d}v=1$

有 $$\int_0^{v_0}C(v-v_0)v\mathrm{d}v+\int_{v_0}^{\infty}0\mathrm{d}v=\frac{1}{3}Cv_0^3-\frac{1}{2}Cv_0^3=1$$

所以常数 $$C=-\frac{6}{v_0^3},\ f(v)=\begin{cases}-\dfrac{6}{v_0^3}(v-v_0)v, & 0<v<v_0\\ 0, & v>v_0\end{cases}$$

(2) 速率分布示意图如图 10 所示.

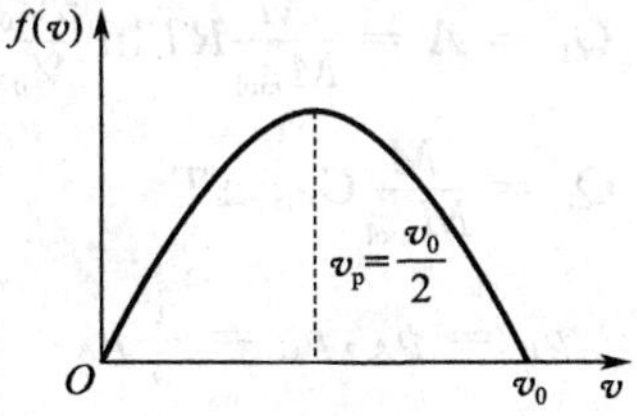

图 10

(3) 速率分布函数为 $f(v)=\dfrac{\mathrm{d}N}{N\mathrm{d}v}$，在 v_1 附近单位速率范围内的粒子数为

$$\frac{\mathrm{d}N}{\mathrm{d}v}=Nf(v_1)=N\left[\frac{-6}{v_0^3}(v_1-v_0)\right]v_1=\frac{6N}{v_0^3}(v_0-v_1)v_1$$

(4) 在 $\frac{v_0}{3}\to v_0$ 间隔内的粒子数为

$$\Delta N=\int_{\frac{v_0}{3}}^{v_0}Nf(v)\mathrm{d}v=-\frac{6N}{v_0^3}\int_{\frac{v_0}{3}}^{v_0}(v-v_0)v\mathrm{d}v=\frac{20}{27}N$$

在 $\frac{v_0}{3}\to v_0$ 间隔内粒子的平均速率为

$$\bar{v}=\frac{\int_{\frac{v_0}{3}}^{v_0}v\mathrm{d}N}{\Delta N}=\frac{1}{\Delta N}\int_{\frac{v_0}{3}}^{v_0}Nf(v)v\mathrm{d}v=\frac{1}{\Delta N}\int_{\frac{v_0}{3}}^{v_0}NC(v-v_0)v^2\mathrm{d}v=\frac{3}{5}v_0$$

(5) 由 $\dfrac{\mathrm{d}f(v)}{\mathrm{d}v}=0,\ -\dfrac{12}{v_0^3}v+\dfrac{6}{v_0^2}=0$ 得粒子的最概然速率 $v_P=\dfrac{1}{2}v_0$

粒子的平均速率为

$$\overline{v}=\frac{\int_0^\infty v\mathrm{d}N}{N}=\frac{1}{N}\int_0^\infty Nf(v)\mathrm{d}v=\int_0^\infty -\frac{6}{v_0^3}(v-v_0)v^2\mathrm{d}v=\frac{1}{2}v_0$$

粒子的方均根速率

$$\overline{v^2}=\frac{\int_0^\infty v^2\mathrm{d}N}{N}=\frac{1}{N}\int_0^\infty Nf(v)v^2\mathrm{d}v=\int_0^\infty -\frac{6}{v_0^3}(v-v_0)v^3\mathrm{d}v=0.3v_0^2$$

$$\sqrt{\overline{v^2}}=\sqrt{0.3}v_0\approx 0.55v_0$$

3. 解：p-V 图如图 11 所示.

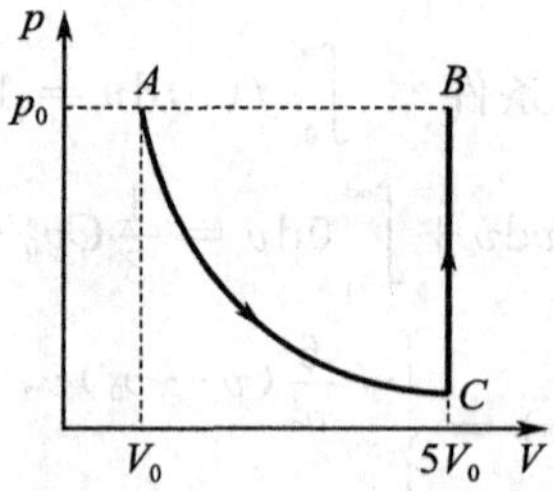

图 11

$A\to C$ 过程为等温过程，则 $\quad Q_1=A=\dfrac{M}{M_{\mathrm{mol}}}RT\ln\dfrac{5V_0}{V_0}=1\,0954\ \mathrm{J}$

$C\to B$ 过程为等体过程，则 $\quad Q_2=\dfrac{M}{M_{\mathrm{mol}}}C_{V,\mathrm{m}}\Delta T$

由题意得

$$p_B=p_A,p_C=\frac{1}{5}p_A$$

所以

$$T_B=5T_C=1\,365\ \mathrm{K},\Delta T=4T_C=1\,092\ \mathrm{K}$$

$$Q_1+Q_2=Q=8\times 10^4\ \mathrm{J}$$

则

$$Q_2=Q-Q_1=69\,046\ \mathrm{J}$$

所以

$$C_{V,\mathrm{m}}=\frac{Q_2}{3\Delta T}=21.1\ \mathrm{J\cdot mol^{-1}\cdot K^{-1}}$$

$$\gamma=C_{p,\mathrm{m}}/C_{V,\mathrm{m}}=\frac{C_{V,\mathrm{m}}+R}{C_{V,\mathrm{m}}}=1.39$$

4. 解：(1) 由理想气体状态方程，得 $\quad pV=RT$

所以

$$T_b=\frac{p_bV_b}{R}=\frac{400}{R}$$

同理，得

$$T_c=\frac{p_cV_c}{R}=\frac{600}{R},T_a=\frac{p_aV_a}{R}=\frac{200}{R},T_d=\frac{300}{R}$$

$a\to b$ 过程吸热为 $\quad Q_1=C_{V,\mathrm{m}}\Delta T=300\ \mathrm{J}$

$b\to c$ 过程吸热为 $\quad Q_2=500\ \mathrm{J}$

所以 $\quad Q=800\ \mathrm{J}$

(2) 对外界做的净功即为 $abcd$ 所围成的面积，则 $\quad A=100\ \mathrm{J}$

(3) 由 $\quad T_a=\dfrac{p_aV_a}{R}=\dfrac{200}{R},T_b=\dfrac{p_bV_b}{R}=\dfrac{400}{R},T_c=\dfrac{p_cV_c}{R}=\dfrac{600}{R},T_d=\dfrac{300}{R}$

可知 $$T_aT_c = T_bT_d$$

5. 解：单原子分子的自由度 $i = 3$。从图可知，ab 是等压过程。

$$\frac{V_a}{T_a} = \frac{V_b}{T_b}, T_a = T_c = 600\ \text{K}, T_b = \left(\frac{V_b}{V_a}\right)T_a = 300\ \text{K}$$

(1) $Q_{ab} = C_{p,\text{m}}(T_b - T_c) = \left(\frac{i}{2}+1\right)R(T_b - T_c) = -6\ 232.5\ \text{J}$（放热）

$$Q_{bc} = C_{V,\text{m}}(T_c - T_b) = \frac{i}{2}R(T_c - T_b) = 3\ 741.3\ \text{J}\ (\text{吸热})$$

$$Q_{ca} = RT_c\ln\left(\frac{V_a}{V_c}\right) = 3\ 457.7\ \text{J}(\text{吸热})$$

(2) $A = (Q_{bc} + Q_{ca}) - |Q_{ab}| = 963.5\ \text{J}$

(3) $\eta = \frac{A}{Q_1} = \frac{936.5}{3\ 741.3 + 3\ 457.7} = 13.4\%$

自测题十

一、选择题

1. B	2. C	3. B	4. A	5. B
6. C	7. C	8. D	9. D	10. A

二、填空题

1. $-\frac{2}{3}\varepsilon_0E_0, \frac{4}{3}\varepsilon_0E_0$　　2. 不变，减小　　3. 2

4. $E\pi R^2$　　5. 5 V　　6. $\frac{\text{d}\lambda}{\varepsilon_0}, \frac{\lambda}{4\pi\varepsilon_0}\ln\frac{R+\frac{d}{2}}{R-\frac{d}{2}}$

7. $\frac{qQ}{4\pi\varepsilon_0R}\left(\frac{\sqrt{2}}{2}-1\right)$　　8. $\varepsilon_rC_0, \frac{W_0}{\varepsilon_r}$

三、计算题

1. 解：(1) 如图 12 所示，在半圆环上取 $\text{d}q = \lambda\text{d}l = \lambda R\text{d}\varphi$，它在 O 点产生场强大小为

$\text{d}E = \frac{\text{d}q}{4\pi\varepsilon_0R^2} = \frac{\lambda}{4\pi\varepsilon_0R}\text{d}\varphi$，方向沿半径向外。

根据电荷分布的对称性知，$E_y = 0$

$$\text{d}E_x = \text{d}E\sin\varphi = \frac{\lambda}{4\pi\varepsilon_0R}\sin\varphi\text{d}\varphi$$

$$E_x = \int_0^\pi \frac{\lambda}{4\pi\varepsilon_0R}\sin\varphi\text{d}\varphi = \frac{\lambda}{2\pi\varepsilon_0R}$$

故 $E = E_x = \frac{\lambda}{2\pi\varepsilon_0R}$，方向沿 x 轴正向。

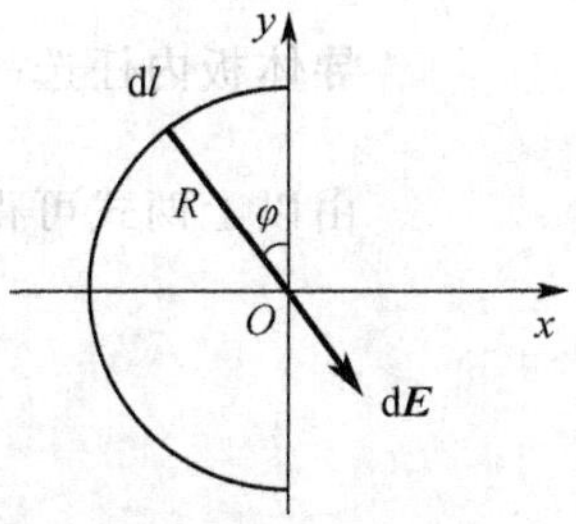

图 12

(2) 在半圆环上取电荷元 $\text{d}q = \lambda\text{d}l = \lambda R\text{d}\varphi$，它在 O 点产生的电势为

$$\text{d}V = \frac{\text{d}q}{4\pi\varepsilon_0R} = \frac{\lambda\text{d}\varphi}{4\pi\varepsilon_0}$$

故有 $$V=\int dV=\frac{\lambda}{4\pi\varepsilon_0}\int d\varphi=\frac{\lambda}{4\varepsilon_0}$$

2. 解:(1) 电场分布具有球对称性,以球心为圆心、作半径为 r 的同心球面为高斯面. 由高斯定理 $\oint_s \boldsymbol{E}\cdot d\boldsymbol{S}=\frac{1}{\varepsilon_0}\sum q_i$ 得

当 $r<R$ 时,$E\cdot 4\pi r^2=\frac{1}{\varepsilon_0}\int_0^r \rho\cdot 4\pi r^2 dr=\frac{A\pi r^4}{\varepsilon_0}$,所以

$$E=\frac{Ar^2}{4\varepsilon_0}$$

当 $r>R$ 时,$E\cdot 4\pi r^2=\frac{1}{\varepsilon_0}\int_0^R \rho\cdot 4\pi r^2 dr=\frac{A\pi R^4}{\varepsilon_0}$,所以

$$E=\frac{AR^4}{4\varepsilon_0 r^2}$$

(2) 当 $r<R$ 时,$V=\int_r^\infty \boldsymbol{E}\cdot d\boldsymbol{l}=\int_r^R \frac{Ar^2}{4\varepsilon_0}dr+\int_R^\infty \frac{AR^4}{4\varepsilon_0 r^2}dr=\frac{A}{12\varepsilon_0}(4R^3-r^3)$

当 $r>R$ 时,$V=\int_r^\infty \boldsymbol{E}\cdot d\boldsymbol{l}=\int_r^\infty \frac{AR^4}{4\varepsilon_0 r^2}dr=\frac{AR^4}{4\varepsilon_0 r}$

3. 解:(1) 根据静电平衡条件和电荷守恒定律,球壳内的表面带电量为 $-q$,外表面带电量为 $Q+q$.

(2) 利用电势叠加原理求解.

点电荷 q 在球心的电势为 $$V_1=\frac{q}{4\pi\varepsilon_0 r}$$

球壳内表面电荷 $-q$ 在球心的电势为 $$V_2=\frac{\oint dq}{4\pi\varepsilon_0 a}=-\frac{q}{4\pi\varepsilon_0 a}$$

球壳外表面电荷 $Q+q$ 在球心的电势为 $$V_3=\frac{\oint dq}{4\pi\varepsilon_0 b}=\frac{q+Q}{4\pi\varepsilon_0 b}$$

故球心处的总电势为

$$V=V_1+V_2+V_3=\frac{1}{4\pi\varepsilon_0}\left(\frac{q}{r}+\frac{Q+q}{b}-\frac{q}{a}\right)$$

4. 解:(1) 根据静电平衡条件,导体板内 $E=0$

(2) 根据电荷守恒定律,有 $\sigma_1 S+\sigma_2 S=Q$

导体板内任选一点,有 $$E=0=E_0+\frac{\sigma_1}{2\varepsilon_0}-\frac{\sigma_2}{2\varepsilon_0}$$

由以上两式可得 $$\sigma_1=\frac{Q}{2S}-\varepsilon_0 E_0$$

$$\sigma_2=\frac{Q}{2S}+\varepsilon_0 E_0$$

自测题十一

一、选择题

1. D　　2. D　　3. C　　4. A　　5. B

6. C　　7. A　　8. B　　9. D　　10. C

二、填空题

1. $\dfrac{\mu_0 qv}{4\pi R^2}$, $\dfrac{qvR}{2}$　　2. $\dfrac{\mu_0 Ia}{2\pi}\ln 2$　　3. $BI\cdot\overline{ab}$，相同

4. (1)0；(2) $\oint_L \boldsymbol{B}\cdot d\boldsymbol{l}=-\mu_0 I$；(3)$A$、$B$ 两电流

5. $\dfrac{\mu_0 ih}{2\pi R}$　　6. $\dfrac{NI}{L}$, $\mu_0\mu_r\dfrac{NI}{L}$

三、计算题

1. 解：如图 13 所示，取半径为 r，宽度为 dr 的圆环，把圆盘分成若干个圆环，圆环电量为

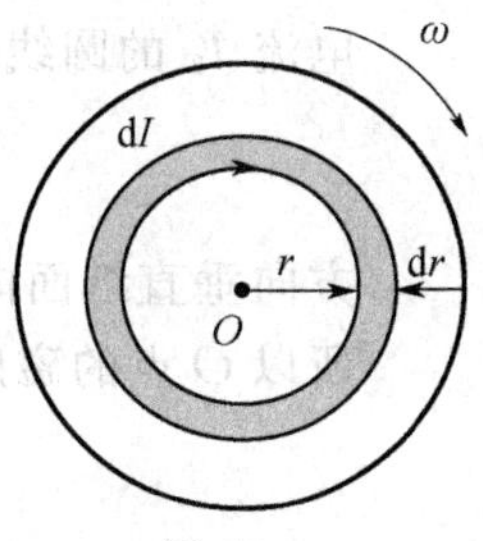

图 13

$$dq=\sigma 2\pi r dr$$

转动的圆环可视为圆电流，

$$dI=\frac{dq}{T}=\frac{\sigma 2\pi r dr}{2\pi/\omega}=\sigma\omega r dr$$

其在圆心处的磁感应强度为　$dB=\dfrac{\mu_0 dI}{2r}=\dfrac{\mu_0\sigma\omega dr}{2}$

所有圆环在圆心处的磁感应强度方向相同，所以

$$B=\int dB=\int_0^R \frac{\mu_0\sigma\omega R dr}{2}=\frac{\mu_0\sigma\omega R}{2}$$

2. 解：圆心 O 处的磁感应强度可分成两部分求解，圆和无限长直导线.
圆在 O 处的磁感强度为

$$B_1=\frac{\mu_0 I_2}{2R}$$

方向垂直纸面向外.
无限长直导线竖直段在 O 处的磁感应强度为

$$B_2=\frac{\mu_0 I_1}{4\pi a}(\cos 0°-\cos 135°)$$

方向垂直纸面向外.
无限长直导线水平段在 O 处的磁感应强度为

$$B_3=\frac{\mu_0 I_1}{4\pi a}(\cos 45°-\cos 180°)$$

方向垂直纸面向外.
所以 O 处的磁感应强度为

$$B=B_1+B_2+B_3=\frac{\mu_0 I_1}{4\pi a}(2+\sqrt{2})+\frac{\mu_0 I_2}{2R}$$

方向垂直纸面向外.

3. 解：应用磁场叠加原理求解.
长直载流导体圆管产生的磁场分布具有轴对称性，在横截面内取圆心在轴线上，过 O 点的圆周为回路，如图 14 所示，应用安培环路定理，有

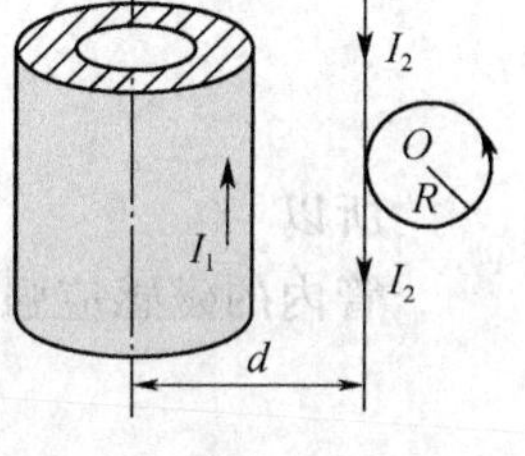

图 14

$$\oint \boldsymbol{B} \cdot d\boldsymbol{l} = B_1 \cdot 2\pi(R+d) = \mu_0 \sum I_i = \mu_0 I_1$$

所以，长直载流导体圆管在 O 点产生的磁感强度大小为

$$B_1 = \frac{\mu_0}{2\pi} \frac{I_1}{R+d}$$

方向垂直纸面向里.

电流 I_2 的长直导线在 O 点产生的磁感强度大小为

$$B_2 = \frac{\mu_0}{2\pi} \frac{I_2}{R}$$

方向垂直纸面向外.

电流 I_2 的圆线圈在 O 点产生的磁感强度大小为

$$B_3 = \frac{\mu_0 I_2}{2R}$$

方向垂直纸面向外.

所以 O 点的磁感强度大小为

$$B = B_2 + B_3 - B_1 = \frac{\mu_0}{2\pi}\left[\frac{(1+\pi)I_2}{R} - \frac{I_1}{R+d}\right]$$

4. 解：(1) 根据 $\boldsymbol{F} = \int_l I d\boldsymbol{l} \times \boldsymbol{B}$ 有

ad、bc 边受力大小为 $\quad F = BIl \sin 0° = 0$

ab 边受力大小为 $\quad F_{ab} = IlB \sin \frac{\pi}{2} = BIl$

方向为垂直纸面向外.

cd 边受力大小为 $\quad F_{cd} = IlB \sin \frac{\pi}{2} = BIl$

方向垂直纸面向里.

(2) $P_m = IS$，方向垂直纸面向外

根据 $\boldsymbol{M} = \boldsymbol{P}_m \times \boldsymbol{B}$ 有，$\boldsymbol{M}$ 沿 $\overline{OO'}$ 方向，大小为

$$M = ISB \sin \frac{\pi}{2} = BIl^2$$

(3) 磁力的功为 $\quad A = I(\Phi_2 - \Phi_1)$

因为 $\quad \Phi_1 = 0,\quad \Phi_2 = Bl^2$

所以 $\quad A = BIl^2$

5. 解：如图 15 所示，根据磁介质中的安培环路定理 $\oint \boldsymbol{H} \cdot d\boldsymbol{l} = \sum I_i$ 有

$$\oint_L \boldsymbol{H} \cdot d\boldsymbol{l} = \int_a^b H dl = H \cdot \overline{ab} = \overline{ab} nI$$

所以 $\quad H = nI$

管内的磁感应强度为

$$B = \mu_0 \mu_r H = \mu_0 \mu_r nI$$

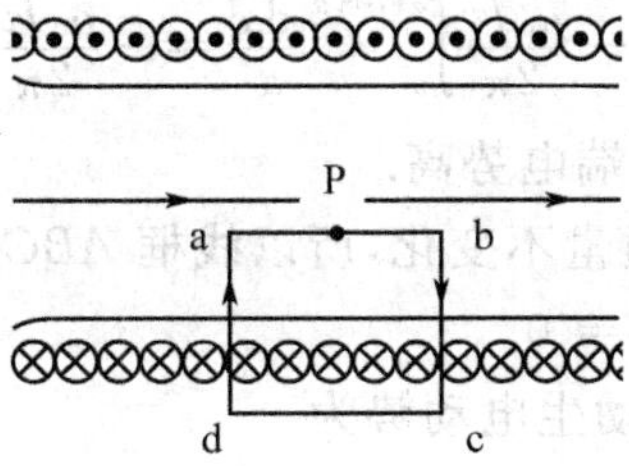

图 15

自测题十二

一、选择题

1. A　2. A　3. A　4. C　5. D
6. C　7. B　8. B　9. C　10. B

二、填空题

1. 洛伦兹力，感生电场力，变化的磁场　2. $B\cdot 2\pi r\dfrac{\mathrm{d}r}{\mathrm{d}t}$

3. $Bv\cdot 2R$　4. 0

5. $Bbx,\varepsilon = NBb\left(\dfrac{\mathrm{d}x}{\mathrm{d}t}\right)$　6. 减小

7. $(b),(c),(a)$

三、计算题

1. 解：(1) $j_D = \dfrac{\partial D}{\partial t}, D = \varepsilon_0 E$

所以
$$j_D = \varepsilon_0 \frac{\partial E}{\partial t} = \varepsilon_0 \frac{\partial}{\partial t}(E_0 \sin \omega t) = \varepsilon_0 \omega E_0 \cos \omega t \ \mathrm{A\cdot m^{-2}}$$

(2) $I_D = j_D S = \varepsilon_0 \omega E_0 S \cos \omega t$

(3) 因为
$$\oint_l \boldsymbol{H}\cdot \mathrm{d}\boldsymbol{l} = \sum I_0 + \int_S \boldsymbol{j}_D \cdot \mathrm{d}\boldsymbol{S}$$

取与极板平行且以中心连线为圆心，半径为 r 的圆周 $l = 2\pi r$，则
$$H 2\pi r = \pi r^2 j_D$$
$$H = \frac{r}{2} j_D = \frac{r}{2}\varepsilon_0 \omega E_0 \cos \omega t$$

2. 解：如图 16 所示，电流 I 在其右边产生的磁感应强度大小为
$$B = \frac{\mu_0 I}{2\pi x}$$

方向垂直纸面向里.

在棒上取 $\mathrm{d}\boldsymbol{l}$，$\mathrm{d}\boldsymbol{l}$ 段上的动生电动势为
$$\mathrm{d}\varepsilon = (\boldsymbol{v}\times \boldsymbol{B})\cdot \mathrm{d}\boldsymbol{l} = vB\cos\left(\frac{\pi}{2}+\theta\right)\mathrm{d}l = -\frac{\mu_0 I v}{2\pi x}\mathrm{d}x$$

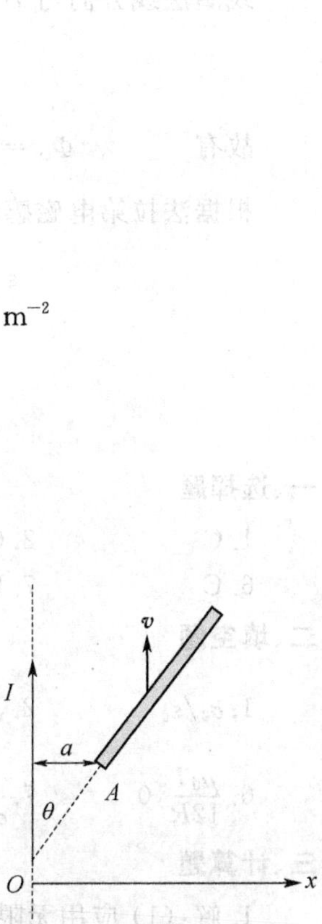

图 16

AB 上的感应电动势为

$$\varepsilon_{AB}=\int_A^B d\varepsilon=-\frac{\mu_0 Iv}{2\pi}\int_a^{a+l\sin\theta}\frac{dx}{x}=-\frac{\mu_0 Iv}{2\pi}\ln\frac{a+l\sin\theta}{a}$$

电动势方向为从 B 指向 A，A 端电势高.

3. 解：(1) 线框 ABC 中的磁通量不变化，所以线框 ABC 中的感应电动势为零.

(2) AB 不切割磁力线，故 $\varepsilon_{AB}=0$.

(3) 在 BC 上取 $d\boldsymbol{l}$，$d\boldsymbol{l}$ 段上的动生电动势为

$$d\varepsilon=(\boldsymbol{v}\times\boldsymbol{B})\cdot d\boldsymbol{l}=vB\cos\pi dl=-\frac{\mu_0 Iv}{2\pi l}dl$$

BC 上的感应电动势为

$$\varepsilon_{BC}=\int_A^B d\varepsilon=-\frac{\mu_0 Iv}{2\pi}\int_d^{d+b}\frac{dl}{l}=-\frac{\mu_0 Iv}{2\pi}\ln\frac{d+b}{d}$$

电动势方向为从 C 指向 B，B 端电势高.

(4) 由于线框 ABC 中的感应电动势为零，所以 AC 段上的感应电动势为

$$\varepsilon_{AC}=\varepsilon_{BC}=-\frac{\mu_0 Iv}{2\pi}\ln\frac{d+b}{d}$$

电动势方向为从 C 指向 A，A 端电势高.

4. 解：如图 17 所示，t 时刻线圈平面与 B 的夹角为

$$\theta=\omega t$$

线圈法线方向与 B 的夹角为

$$\varphi=\frac{\pi}{2}-\theta=\frac{\pi}{2}-\omega t$$

故有
$$\Phi_m=BS\cos\left(\frac{\pi}{2}-\omega t\right)=B\pi R^2\sin\omega t$$

根据法拉第电磁感应定律，有

$$\varepsilon=-\frac{d\Phi_m}{dt}=-B\omega\pi R^2\cos\omega t$$

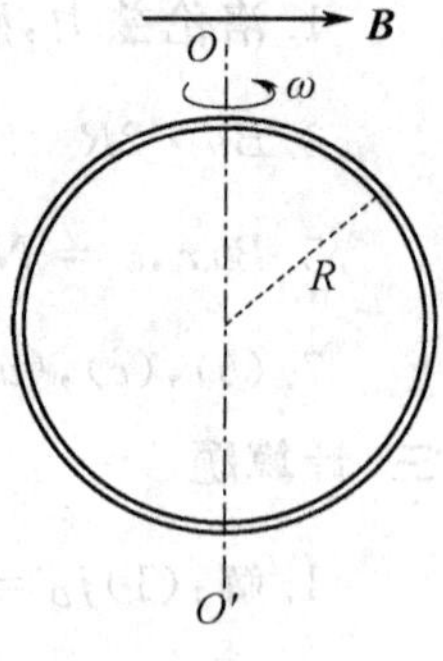

图 17

自测题十三

一、选择题

1. C　2. C　3. B　4. C　5. C
6. C　7. B　8. B　9. A　10. B

二、填空题

1. σ_2/ε_0　2. $\sqrt{2}BIR$　3. $3W_e$　4. $\varepsilon_0\pi R^2\dfrac{dE}{dt}$　5. $\dfrac{\mu_0 N^2 S}{l}$

6. $\dfrac{\mu_0 I}{12R}$，0　7. $\dfrac{I}{\sigma S}$　8. $\dfrac{q}{6\varepsilon_0}$　9. $\dfrac{\sqrt{2}}{2}Blv$，a，$\dfrac{1}{2}B\omega l^2$，b　10. $-\dfrac{\sigma}{2}$，$\dfrac{\sigma}{2}$

三、计算题

1. 解：(1) 应用无限大均匀带电平面的场强公式及场强叠加原理，有

$$E_0=\frac{\sigma}{\varepsilon_0}$$

则 $U_{AC}=U_{DB}=\dfrac{\sigma d}{\varepsilon_0}$,$U_{CD}=0$(导体内部场强为零)

(2) 空气间隙仍有 $$E_0=\frac{\sigma}{\varepsilon_0}$$

电介质内部有 $$E=\frac{E_0}{\varepsilon_r}=\frac{E_0}{4}=\frac{\sigma}{4\varepsilon_0}$$

电势差 $$U_{AC}=U_{DB}=\frac{\sigma d}{\varepsilon_0},U_{CD}=E\cdot 2d=\frac{\sigma d}{2\varepsilon_0}$$

2.解:根据静电感应,可知电荷分布为半径分别为 a、b 的两个无限长均匀带电圆柱面,其电场分布具有轴对称性.通过 P 点作一个半径为 r,高度为 l 的圆柱面为高斯面,如图 18 所示,应用高斯定理,有

$$\Phi_e=\oiint_S \boldsymbol{E}\cdot \mathrm{d}\boldsymbol{S}=E\cdot 2\pi rl=\frac{\lambda l}{\varepsilon_0},得\ E=\frac{\lambda}{2\pi\varepsilon_0 r}$$

$$V_P=\int_r^b E\,\mathrm{d}r=\int_r^b\frac{\lambda}{2\pi\varepsilon_0 r}\mathrm{d}r=\frac{\lambda}{2\pi\varepsilon_0}\ln\frac{b}{r}$$

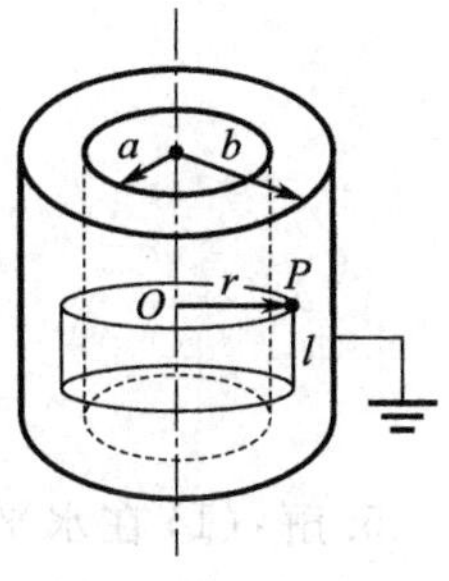

图 18

3.解:对于载流导线 AC,在距电流 I_0 为 l 处取电流元 $I\mathrm{d}\boldsymbol{l}$,其所在处的磁感应强度为 $B=\dfrac{\mu_0 I_0}{2\pi l}$,根据安培定理,$\boldsymbol{F}=\displaystyle\int_l I\mathrm{d}\boldsymbol{l}\times\boldsymbol{B}$,其所受安培力为

$$F_{AC}=\int_b^{a+b}BI\,\mathrm{d}l=\int_b^{a+b}\frac{\mu_0 I_0}{2\pi l}I\,\mathrm{d}l=\frac{\mu_0 I_0 I}{2\pi}\ln\frac{a+b}{b}$$

方向向上.

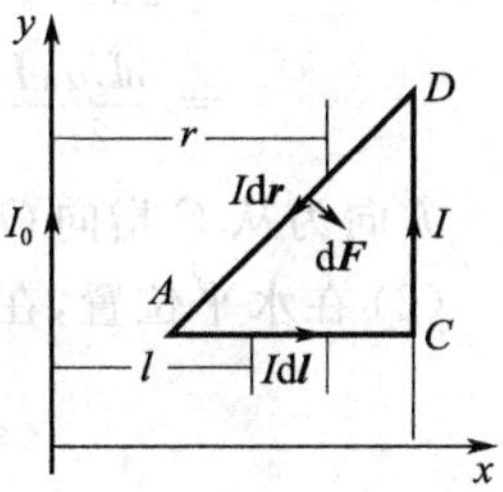

图 19

对于载流导线 DA,在距电流 I_0 为 r 处取电流元 $I\mathrm{d}\boldsymbol{r}$,其所在处的磁感应强度为 $B=\dfrac{\mu_0 I_0}{2\pi r}$,根据安培定理,其所受安培力为

$$F_{DA}=\int_b^{a+b}\sqrt{2}BI\,\mathrm{d}r=\int_b^{a+b}\frac{\sqrt{2}\mu_0 I_0}{2\pi r}I\,\mathrm{d}r=\frac{\sqrt{2}\mu_0 I_0 I}{2\pi}\ln\frac{a+b}{b}$$

方向如图 19 所示,垂直于 DA.

对于载流导线 CD,$F_{CD}=\dfrac{\mu_0 I_0}{2\pi(a+b)}Ia$,方向向左.

整个线圈受力为 $\boldsymbol{F}=\left(\dfrac{\mu_0 I_0 I}{2\pi}\ln\dfrac{a+b}{b}-\dfrac{\mu_0 I_0 Ia}{2\pi(a+b)}\right)\boldsymbol{i}$

4.解:(1) 距电流 I_0 为 l 处取线元 $\mathrm{d}\boldsymbol{l}$,有

$$\varepsilon_{ab}=\int_a^b(\boldsymbol{v}\times\boldsymbol{B})\cdot\mathrm{d}\boldsymbol{l}=\int_{l_0}^{l_0+l}-v\frac{\mu_0 I_0}{2\pi l}\mathrm{d}l=-\frac{\mu_0 I_0 v}{2\pi}\ln\frac{l_0+l}{l_0}$$

方向为从 b 指向 a.

(2)t 时刻 ab 距 dc 为 vt.距电流 I_0 为 r 处取窄条,宽为 $\mathrm{d}r$,长为 vt.通过它的磁通量为

$$\mathrm{d}\Phi_e=\frac{\mu_0 i}{2\pi r}vt\,\mathrm{d}r$$

$$\Phi_e=\int_{l_0}^{l_0+l}\frac{\mu_0 i}{2\pi r}vt\,\mathrm{d}r=\frac{\mu_0 I_0\cos\omega t}{2\pi}vt\ln\frac{l_0+l}{l_0}$$

根据法拉第电磁感应定律,有

$$\varepsilon_i=-\frac{\mathrm{d}\Phi_e}{\mathrm{d}t}=-\frac{\mu_0 I_0 v}{2\pi}\ln\frac{l_0+l}{l_0}(\cos\omega t-\omega t\sin\omega t)$$

在图 20 所示位置，有 $t=\frac{l_2}{v}$，代入上式有

$$\varepsilon_i=-\frac{\mu_0 I_0 v}{2\pi}\ln\frac{l_0+l}{l_0}\left(\cos\frac{\omega l_2}{v}-\frac{\omega l_2}{v}\sin\frac{\omega l_2}{v}\right)$$

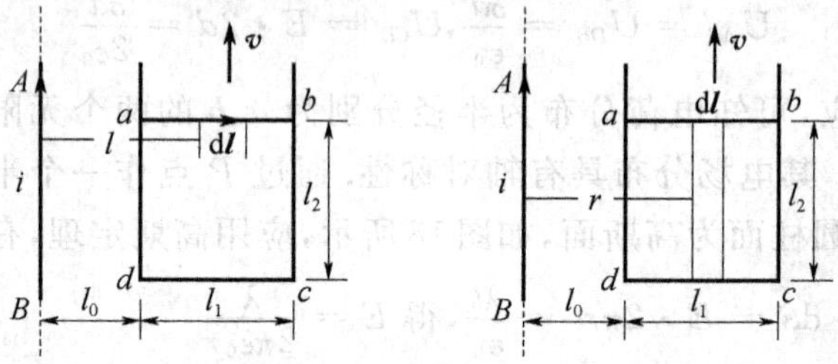

图 20

5. 解：(1) 在水平位置，在 OC 上距电流 I 为 l 处取电流线元 $\mathrm{d}\boldsymbol{l}$ 线元，如图 21 所示，有

$$\varepsilon_{OC}=\int_O^C(\boldsymbol{v}\times\boldsymbol{B})\cdot\mathrm{d}\boldsymbol{l}=\int_L^{L+R}-\omega(l-L)\frac{\mu_0 I}{2\pi l}\mathrm{d}l$$

$$=\frac{\omega L\mu_0 I}{2\pi}\ln\frac{L+R}{L}-\frac{\omega R\mu_0 I}{2\pi}$$

方向为从 C 指向 O.

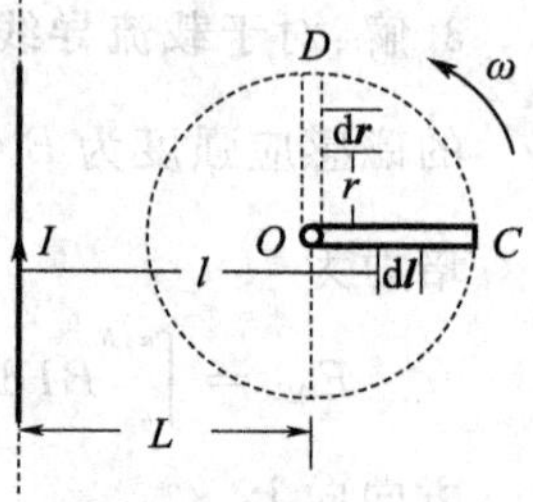

图 21

(2) 在水平位置，在 OC 上距电流 I 为 l 处取电流线元 $\mathrm{d}\boldsymbol{l}$ 线元，有

$$\varepsilon_{OD}=\int_O^D(\boldsymbol{v}\times\boldsymbol{B})\cdot\mathrm{d}\boldsymbol{l}=\int_0^R\omega r\frac{\mu_0 I}{2\pi L}\mathrm{d}r=\frac{\mu_0 I\omega R^2}{4\pi L}$$

方向为从 D 指向 O.

自测题十四

一、选择题

1. C	2. B	3. B	4. B	5. D
6. A	7. C	8. B	9. A	10. C

二、填空题

1. 93 m, 10 m, 0 m, 2.5×10^{-7} s

2. $0.95c$ m/s

3. $-c$ m/s, $\frac{13}{14}c$ m/s 或 $0.929c$ m/s

4. $\pm\frac{\sqrt{3}}{2}c$ m/s, $\pm\frac{\sqrt{3}}{2}c$ m/s

5. $\frac{m}{lS}$ kg/m^3, $\frac{25m}{9lS}$ kg/m^3

6. $\frac{5}{12}m_0c^2$ J

7. 5.8×10^{-13} J 或 3.62 MeV，8.04×10^{-2}

三、计算题

1. 解：根据洛伦兹力变换公式

$$x'=\frac{x-ut}{\sqrt{1-(u/c)^2}},\quad t'=\frac{t-ux/c^2}{\sqrt{1-(u/c)^2}}$$

可得

$$x_2'=\frac{x_2-ut_2}{\sqrt{1-(u/c)^2}},x_1'=\frac{x_1-ut_1}{\sqrt{1-(u/c)^2}}$$

由此得

$$x_2'-x_1'=\frac{(x_2-x_1)+u(t_2-t_1)}{\sqrt{1-(u/c)^2}}$$

由于 $t_2-t_1=0,x_2-x_1=1\,000,x_2'-x_1'=2\,000$，代入上式得

$$u=\frac{\sqrt{3}}{2}c$$

所以

$$t_1'-t_2'=\frac{u(x_2-x_1)/c^2}{\sqrt{1-(u/c)^2}}=\frac{1\,000\sqrt{3}}{c}=5.77\times10^{-6}\text{ s}$$

2. 解：以地球为 S 系，飞船为 S' 系. 飞船观测者测得的激光脉冲持续时间为固有时间 $\Delta\tau_0$，地球观测者测得的激光脉冲持续时间为运动时间 $\Delta\tau$.

(1)
$$\Delta\tau=\frac{\Delta\tau_0}{\sqrt{1-(u/c)^2}}=\frac{2\times10^{-6}}{\sqrt{1-0.99^2}}=14\times10^{-6}\text{ s}$$

(2)
$$\Delta l=u\Delta\tau=4\,200\text{ m}$$

3. 解：在 S 系中，观测的杆长 $\Delta l=10$ m 是运动长度，相对杆静止的参考系为 S'，其长度是本征长度，根据尺缩效应 $\Delta l=\Delta l'/\sqrt{1-(u_{10}/c)^2}$，可得杆的本征长度为

$$\Delta l'=\frac{\Delta l}{\sqrt{1-(u_{10}/c)^2}}=\frac{10}{\sqrt{1-0.98^2}}=50.25\text{ m}$$

另一参考系设为 S'' 系，相对 S 系的速度为 $u_{20}=-0.8c$. 在 S'' 系观察 S' 系的速度为

$$u_{12}=\frac{u_{10}-u_{20}}{1-u_{10}u_{20}/c^2}=\frac{0.98c-(-0.8c)}{1-0.98(-0.8)}=0.997\,96c$$

在 S'' 系观察 S' 系中的杆的长度是另一运动长度

$$\Delta l''=\Delta l'\sqrt{1-(u_{12}/c)^2}=3.363\text{ m}$$

[**注意**] 在涉及多个参考系和多个速度的时候，用双下标能够比较容易地区别不同的速度，例如用 v_{10} 表示 S' 相对 S 系的速度，用 v_{12} 表示 S' 系相对 S'' 系的速度，因此，尺缩的公式也要做相应的改变，计算就不会混淆.

4. 证明：

(1) 因为在 S 系中观测，沿着运动方向长度收缩，垂直于运动方向长度不变. 所以在 S 系中观测，原在 S' 系中观测的圆轨道在垂直于运动方向的半径长度不变，而沿着运动方向的半径长度缩短为

$$b = \sqrt{1-(u/c)^2}a$$

故 S 系中观测其运动轨迹为一椭圆，椭圆方程为

$$\frac{x'^2}{[1-(u/c)^2]a^2} + \frac{y'^2}{a^2} = 1$$

(2) 由于原在 S' 系中观测的圆轨道圆心 O' 固联在 S' 系上，因此，椭圆中心的移动速度与 S' 相对于 S 的运动速度相等，所以椭圆的中心以速度 u 移动.

5. 解：在实验室参照系中，介子的总能量为

$$E = E_k + E_0 = 8M_0c^2$$

设介子的速度为 u，则

$$E = Mc^2 = M_0c^2/\sqrt{1-u^2/c^2}$$

由此可得
$$\sqrt{1-u^2/c^2} = \frac{M_0c^2}{E} = \frac{1}{8}$$

令介子的固有寿命为 τ_0，则实验室寿命为

$$\tau = \frac{\tau_0}{\sqrt{1-(u/c)^2}} = 8\tau_0$$

6. 解：两光子能量均为 E_r，湮灭前，两电子的能量等于湮灭后两光子的能量，也就是说湮灭前后能量守恒，有

$$2E_r = 2m_0c^2$$

即
$$E_r = m_0c^2 \qquad ①$$

因为电子偶的初始动量为零，所以产生的两个光子必定向相反方向运动，其中一光子与另一个静止电子碰撞时，要使此电子具有最大的速度，入射后必定反向散射回来. 由碰撞时能量守恒，得

$$E_r + m_0c^2 = E'_r + mc^2$$

即
$$2m_0c^2 = E'_r + mc^2 \qquad ②$$

碰撞时动量守恒，有
$$\frac{E_r}{c} = p_e - \frac{E'_r}{c}$$

即
$$m_0c^2 = cp_e - E'_r \qquad ③$$

由式 ②、式 ③ 可得
$$3m_0c^2 = cp_e + mc^2 \qquad ④$$

对被碰电子有

$$E_e^2 = (p_ec)^2 + (m_0c^2)^2 = (mc^2)^2 \qquad ⑤$$

由式 ④、式 ⑤ 可得

$$(3m_0c^2 - cp_e)^2 = c^2p_e^2 + m_0^2c^4 \qquad ⑥$$

从式 ⑥ 中解出 p_e 得

$$p_e = \frac{m_0u}{\sqrt{1-\left(\frac{u}{c}\right)^2}} = \frac{4}{3}m_0c \qquad ⑦$$

从式 ⑦ 中解出 u 得

$$u = \frac{4c}{5}\ \mathrm{m/s}$$

自测题十五

一、选择题

1. B　2. E　3. D　4. C　5. C
6. A　7. B　8. C　9. C　10. C
11. D　12. D

二、填空题

1. 5 269 K, 9 993 K, 8 280 K　2. 16

3. $\frac{A_0}{h}, \sqrt{\frac{2h(\nu_1-\nu_0)}{m}}$　4. 0.003 1 nm, $41°38'$

5. 97.5 nm, 1 880 nm　6. $\frac{h}{2eBR}$

7. 1.67×10^{-27} kg　8. 5.28×10^{-27} J, 9.2×10^{-15} m

9. $|\psi|^2=\psi\cdot\psi^*$ 表示在某一时刻某点处单位体积内粒子出现的概率，1

10. 单值、连续、有限，$\iiint|\psi|^2\mathrm{d}V=1$

三、计算题

1. 解：由 $M_0=\sigma T^4$ 知，太阳的辐射总功率为

$$\begin{aligned}P_S&=M_0 4\pi R_S^2=\sigma T_S^4 4\pi R_0^2\\&=5.67\times10^{-8}\times6\ 000^4\times4\pi\times(6.96\times10^8)^2\\&=4.47\times10^{26}\ \mathrm{W}\end{aligned}$$

地球接收到的功率为

$$\begin{aligned}P_E&=\frac{P_S}{4\pi d^2}4\pi R_E^2=P_S\left(\frac{R_E}{d}\right)^2\\&=4.47\times10^{26}\left(\frac{6.37\times10^6}{1.496\times10^{11}}\right)^2\\&=2.00\times10^{17}\ \mathrm{W}\end{aligned}$$

把地球看作黑体，则　$P_E=M_E4\pi R_E^2=\sigma T_E^4 4\pi R_E^2$

$$T_E=\sqrt[4]{\frac{P_E}{\sigma4\pi R_E^2}}=\sqrt[4]{\frac{2.00\times10^{17}}{5.67\times10^{-8}\times4\pi\times(6.37\times10^6)^2}}=290\ \mathrm{K}$$

2. 解：

(1) $p_e=\frac{h}{\lambda_e}, p_o=\frac{h}{\lambda_o}$，则 $p_e:p_o=\lambda_o:\lambda_e=1$.

(2) 由

$$p_e=\frac{h}{\lambda_e}=\frac{m_0}{\sqrt{1-\frac{v^2}{c^2}}}v$$

得

$$v=\frac{\frac{h}{\lambda_e}c}{\sqrt{m_0^2c^2+\left(\frac{h}{\lambda_e}\right)^2}}$$

$$= \frac{\frac{6.63\times10^{-34}}{0.5\times10^{-9}}\times3\times10^{8}}{\sqrt{(9.11\times10^{-31})^2\times(3\times10^{8})^2+\left(\frac{6.63\times10^{-34}}{0.5\times10^{-9}}\right)^2}}$$

$$\approx 1.5\times10^{6}\ \text{m/s}$$

可见 $v \ll c$，所以有 $E_e = \frac{1}{2}m_0v^2$，能量之比为

$$E_e : E_o = \left(\frac{1}{2}m_0v^2\right):\left(\frac{hc}{\lambda_o}\right)$$

$$= \left[\frac{1}{2}\times9.11\times10^{-31}\times(1.5\times10^{6})^2\right]:\left(\frac{6.63\times10^{-34}\times3\times10^{8}}{0.5\times10^{-9}}\right)$$

$$= 2.4\times10^{-3}$$

3. 解：根据题意 $E - E_0 = E_k$，即 $mc^2 - m_0c^2 = m_0c^2$ 得

$$m = 2m_0 \text{ 或 } \frac{m_0}{\sqrt{1-\frac{v^2}{c^2}}} = 2m_0$$

从而

$$v = \frac{\sqrt{3}}{2}c \approx 0.866c$$

$$\lambda = \frac{h}{p} = \frac{h}{\frac{m_0}{\sqrt{1-\frac{v^2}{c^2}}}v} = \frac{h}{m_0v}\sqrt{1-\frac{v^2}{c^2}}$$

$$= \frac{6.63\times10^{-34}}{9.11\times10^{-31}\times\frac{\sqrt{3}}{2}\times3\times10^{8}}\times\sqrt{1-\frac{3}{4}}$$

$$= 1.4\times10^{-12}\ \text{m} = 1.4\times10^{-3}\ \text{nm}$$

4. 解：计算表明 $v \ll c$，所以有 $m_0v = \frac{h}{\lambda}$

$$E_{ke} = \frac{1}{2}m_0v^2 = \frac{1}{2}\frac{h^2}{m_0\lambda^2} = \frac{1}{2}\times\frac{(6.63\times10^{-34})^2}{9.11\times10^{-31}\times(1\times10^{-9})^2}$$

$$= 2.4\times10^{-19}\ \text{J} = 1.5\ \text{eV}$$

自测题十六

一、选择题

1. B　　2. C　　3. C　　4. A　　5. A

6. A　　7. B　　8. C　　9. D　　10. D

二、填空题

1. B 先、A 后，同时发生，同时性具有相对性　　2. $V_0\sqrt{1-v^2/c^2}$，$\frac{\rho_0}{1-v^2/c^2}$

3. 3.11×10^{-28} kg，3.25×10^{-8} s　　4. 2.69×10^{11} kg

5.(a)

6. $\dfrac{h}{\sqrt{3kmT}}$

7. $\dfrac{\hbar}{2m\Delta x}$

8. $\sqrt{6}\hbar, \dfrac{e}{2m}\sqrt{6}\hbar$

9. 10

10. 1.99×10^{-17} J, 6.63×10^{-26} kg·m·s^{-1}

三、计算题

1. 解:(1) 观测站测得飞船长度为 $L = L_0/\gamma = L_0\sqrt{1-v^2/c^2} = 54$ m

观测站测得飞船的船身通过观测站的时间间隔是

$$\Delta t = L/v = 2.25 \times 10^{-7}\ \text{s}(\text{固有时间,同地异时事件})$$

(2) 宇航员测得飞船的船身通过观测站的时间间隔为

$$\Delta t' = \gamma\Delta t = \frac{\Delta t}{\sqrt{1-v^2/c^2}} = \frac{L_0}{v} = 3.75 \times 10^{-7}\ \text{s} \quad (\text{异地异时事件})$$

2. 解:沿长度方向运动,有 $m = \gamma m_0, l' = l/\gamma$

$$\lambda' = \frac{m}{l'} = \gamma^2\frac{m_0}{l} = \gamma^2\lambda = \frac{\lambda}{1-v^2/c^2}$$

沿垂直长度方向运动,有 $m = \gamma m_0, l' = l$

$$\lambda' = \frac{m}{l'} = \gamma\frac{m_0}{l} = \gamma\lambda = \frac{\lambda}{\sqrt{1-v^2/c^2}}$$

3. 解:(1) 从列车上观察,隧道向反方向运动,根据相对论理论,运动方向上长度收缩,垂直于运动方向的长度不变.

从列车上观察,隧道长为 $L' = L\sqrt{1-v^2/c^2}$,宽为 d,高为 h.

(2) 从列车上观察,列车全部通过隧道要走过的距离为 $L' + l_0$,时间为 $\dfrac{L\sqrt{1-v^2/c^2}+l_0}{v}$.

4. 解:(1) 应用归一化条件,有

$$\int_{-b/2}^{b/2} A^2\cos^2\left(\frac{\pi x}{b}\right)\left|e^{-i\frac{Et}{\hbar}}\right|^2 dx = 1, \text{可得 } A = \sqrt{\frac{2}{b}}$$

归一化波函数为 $$\varphi(x,t) = \begin{cases} 0 & \left(x < -\dfrac{b}{2}, x > \dfrac{b}{2}\right) \\ \sqrt{\dfrac{2}{b}}\cos\left(\dfrac{\pi x}{b}\right)e^{-i\frac{Et}{\hbar}} & \left(-\dfrac{b}{2} \leqslant x \leqslant \dfrac{b}{2}\right) \end{cases}$$

(2) 概率密度为

$$P(x,t) = |\varphi(x,t)|^2 = \begin{cases} 0 & \left(x < -\dfrac{b}{2}, x > \dfrac{b}{2}\right) \\ \dfrac{2}{b}\cos^2\left(\dfrac{\pi x}{b}\right) & \left(-\dfrac{b}{2} \leqslant x \leqslant \dfrac{b}{2}\right) \end{cases}$$

(3) 令 $\dfrac{dP}{dr} = 0$,可得粒子出现概率最大处为 $x = k\dfrac{b}{2}$.

因为 $-\dfrac{b}{2} \leqslant x \leqslant \dfrac{b}{2}$,$k$ 可取 $-1, 0, 1$.

当 $x=-\frac{b}{2}$ 和 $x=\frac{b}{2}$ 时，P 取极小值；当 $x=0$ 时，P 取极大值.

5.解：(1) 光子的能量为 $\varepsilon = h\nu = \frac{hc}{\lambda} = 4.58\times10^{-19}\ \text{J} = 2.86\ \text{eV}$

(2) 根据频率跃迁条件，有 $h\nu = E_n - E_k$

巴尔末系，$k=2$，可得 $h\nu = \frac{-13.6\ \text{eV}}{n^2} - \frac{-13.6\ \text{eV}}{2^2} = 2.86\ \text{eV}$

得 $n=5$

(3) 从 E_5 跃迁，最多可以发射 4 个谱线系，共 10 条谱线.